"十四五"普通高等教育本科系列教材

U0169334

大型燃煤电厂锅炉系统分析与集控运行

主　编　张中林
编　写　王　军　周卫庆
主　审　陈晓平

中国电力出版社
CHINA ELECTRIC POWER PRESS

内 容 提 要

本书以国内典型大型燃煤机组锅炉为对象，系统阐述了电站锅炉基本原理、锅炉热力计算、锅炉系统分析、锅炉运行以及事故处理。

本书第一～三章着重介绍锅炉的基本原理，第四～第六章以某典型 1000MW 超超临界压力燃煤机组为对象，进行了系统分析，并详细介绍了机组启停和运行调整以及常见事故处理。本书的特色是理论与实践紧密结合，并贴近生产实际，可用于仿真实践教学和生产实习教学。

本书可供本科能源与动力工程专业和高职高专热能与发电工程专业在校学生、火电厂新晋职员、非专业人员等参加生产过程实习以及仿真教学时参考使用，也可为相关专业技术人员提供参考。

图书在版编目（CIP）数据

大型燃煤电厂锅炉系统分析与集控运行/张中林主编 . —北京：中国电力出版社，2021.5
"十四五"普通高等教育本科系列教材
ISBN 978-7-5198-5256-6

Ⅰ.①大…　Ⅱ.①张…　Ⅲ.①火电厂—燃煤锅炉—系统分析—高等学校—教材
Ⅳ.①TM621.2

中国版本图书馆 CIP 数据核字（2021）第 006043 号

出版发行：中国电力出版社
地　　址：北京市东城区北京站西街 19 号（邮政编码 100005）
网　　址：http：//www.cepp.sgcc.com.cn
责任编辑：李　莉（010—63412538）　马雪倩
责任校对：黄　蓓　郝军燕
装帧设计：张俊霞
责任印制：吴　迪

印　　刷：北京天宇星印刷厂
版　　次：2021 年 5 月第一版
印　　次：2021 年 5 月北京第一次印刷
开　　本：787 毫米×1092 毫米　16 开本
印　　张：12
字　　数：292 千字
定　　价：36.00 元

前　言

随着科学装备技术的快速发展，我国的火电机组正朝着高参数、大容量、低能耗、超低排放以及智能化方向发展，火电机组的快速发展，对生产人员的素质以及培训等提出了更高的要求。因此，利用仿真技术对大专院校相关专业的学生以及电厂新进员工开展岗位技能培训，是短期内提高学生和生产技术人员技能水平的有效方法。在仿真实践教学环节，原有的专业理论教材，注重专业，缺乏实践操作环节；而电厂相关的生产规程，注重生产步骤和过程，但缺乏相应的理论介绍。本书编者系统总结了南京工程学院热能动力专业的仿真实践教学经验，在仿真系统规程基础上，介绍了实际操作相关的理论知识、热力计算以及锅炉运行和事故处理的背景知识，充分满足仿真实践和生产实习教学环节的需要，使学生和生产技术人员在学习生产过程的同时，理解相应的理论知识，做到理论与实践的结合。

本书的主要内容包括两部分，第一部分是本书的理论知识部分，包括了电站锅炉的基本原理、热工基础以及锅炉热力计算等基本知识，并将电站锅炉实际操作和运行相关的理论知识进行归纳和总结；第二部分是本书的实践知识部分，以某 1000MW 超超临界压力机组锅炉部分为对象，详细分析了该锅炉的热力系统，锅炉的启动和停止过程，锅炉的运行调整以及主要事故处理。理论知识部分能够为实践知识学习提供指导，实践知识的学习则加深了对理论部分的理解，通过理论与实践的有机结合，提升了仿真教学和生产实习的效果，有助于培养全面掌握理论知识与实践技能的专业人才。

本书由南京工程学院能源与动力工程学院张中林、王军和周卫庆编写，其中张中林编写第一、第二、第六章，周卫庆编写第三章，王军编写第四、第五章，全书由张中林统稿。东南大学陈晓平教授审阅了本书，在此表示感谢。

由于编者水平所限，书中疏漏之处在所难免，恳请读者批评指正。

编　者

2020 年 12 月

目　　录

第一章 概 述

第一节 锅 炉 简 介

一、锅炉定义

锅炉是利用燃料的热能或其他热能加热给水以生产规定参数和品质的蒸汽、热水的机械设备。燃烧产生的蒸汽用以发电的锅炉称电站锅炉或电厂锅炉。

在电站锅炉中，通常将化石燃料（煤、石油、天然气等）燃烧释放出来的热能，通过金属受热面传给其中的工质（水），最后把水加热成具有一定压力和温度的蒸汽；然后利用蒸汽在汽轮机内膨胀做功，把热能转变为机械能；汽轮机再驱动发电机，将机械能转变为电能。

电站锅炉通常由"锅"和"炉"组成，"锅"一般指工质流经的各个受热面，包括了省煤器、水冷壁、过热器及再热器等，以及通流分离器件，如联箱、汽包（汽水分离器）等；"炉"一般指燃料的燃烧场所、烟气通道以及附属的辅助系统，包括了炉膛、水平烟道、尾部烟道及空气预热器等。

二、锅炉分类

我国又把锅炉分为工业锅炉和电站锅炉。工业锅炉和电站锅炉主要是从用途和额定工作压力上区分的，但实际上有些交叉，难以严格区别，TSG G700—2015《锅炉定期检验规则》将额定工作压力小于或等于 2.5MPa 的锅炉作为工业锅炉对待；额定工作压力大于或等于 3.8MPa 的锅炉作为电站锅炉对待。

电站锅炉的分类也比较多，可以按照工质循环方式、燃料燃烧方式、锅炉容量、排渣方式、运行方式以及燃料、蒸汽参数、炉型、通风方式等进行分类，其中按照工质循环方式和蒸汽参数的分类最为常见。

锅炉按照蒸汽参数分为低压锅炉（出口蒸汽压力小于或等于 2.45MPa）、中压锅炉（出口蒸汽压力为 2.94～4.90MPa）、高压锅炉（出口蒸汽压力为 7.8～10.8MPa）、超高压锅炉（出口蒸汽压力为 11.8～14.7MPa）、亚临界压力锅炉（出口蒸汽压力为 15.7～19.6MPa）、超临界压力锅炉（出口蒸汽压力大于 22.1MPa）和超超临界压力锅炉（出口蒸汽压力大于 27MPa）。

锅炉按燃烧方式可分为层燃炉、室燃炉、沸腾炉、循环流化床锅炉和旋风炉。链条炉属于层燃炉，一般不大于 20t/h。其中煤粉炉属于悬浮燃烧的室燃炉，悬浮燃烧的特点是燃料与空气接触面积大，燃烧速度快，适用于大容量锅炉。煤粉炉按排渣方式又可分为液态排渣炉、固态排渣炉。沸腾炉呈鼓泡流化状态进行燃烧，所以又叫鼓泡流化床锅炉。循环流化床锅炉是在鼓泡流化床基础上将飞灰循环后送入炉膛再次参加燃烧。旋风炉污染大，大多已经淘汰。

锅炉按燃料和提供热能的方式不同，可分为燃煤锅炉、燃油锅炉、燃气锅炉、余热锅炉、电加热锅炉、垃圾焚烧锅炉、生物质锅炉等。

锅炉按炉膛出口烟气压力，可分为微正压燃烧锅炉、负压燃烧锅炉。

锅炉按照工质循环方式可分为自然循环锅炉、强制循环锅炉和直流锅炉，如图 1-1 所示，这种分类方式是最常用的，详细介绍如下：

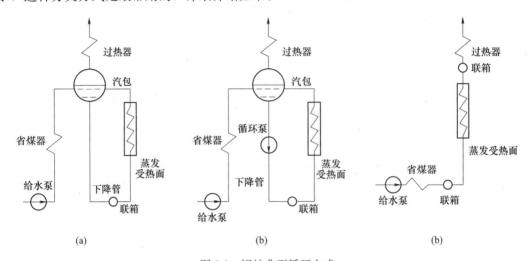

图 1-1　锅炉典型循环方式
（a）自然循环锅炉；（b）强制循环锅炉；（c）直流锅炉

1. 自然循环锅炉

在自然循环锅炉中，给水经给水泵升压后进入省煤器，受热后进入锅炉蒸发系统。蒸发系统包括汽包、下降管、水冷壁以及联箱等，如图 1-1（a）所示。给水在水冷壁中接受燃料在炉膛中燃烧产生的热量，部分水会汽化为饱和蒸汽，所以在水冷壁中的工质为汽水混合物，而在不受热的下降管中工质则全部为过冷水。由于过冷水的密度要大于汽水混合物的密度，因此在下降管和水冷壁之间就会产生压力差，在这种压力差的推动下，给水和汽水混合物在蒸发系统中循环流动。这种循环流动是由于给水在水冷壁中受热而自然形成，没有消耗其他的能量，所以称为自然循环。在自然循环中，单位质量的工质每循环一次只有其中的一部分转变为蒸汽，或者说需要循环多次才能完全汽化，这样在锅炉内循环的水量大于生成的蒸汽量。将单位时间内的循环水量同生成蒸汽量之比定义为循环倍率，自然循环锅炉的循环倍率为 4～30。

2. 控制循环锅炉

有时为了加强自然循环锅炉的工质循环，在循环回路中加装循环水泵，这样可以增加对工质的流动推力，从而形成控制循环，这样的锅炉称为控制循环锅炉，循环水泵一般称为炉水泵，如图 1-1（b）所示。在控制循环锅炉中，推动工质流动的压头要比自然循环时增强很多，相比自然循环锅炉，优势是可以自由地布置水冷壁受热面，受热面可以垂直布置也可以水平布置，工质既可以向上又可以向下流动，能够更好地适应锅炉结构的要求，控制循环锅炉的循环倍率为 3～10。

自然循环锅炉和控制循环锅炉的共同特点是都有汽包。汽包是锅炉汽水的分界点，将省煤器、蒸发部分和过热器分隔开，并使蒸发部分形成密闭的循环回路，汽包一般体积较大，同时装有汽水分离装置，能保证汽和水的良好分离，汽包锅炉只适用于临界压力以下的锅炉。

3. 直流锅炉

直流锅炉的工质一次性通过蒸发部分，没有汽包，循环倍率为 1，如图 1-1（c）所示。与汽包锅炉不同的是，直流锅炉在省煤器、蒸发器和过热器之间没有固定不变的分界点，水在水冷壁受热面中全部转变为蒸汽，沿工质整个行程的流动阻力均由给水泵来克服。直流锅炉在低负荷运行时，由于经过水冷壁受热面的工质不能全部转变为蒸汽，因此在锅炉的汽水分离器中会有饱和水分离出来，分离出来的饱和水经启动系统再输送至锅炉进行蒸发，这时流经水冷壁受热面的工质流量超过流出的蒸汽量，此时循环倍率大于 1。当锅炉在高负荷运行时，由水冷壁受热面蒸发出来的全部是过热蒸汽，这时锅炉按照纯直流方式工作。

第二节 锅炉布置形式

锅炉本体的布置形式是指锅炉炉膛和炉膛中的辐射受热面与对流烟道和其中的各种对流受热面之间的相互关系及相对位置，锅炉本体的布置形式既与锅炉的容量和参数有关，又与锅炉所用的燃料性质有关。

大型电站锅炉常见的布置形式有以下几种。

一、Ⅱ形布置

在燃用煤粉的自然循环锅炉、强制循环锅炉和直流锅炉中，广泛采用Ⅱ形布置形式，如图 1-2（a）所示。

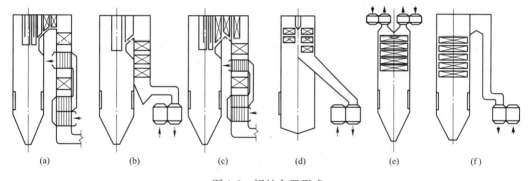

图 1-2 锅炉布置形式

（a）Ⅱ形布置；（b）无水平烟道Ⅱ形；（c）双折焰角Ⅱ形；（d）箱形布置；（e）塔形布置；（f）半塔形布置

1. Ⅱ形布置的主要优点

（1）锅炉的排烟口在底部，一些转动机械和笨重设备，如送风机、引风机及除尘器等可布置在地面上，减轻厂房和锅炉构架的负载。

（2）锅炉及厂房的高度较低。

（3）在水平烟道中可以采用支吊方式比较简单的悬吊式受热面。

（4）在尾部垂直下降烟道中，受热面易布置成逆流传热方式，强化对流传热。

（5）下降烟道中，气流向下流动，吹灰容易并有自吹灰作用。

（6）尾部受热面检修方便。

（7）锅炉本身以及锅炉和汽轮机之间的连接管道都不太长。

2. Ⅱ形布置的主要缺点

（1）占地面积大。

（2）由于存在水平烟道，锅炉构架复杂，而且不能充分利用其所有的空间来布置受热面。

（3）由于存在水平烟道，烟气在炉内流动要经两次转弯，造成烟气在炉内的速度场、温度场和飞灰浓度场不均匀，影响传热效果，并导致对流受热面局部飞灰磨损严重。

（4）由于锅炉高度低，又要求下降烟道与锅炉高度基本相近，因而在大容量锅炉中，难以在尾部烟道中布置足够的尾部受热面，特别是在燃用低发热量的劣质煤时更显得突出。

Γ形布置实质上是Ⅱ形布置的一种改进，如图1-2（b）所示，Γ形布置取消了Ⅱ形布置中的水平烟道，其他相同。因此，Γ形布置保留了Ⅱ形布置的许多优点，且具有布置紧凑、节省钢材、占地面积小等优点，但尾部受热面检修不方便。因为不便支吊，而且尾部烟道高度不够，Γ形布置锅炉不宜采用管式空气预热器，宜采用回转式空气预热器。

双折焰角Ⅱ形布置如图1-2（c）所示，除了在转向室存在一个折焰角，在水平烟道内再增加一个折焰角，其他与Ⅱ形布置一致。这样做的目的是改善烟气在水平烟道的流动情况，利用转弯烟室的空间，在水平烟道部分布置更多的受热面。

二、箱形布置

箱形布置，其下部为炉膛，上部分隔成两个串联的对流烟道，形成一个箱形的结构，如图1-2（d）所示。箱形布置主要用于燃油或燃气锅炉，因为炉膛容积可以相对减少，又可节省或简化凝渣管束。

三、塔形布置

塔形布置如图1-2（e）所示，下部为炉膛，对流烟道就布置在炉膛上方，锅炉本体形成一个塔形。

1. 塔形布置的优点

（1）占地面积小。

（2）取消了不宜布置受热面的转向室，烟气流动方向一直向上不变，可以大大减轻对流受热面的局部磨损，对燃用多灰分燃料特别有利。

（3）锅炉本身有自身通风作用，烟气流动阻力也较小。

（4）对流受热面可以全部水平布置，易于疏水。

2. 塔形布置的缺点

（1）锅炉本体高度很高，过热器、省煤器、再热器等对流受热面都布置在很高的位置，连接的汽水管道较长。

（2）空气预热器、送风机、引风机及除尘器等笨重设备都布置在锅炉顶部，加重了锅炉构架和厂房的负载，因而使造价增大。

（3）安装及检修均较复杂。

为了减轻转动机械及笨重设备施加给锅炉构架的负载，便把空气预热器、送风机、引风机、除尘器及烟囱等都布置在地面，形成半塔形布置，如图1-1（f）所示，目前国内投产的1000MW级塔式炉均为半塔形布置。

第三节 大型超临界压力锅炉技术

水的临界压力 22.1MPa，临界温度为 374.2℃，在这个压力和温度时，水的汽化潜热为 0，不存在汽化过程，水变成单相连续的工质。当锅炉的运行参数超过临界参数时，锅炉转为超临界运行，相应的锅炉也称为超临界压力锅炉。由于没有汽水分离点，超临界压力锅炉均为直流锅炉，不设汽包。

通常把主蒸汽压力在 27.0MPa 以上或主蒸汽温度、再热蒸汽温度在 580℃ 及其以上机组定义为超超临界（ultra supercritical）压力机组，通常也称为高效超临界压力（high efficiency supercritical）机组或先进的超临界压力（advanced supercritical）机组。

近 10 年来超超临界压力技术在日本和欧洲得到迅速发展，投运的超超临界压力机组取得了良好的运行业绩，经济性、可靠性和灵活性得到认可，代表了当代火力发电技术的先进水平。在已投运的超超临界压力机组中，单机容量都在 700～1000MW 之间。由于容量的进一步增大受到螺旋管圈水冷壁吊挂结构复杂化和管带过宽热偏差增大的限制，因此 1000MW 被认为是螺旋管圈水冷壁单炉膛锅炉容量的上限。

单机容量的进一步增大还受到汽轮机的限制。近 30 年来，汽轮机单机功率增长缓慢，目前世界上投运的单轴最大功率汽轮机仍然是苏联制造的 1200MW 汽轮机，双轴最大功率汽轮机是瑞士 BBC(Brown Boveri Corporation) 公司制造的 1300MW 汽轮机，蒸汽参数最高的百万千瓦级大功率汽轮机是日本东芝公司生产的 1050MW 汽轮机。

日本最初投运的两套超超临界压力机组，由于受当时耐热钢材料的限制，只是提高主蒸汽压力而未提高其温度，同时，由于主蒸汽压力和温度不匹配，故采用二次再热以避免汽轮机末级蒸汽湿度过高。二次再热虽是成熟的技术，但系统复杂，设计难度增大。31.0MPa、566℃ 二次再热机组制造成本显著提高，缺乏市场竞争力。所以，近年来日本各公司都转为生产 24.1～25MPa、593～610℃ 超超临界压力机组，其热效率仅比 31.0MPa，566℃ 两次再热低 0.5%，制造成本则大大降低。

欧洲超超临界压力机组大致也经历了这一过程。丹麦 20 世纪 90 年代末投运的 2 台超超临界压力机组，采用了 29MPa、580℃ 的蒸汽参数，二次再热，而欧洲在建中的超超临界压力机组也都改为采用一次再热，与日本不同的是主蒸汽压力和温度都进一步提高（27MPa、580℃/600℃），其性能价格比要优于 29MPa、580℃ 二次再热机组。

目前我国超超临界压力锅炉的主要设计生产厂家主要有：哈尔滨锅炉厂有限责任公司（简称哈锅），其技术支持方为日本三菱重工业株式会社（MHI，Mitsubishi Heavy Industries，Ltd.）；东方锅炉（集团）股份有限公司（简称东方锅炉厂），其技术支持方为日本巴布科克-日立公司（BHK，Hitachi，Ltd.）；上海锅炉厂有限公司（简称上海锅炉厂）的技术支持方为美国阿尔斯通公司（ALSTOM）。通过不断引进技术，超超临界压力机组在我国得到快速发展，装机容量不断上升。截至 2019 年，国内投产的 1000MW 超超临界压力机组达到 128 台，逐渐成为电网的主力机组，其中二次再热机组达到 10 台，煤耗低于 360g，处于世界领先水平。

第四节　大型超临界压力直流锅炉特点

大型超临界压力直流锅炉主要有以下特点：

（1）没有汽包，启停速度快。与自然循环锅炉相比，直流锅炉从冷态启动到满负荷运行，启动速度可提高1倍左右。

（2）锅炉本体金属消耗量少。一台300MW自然循环锅炉的金属质量为5500～7200t，相同等级的直流锅炉金属质量仅有4500～5680t，一台直流锅炉大约可节省金属2000t。

（3）所需给水泵压头高。水冷壁的流动阻力全部要靠给水泵来克服，这部分阻力占全部阻力的25%～30%。

（4）需要设置启动系统。直流锅炉启动时约有30%额定流量的工质经过水冷壁并被加热，为了回收启动过程的工质和热量，并保证低负荷运行时水冷壁管内有足够的质量流速，直流锅炉需要设置专门的启动系统，而且需要设置高压旁路系统和低压旁路系统。启动系统中的汽水分离器在低负荷时起汽水分离作用并维持一定的水位，在高负荷时切换为纯直流运行，汽水分离器作为通流承压部件。

（5）锅炉工质流速快。为了达到较高的质量流速，须采用小管径水冷壁，这样既提高了传热能力节省了金属，减轻了炉墙质量，同时也减小了锅炉的热惯性。

（6）锅炉热惯性小。锅炉热惯性小使快速启停的能力进一步提高，适用机组调峰的要求；但热惯性小也会带来问题，它使水冷壁对热偏差的敏感性增强，当煤质变化或炉内火焰偏斜时，各管屏的热偏差增大，由此引起各管屏出口工质参数产生较大偏差，进而导致工质流动不稳或管子超温。

（7）锅炉流动阻力高。为保证足够的冷却能力和防止低负荷下发生水动力多值性以及脉动，水冷壁管内工质的质量流速在最大连续工况（maximum continuous rating，MCR）负荷时提高到2000kg/（m² · s）以上，加上管径减小的影响，使直流锅炉的流动阻力显著提高，600MW以上的直流锅炉的流动阻力一般为5.4～6.0MPa。

（8）汽温调节困难。汽温调节的主要方式是调节燃水比，辅助手段是喷水减温或烟气侧调节。由于没有固定的汽水分界面，随着给水流量和燃料量的变化，受热面的省煤段、蒸发段和过热段长度发生变化，汽温随着发生变化，直流锅炉汽温调节比较困难。

（9）低负荷运行困难。低负荷运行时，给水流量和压力降低，受热面入口的工质欠焓增大，汽水比体积变化增大，造成水冷壁流量分配不均匀性增大，蒸发段和省煤段的阻力比值发生较大变化，容易造成低负荷段锅炉水动力不稳定。

（10）超临界压力直流锅炉水冷壁可灵活布置，可采用螺旋管圈或垂直管屏水冷壁，采用螺旋管圈水冷壁有利于实现变压运行。

（11）超临界压力直流锅炉水冷壁管内工质温度随吸热量而变化，即管壁温度随吸热量而变化，热偏差对水冷壁管壁温度的影响显著增大。

（12）变压运行的超临界压力直流锅炉，在亚临界压力范围和超临界压力范围内工作时，都存在工质的热膨胀现象，并且在亚临界压力范围内可能出现膜态沸腾，在超临界压力范围内可能出现类膜态沸腾。

（13）锅炉启停速度和变负荷速度受过热器出口联箱的热应力限制，但主要限制因素是汽轮机的热应力和胀差。

（14）由于没有汽包，不能实现热态排污和加药，直流锅炉对给水品质的要求更高，要求凝结水进行 100% 的除盐处理。

第五节　大型超临界压力锅炉安全性和经济性

在火力发电厂中，锅炉是重要设备之一，它的安全性和经济性对于电力生产是非常重要的。由于锅炉本身是高温高压的设备，一旦发生爆炸和破裂，将导致人员伤亡和重大设备损坏事故，后果很严重。锅炉的构件繁多，尤其是锅炉受热面工作条件恶劣，在运行中会发生各种各样的事故。锅炉的附属设备也会发生故障，影响到锅炉的安全运行。另外，锅炉又是耗费一次能源的大户，必须注意节约能源，提高锅炉运行的经济性。所有这些问题都需要有一些指标来进行考核，以利于总结经验，对锅炉的设计、制造、安装、运行和检修提供可靠的参考。

一、锅炉安全性

锅炉运行的安全性指标不能进行专门的测量，而用下述几种指标来衡量：

连续运行小时数＝两次停炉（维修）之间的运行小时数。

$$事故率＝\frac{事故停运小时数}{总运行小时数＋事故停运小时数}\times100\%。$$

$$可用率＝\frac{运行总小时数＋备用总小时数}{统计期间总小时数}\times100\%。$$

二、锅炉经济性

锅炉在运行中要消耗一定的燃料，但是所消耗的热量未能被完全利用，有些燃料未能完全燃烧，排出的烟气也带走热量等，锅炉的经济性可用锅炉效率来描述。

锅炉效率的定义为：锅炉每小时的有效利用热量与耗用燃料输入热量的百分比。

只用锅炉效率来说明锅炉运行的经济性是不够的，因为锅炉效率只反映了燃烧和传热过程的完善程度，但从火力发电厂的作用看，只有供出的蒸汽和热量才是锅炉的有效产品，自用蒸汽消耗及排污水的吸热量并不向外供出，而是自身消耗或损失了。而且，要使锅炉能正常运行，除使用燃料外，还要使其所有的辅助系统和附属设备正常运行，这也需要消耗能源。因此，锅炉运行的经济指标除与锅炉效率有关外，还与锅炉净效率有关。

锅炉净效率定义为：扣除锅炉机组运行时的自用能耗（热耗和电耗）以后的锅炉效率。

锅炉运行经济性会随着给水温度、过量空气系数、锅炉负荷及锅炉受热面的清洁度等条件变化而变化，锅炉运行经济性又体现在锅炉效率上，锅炉效率主要与排烟氧量（过量空气系数）、飞灰含碳量、锅炉排烟温度、给水温度和空气预热器漏风等有关系。

1. 过量空气系数影响

现有的锅炉燃烧设备难以保证燃料和理论空气量的彻底混合。为了使燃料尽可能地完全燃烧，必须多供给一些空气量，这部分空气量称为过量空气量。实际空气量（即理论空气量与过量空气量之和）与理论空气量之比为过量空气系数，记为 α。在锅炉运行中，通过烟气分析准确、迅速地测量过量空气系数，是保证锅炉安全经济运行的基础。

过量空气系数是一项重要指标，锅炉运行中过量空气系数的合格指标，并作为锅炉经济运行的关键指标之一进行监控。各类不同类型的锅炉，都有一个最佳过量空气系数，但在实际运行中几乎所有的炉子都超过了设计值。炉膛形式、燃烧设备、煤质以及负荷不同时，炉膛的过量空气系数也不相同。当过量空气系数过大时，会造成燃煤与空气混合不均匀，有的区域出现空气不足，另外区域又严重过剩，致使炉膛平均温度降低，影响了燃烧工况，排烟量增大，带出热量增加，也就是排烟热损失增加。过量空气系数过小时，燃料不能充分燃烧，能源没有得到最好的利用。最好的做法是，在尽可能保证燃料得到充足的氧气而完全燃烧的前提下，过量空气系数越低，燃烧越经济。

2. 飞灰含碳量的影响

如图 1-3 所示，随着飞灰含碳量的增大，锅炉效率降低，二者之间有接近线性的关系。同时飞灰含碳量的多少与锅炉燃烧调整有直接的关系，煤种、煤粉细度和过量空气系数对其飞灰含碳量的影响很大。

3. 锅炉排烟温度的影响

运行中常用氧量信号监测过量空气系数，过量空气系数直接影响燃烧过程和排烟热损失。在一定的负荷范围内，当炉膛出口处的空气过量系数增大时，气体不完全燃烧损失和固体不完全燃烧损失可以得到降低，但是排烟损失却会增大，也使送风机、引风机的耗电量增大。

如图 1-4 所示，当烟气含氧量的变化，即过量空气系数的变化时，将引起飞灰含碳量的变化，从而直接影响到锅炉效率。

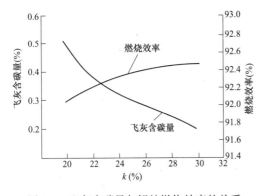

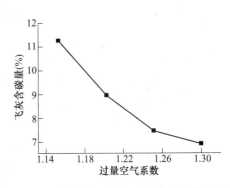

图 1-3　飞灰含碳量与锅炉燃烧效率的关系　　　　图 1-4　过量空气系数与飞灰含碳量的关系

4. 给水温度的影响

给水温度的降低，在一定程度上可以使锅炉排烟温度降低。但同时为了维持一定的蒸发量，必须增加燃料量，这样又会使各部烟温升高。两种影响综合作用的结果是不仅使锅炉的经济性降低，还有可能引起锅炉受热面发生结渣。而且，给水温度降低，会使汽轮机组热耗率增大。总的来说，给水温度低于设计值对电厂运行的经济性和安全性都是不利的。

5. 空气预热器漏风的影响

空气预热器的漏风对锅炉效率有着直接的影响，烟气流经空气预热器，与漏风混合形成锅炉排烟。如果以空气预热器入口处的烟气含氧量为基准，在其他参数不变的条件下，可以根据效率模型，计算漏风对锅炉效率的影响。如图 1-5 所示，空气预热器入口氧量与飞灰含碳量之间也存在着某种线性关系，从而也直接影响了锅炉的燃烧效率。

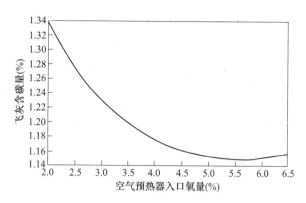

图 1-5　空气预热器入口氧量与飞灰含碳量的关系

三、锅炉性能要求

电力是不能大规模储存的，所以对于电站锅炉来说，它的出力要随外界的负荷需要而变化，这是发电厂生产的一个重要特点。电站锅炉要达到这一要求，就必须按照外界负荷需要及时调整燃料量、风量以及给水量，尤其是现在趋向于大电网运行，电力需求的峰谷差可以达到电网容量的 50% 左右。目前风电和光伏发电等新能源发电在电网中的比重逐渐增加，由于风电和光伏发电等新能源发电出力的不稳定性，必须增加电网内燃煤机组的灵活性，因此要求电站锅炉具有更大的变负荷运行能力。

概括说来，对电站锅炉的基本要求有以下几点：

（1）锅炉的蒸发量要满足汽轮发电机组的要求，能够在铭牌参数下长期稳定运行，并具有较强的调峰能力。

（2）在宽负荷范围内运行时能够保持正常的汽温和汽压。

（3）锅炉要具有较高的经济性。

（4）耗用钢材量要少，以减少初投资，降低成本。

（5）锅炉在运行中要具有较强的自稳定能力。

第二章　电站锅炉基本原理

第一节　锅　炉　燃　料

一、煤粉燃烧理论

1. 燃烧质量定律

燃烧是一种发光发热的化学反应，燃烧速度可以用化学反应速度来表示。

$$aA + bB = gG + hH \tag{2-1}$$

（燃料）（氧化剂）（燃烧产物）

式中　a、b、g、h——化学反应式中反应物 A、B、G、H 的反应系数。

式（2-1）表示锅炉内发生的燃烧反应，属于基元反应，其化学反应速度可用质量作用定律表示，即反应速度一般可用单位时间，单位体积内燃料量或氧量的消耗来表示，可用正向反应速度表示，也可用逆向反应速度来表示，即：

$$W_A = -\frac{dC_A}{dt}$$

$$W_B = -\frac{dC_B}{dt}$$

$$W_G = \frac{dC_G}{dt}$$

$$W_H = \frac{dC_H}{dt}$$

质量作用定律说明了参加化学反应物质的浓度对化学反应速度的影响。质量作用定律的意义是：对于均相反应，在一定温度下，化学反应速度与参加化学反应的各反应物浓度乘积成正比，而各反应物浓度的方次等于化学反应式中相应的反应系数。因此，化学反应速度又可以表示为

$$W_A = -\frac{dC_A}{dt} = k_A C_A^a C_B^b \tag{2-2}$$

$$W_B = -\frac{dC_B}{dt} = k_B C_A^a C_B^b \tag{2-3}$$

式中　C_A、C_B——反应物 A、B 的浓度；

　　　k_A、k_B——反应速度常数。

对于多相反应，如煤粉燃烧，燃烧反应是在固体表面上进行的，固体燃料的浓度不变，即 $C_A = 1$。化学反应速度只取决于燃料表面附近氧化剂的浓度，用下式表示：

$$W_B = -\frac{dC_B}{dt} = k_B f_A C_B^b \tag{2-4}$$

式中　C_B——固体燃料表面附近氧的浓度。

式（2-4）说明，在一定温度下，提高固体燃料附近氧浓度，能提高化学反应速度。化

学反应速度越高，燃料所需的燃尽时间就越短。上述关系只反映了化学反应速度与参加反应物浓度的关系，事实上，化学反应速度不仅与反应物浓度有关，更重要的是与参加反应的物质本身特性有关。具体地说，与燃料本身的物理和化学性质有关，化学反应速度与燃料性质及温度的关系可用阿累尼乌斯定律表示。

2. 阿累尼乌斯定律

阿累尼乌斯方程为

$$k = k_0 e^{(-E/RT)} \tag{2-5}$$

式中　k_0——相当于单位浓度中，反应物质分子间的碰撞频率及有效碰撞次数的系数；

E——反应活化能；

R——通用气体常数；

T——反应温度；

k——反应速度常数（浓度不变）。

阿累尼乌斯定律说明了燃料本身的"活性"与反应温度对化学反应速度的影响关系。

燃料的"活性"可以简单地理解为燃料着火与燃尽的难易程度。例如，气体燃料比固体燃料容易着火，也容易燃尽。不同的燃料，"活性"也不同，烟煤比无烟煤容易着火，也容易燃尽。因此，燃料的"活性"也表现为燃料燃烧时的反应能力，燃料的"活性"程度可用"活化能"来表示。

"活化能"的概念是根据分子运动理论提出的，由于燃料的多数反应都是双分子反应，双分子反应的首要条件是两种分子必须相互接触，相互碰撞。分子间彼此碰撞机会和碰撞次数很多，但并不是每一个分子的每一次碰撞都能起到作用。如果每一个分子的每一次碰撞都能起到作用，那么即使在低温条件下，燃烧反应也将在瞬时完成。然而燃烧反应并非如此，而是以有限的速度进行，所以提出只有活化分子的碰撞才有作用，这种活化分子是一些能量较大的分子。这些能量较大的分子碰撞所具有的能量足以破坏原有化学键，并建立新的化学键。但这些具有高水平能量的分子是极少数的，要使具有平均能量的分子碰撞也起作用，必须使它们转变为活化分子，这一转变所需的最低能量称为"活化能"，用 E 表示。所以活化分子的能量比平均能量要大，而活化能的作用是使活化分子的数目增加。

活化能的意义如图 2-1 所示，要使反应物由 A 变成燃烧产物 G，参加反应的分子必须首先吸收活化能 E_1，使活化分子数目增多，达到活化状态，数目较多的分子产生有效碰撞，发生反应而生成燃烧产物，并放出比 E_1（活化能）更多的能量 E_2，这样反应才能持续进行下去，ΔE 为燃烧反应的净放热量 Q。

3. 煤粉燃烧影响因素

质量作用定律和阿累尼乌斯定律指出

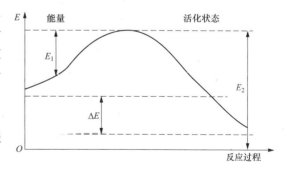

图 2-1　分子活化燃烧原理图

了影响燃烧反应速度的主要因素是化学反应物的浓度、活化能和化学反应温度。

（1）化学反应物浓度。虽然认为实际燃烧过程中，参加化学反应物质的浓度是不变的，但实际上，在炉内各处，在燃烧反应的各个阶段中，参加化学反应的物质浓度变化很大。

在燃料着火区，可燃物浓度比较高，氧浓度比较低，着火区如果过分缺氧则着火就会不稳定，甚至引起爆炸；氧浓度过高，参与燃烧的空气比例高，会降低着火区的温度，不利用燃烧反应。因此，在着火区控制燃料与空气的合适比例，是实现燃料连续稳定着火的重要条件。

（2）活化能。在一定温度下，某一种燃料的活化能越小，这种燃料的反应能力就越强，在较低的温度下也容易着火和燃尽。

活化能越大的燃料，其化学反应能力越差，在较高的温度下才能达到较大的化学反应速度，这种燃料不仅着火困难，而且需要在较高的温度下经过较长的时间才能燃尽。

一般化学反应的活化能在 $42\sim420kJ/mol$，活化能小于 $42kJ/mol$ 的化学反应，化学反应速度极快，以致难以测定；活化能大于 $420kJ/mol$ 的化学反应，化学反应速度缓慢，可认为不发生反应。

国内四种典型煤种的活化能的测定结果见表 2-1，不同的测试仪器所测量的数据差别较大，因此只有同一仪器测量的数据才具有可比性。

表 2-1　　　　　　　　　　　国内四种典型煤种的活化能的测定结果

煤种	V_{daf}（%）	频率因子（1/s）	活化能（kJ/mol）
无烟煤	5.15	96.83	85.212
贫煤	15.18	12.61	55.098
烟煤	33.40	7.89	45.452
褐煤	41.02	5.31	38.911

（3）燃烧温度。温度对化学反应的影响十分显著，随着化学反应温度的升高，分子运动的平均动能增加，活化分子的数目大大增加，有效碰撞频率和次数增多，因而化学反应速度加快。对于活化能越大的燃料，提高化学反应系统的温度，就能越加显著地提高化学反应速度。

4. 煤粉热力着火理论

（1）煤粉热力着火理论。煤粉燃烧过程的着火主要是热力着火，热力着火过程是由于温度不断升高而引起的。因为煤粉燃烧速度很快，燃烧时放出的大量热量使炉膛温度升高，而炉膛温度升高促使燃烧速度加快；化学反应放热增加，又使炉膛温度进一步提高。这样相互作用、反复影响，达到一定温度时，就会发生燃料连续稳定着火。

着火过程有两层意义：一是着火是否可能发生；二是能否稳定着火。只有稳定着火，才能保证燃烧过程持续稳定的进行，否则就可能中途熄火，使燃烧过程中断。

在炉膛四周布置的水冷壁直接吸收火焰的辐射热，因而燃料燃烧时，同时向周围介质和炉膛壁面散热，这时要使可燃物连续着火，必须使可燃物保持一定的温度。

（2）煤粉稳定着火条件。

1）放热量和散热量达到平衡，放热量等于散热量，煤粉开始着火：

$$Q_1 = Q_2 \tag{2-6}$$

2）放热速度大于散热速度，煤粉开始剧烈燃烧：

$$\frac{dQ_1}{dT} \geqslant \frac{dQ_2}{dT} \tag{2-7}$$

如果不具备这两个条件，即使在高温状态下也不能稳定着火和燃烧，燃烧过程将因火焰熄灭而中断。

（3）热力着火过程特性曲线如图 2-2 所示。

燃烧室内可燃混合物的燃烧放热量 Q_1 为：

$$Q_1 = k_o e^{-\frac{E}{RT}} C_{O_2}^n V Q_r \qquad (2\text{-}8)$$

向周围环境散失的热量 Q_2 为：

$$Q_2 = \alpha S(T - T_b) \qquad (2\text{-}9)$$

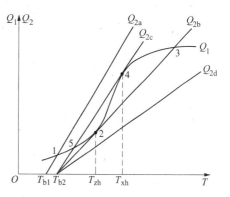

图 2-2　热力着火过程曲线

Q_1—燃料燃烧放热曲线；

Q_{2a}、Q_{2b}、Q_{2c}、Q_{2d}—不同条件下的散热曲线；

1—缓慢氧化状态；2—着火点；3—高温燃烧状态；

4—熄火点；5—氧化状态；

T_{b1}、T_{b2}—燃烧室壁面温度；

T_{zh}、T_{xh}—着火温度和熄火温度

式中　$C_{O_2}^n$——煤粉反应表面氧浓度；

　　　　n——燃烧反应中氧的反应系数；

　　　　V——可燃混合物的容积；

　　　　Q_r——燃烧反应热；

　　　　T——燃烧反应物温度；

　　　　T_b——燃烧室壁面温度；

　　　　α——混合物向燃烧室壁面的表面传热系数；

　　　　S——燃烧室壁面面积。

在图 2-2 中，当燃烧室壁面温度为 T_{b1} 时，此时散热曲线为 Q_{2a}，在该条件下，放热曲线和散热曲线的交点为点 1，当放热曲线在点 1 左侧时，$Q_1 > Q_{2a}$，会缓慢升温至点 1；当放热曲线在点 1 右侧时，$Q_1 < Q_{2a}$，会缓慢降温至点 1。点 1 为稳定的缓慢氧化状态，在 Q_{2a} 的散热条件下，由于散热量较大，不满足式（2-7）的燃烧条件，燃料将不能发生燃烧反应。

进一步提高燃烧室壁面温度为 T_{b2} 时，不同散热条件下会出现不同的燃烧状态，当散热曲线为 Q_{2b} 时，在反应初期，放热大于散热，反应系统温度增加，至点 2 达到平衡。点 2 是一个不稳定的平衡点，系统处在点 2 左边时，$Q_1 > Q_{2b}$，系统会升高温度到达点 2，点 2 就称为着火点，其对应的系统温度 T_{zh} 称为燃料的着火温度；系统处在点 2 在右边时，$Q_1 > Q_{2b}$，此时满足式（2-7），系统会继续升高到达点 3，进行高温燃烧。处在高温燃烧状态的化学反应系统，如果散热系数增大（例如锅炉高负荷转为低负荷，水冷壁冷却加强），即散热曲线斜率增加，散热曲线变为 Q_{2c}，系统温度由点 3 的高温燃烧状态逐渐变为点 4 的燃烧状态。点 4 为不稳定平衡态，系统处在点 4 右边时，$Q_1 < Q_{2c}$，系统会降温回到点 4；系统处在点 4 左边时，$Q_1 < Q_{2c}$，系统会降温到达点 5，变成不能燃烧的缓慢氧化状态。此时点 4 为熄火点，对应的系统温度 T_{xh} 为熄火温度。熄火温度 T_{xh} 总是比着火温度 T_{zh} 高，着火温度和熄火温度并不是常数，它们随放热条件而变。

若散热强度减小，如在锅炉燃烧器区域敷设卫燃带，即曲线 Q_{2d}。这种情况下，放热量总大于散热量，系统温度不断提高，会导致更高温度的强烈燃烧。

（4）锅炉热力着火分析。放热速度与散热速度是相互作用的。在实际炉膛内，当燃烧处于高负荷状态时，由于燃煤量增加，燃烧放热量比较大，而散热量变化不大，因此使炉内维持高温状态，锅炉在高负荷运行时，燃料容易稳定着火。

当燃烧处于低负荷运行时，由于燃煤量减少，燃烧放热量随之减小，炉内火焰温度与水

冷壁表面温度下降，使燃烧反应速度降低，因而放热速度也就变慢，进一步使炉内处于低温状态。在低负荷运行状态下，稳定着火比较困难，因此需要投入助燃油等燃料来协助稳定燃烧。对于低反应能力的无烟煤和劣质烟煤，不但着火困难，而且难于稳燃，因而容易熄火。

从以上分析，可得到以下提示：

1）燃料着火和燃烧温度与水冷壁温度和进入炉内的空气温度相关。

2）如果点火区的温度与燃料的活性不相适应，就需投入助燃油或采用强化和稳定着火的措施。

（5）火焰传播机理。燃料燃烧过程中，火焰的稳定性与火焰传播速度关系极大。电厂燃料系统的安全运行也与火焰传播速度关系密切。例如，煤粉管道中某一处着火后，火焰迅速蔓延、扩散，导致制粉系统着火或爆炸。

了解火焰传播的知识，有助于掌握燃烧调整的要领，对稳定着火非常有用，火焰传播主要分为层流火焰传播和湍流火焰传播。

1）层流火焰传播：在静止的可燃气体混合物中，缓慢燃烧的火焰传播是依靠导热或扩散使未燃气体混合物温度升高，火焰一层一层的依次着火，火焰传播速度一般为 20～100cm/s。

2）湍流火焰传播：湍流火焰传播速度加快，一般为 200cm/s 以上，火焰短，燃烧室尺寸紧凑，湍流火焰易产生噪声。

（6）火焰传播形式。正常的火焰传播是指可燃物在某一局部区域着火后，火焰从这个区域向前移动，逐步传播和扩散出去，这种现象被称为火焰传播。正常的火焰传播过程中，火焰传播速度比较缓慢，为 100～300cm/s，燃烧室内压力保持基本不变。

火焰锅炉炉膛内传播为湍流传播，火焰传播速度很快，当出现爆炸性燃烧时，火焰传播速度极快，甚至达到 1000～3000cm/s；温度极高，达 6000℃；压力极大，达 2MPa。爆炸性燃烧是由于可燃物以极高的速度反应，以至于化学反应放热来不及散失，因而使温度迅速升高，由于高温烟气的比体积比未燃烧的可燃混合物的比体积大得多，高温烟气膨胀产生的压力波，使未燃混合物绝热压缩，火焰传播速度迅速提高，以致产生爆炸性燃烧。

当火焰正常燃烧时，如果绝热压缩很弱，不会引起爆炸性燃烧。但当未燃混合物数量增多时，绝热压缩将逐渐增强，缓慢的火焰传播过程就可能自动加速，转变为爆炸性燃烧。

可燃混合物着火时的火焰传播速度即为着火速度。对于不同的燃料，火焰传播速度的差异很大，气体燃料和液体燃料的火焰传播速度远远大于煤粉气流的火焰传播速度。

就煤粉气流本身而言，火焰传播速度的差别也很大。例如，燃用烟煤时的火焰传播速度比贫煤、无烟煤的火焰传播速度要大。因此，烟煤着火后，燃烧比较稳定。

（7）煤粉火焰传播速度的影响因素。煤粉气流的火焰传播速度受多种因素的影响，其首先决定于燃料中可燃挥发分含量的大小，其次还与水分、灰分、煤粉细度、煤粉浓度和煤粉气流混合物的初温及燃烧温度有关。

一般情况下，挥发分大的煤火焰传播速度快，灰分大的煤火焰传播速度小；水分增大时，火焰传播速度降低。提高煤粉细度时，挥发分析出快，并增加了燃料的反应面积，火焰传播速度可显著提高；提高炉膛温度时，火焰面向周围环境的散热减少，反应速度加快，因而提高了火焰传播速度。

5. 煤粉着火链锁反应

在气体燃料燃烧反应过程中，可以自动产生一系列活化中心，这些活化中心不断繁殖，使整个燃烧反应就像链一样一节一节传递下去，故称这种反应为链锁反应。链锁反应是一种高速反应，例如当温度超过 500℃时，氢的燃烧就变为爆炸反应。

氢的链锁反应过程：氢分子 H 吸收了极少的活化能，被质点 M 激活后，产生活化中心 H，同时产生游离基 OH，便开始下列反应：

$$H_2 + M \longrightarrow 2H + M$$
$$H + O_2 \longrightarrow OH + O$$
$$O + H_2 \longrightarrow OH + H$$
$$OH + H_2 \longrightarrow H_2O + H$$

总的反应平衡式为：

$$H + 3H_2 + O_2 \longrightarrow 3H + 2H_2O$$

上式表明，一个氢分子与质点碰撞被激活而吸收活化能后，可以产生三个活化氢原子，而这三个活化氢原子在下一次反应过程中又可以产生九个活化氢原子，以此类推……这是一种分支链锁反应，其反应速度极快，以至于在瞬间即可完成。

煤粉的燃烧过程可由下述过程粗略地描写：煤粉受热，水分析出→继续受热，绝大部分挥发分析出，挥发分首先着火→引燃焦炭，并继续析出残余的部分挥发分，挥发分与焦炭一道燃尽→形成灰渣。

大部分挥发分着火，燃尽时间仅占整个燃烧过程的 10%，为 0.2～0.5s；而焦炭燃尽程度达到 98%的过程所占的时间很长，约为 90%，燃尽时间为 1～2.8s。从燃烧放热量来看，焦炭占煤粉总放热量的 60%～95%。着火过程主要取决于煤中干燥无灰基挥发分的大小，而燃尽过程主要取决于焦炭的燃烧速度。一般着火时间长的燃料，所需的燃尽时间也相应地比较长。

煤粉着火燃烧的过程十分复杂，几个阶段的主要特征如下：

（1）煤粉颗粒必须首先吸热升温，热源来自炉内 1300～1600℃的高温烟气，通过对流、辐射、热传导方式使新鲜燃料受热升温。煤粉颗粒中水分首先析出，燃煤得到干燥，随着水分的蒸发，燃煤温度不断升高。对于不同煤种，在 120～450℃的温度范围内，煤中的挥发分析出。

（2）可燃挥发分气体的着火温度比较低，当氧气供应充足时，加热到 450～550℃以上就可着火、燃烧，同时释放热量并加热焦炭。焦炭同时从挥发分燃烧的局部高温处和炉内高温烟气区吸收热量，温度升高，当达到焦炭的着火温度时，即着火燃烧，并放出大量热量。

（3）当焦炭大半烧掉之后，内部灰分将对燃尽过程产生影响。其原因是：焦炭粒中内部灰分均匀分布在可燃质中，在焦炭颗粒从外表面到中心一层一层地燃烧的过程中，外层的内在灰分裹在内层焦炭上，形成一层灰壳，甚至形成渣壳，从而阻碍氧气向焦炭表面的扩散，使燃尽时间拖长。因此，灰分对燃尽过程的影响主要表现在内部灰分的作用上，而绝大部分单独存在的外部灰分对可燃层的燃尽不产生直接的妨碍作用。

（4）煤粉气流的着火温度也随煤粉细度而变化，煤粉越细，加热速度越快，越容易着火。这是因为煤粉越细，燃烧反应的比表面积越大，煤粉与氧气的接触面积越大，同时细煤粉也容易加热，所以在煤粉气流燃烧时，细煤粉首先着火。

（5）煤粉在炉内的燃烧情况更为复杂，因为煤粉颗粒有粗有细，挥发分析出时，所需的时间也长短不一，当细颗粒煤粉已进入焦炭燃烧过程，而粗粒煤粉还在析出挥发分。即细的煤粒已经烧完，粗的煤粒才刚刚开始燃烧。

实验研究发现，煤粉在炉内的加热升温速度很快，升温速度为（0.5～1.0）×10^4℃/s，仅在0.1～0.2s的时间内就能达到炉内燃烧时的温度水平1500℃左右。在这种条件下，挥发分燃烧和焦炭燃烧这两个环节很难截然分开，一般是同时进行的。

经验表明，干燥无灰基挥发分高的煤，是比较容易着火和燃尽的，因为挥发分析出燃烧比焦炭的燃烧迅速得多，而且挥发分析出后可增大焦炭粒子与氧气接触的面积，提高焦炭粒子的反应活性。可燃挥发分对煤粉着火起着决定性的作用，煤的挥发分越多，挥发分着火燃烧时释放的热量也越多，这样焦炭得到充分加热并增加了与氧气接触的机会，因而燃烧的稳定性也越高。

温度低于900～1000℃时，如图2-3所示，化学反应速度小于氧气向碳粒表面的扩散速度，氧气的供应十分充足，提高扩散速度对燃烧速度影响不大，燃烧速度取决于温度。

温度高于1200℃时，如图2-4所示，化学反应速度大于氧气向碳粒表面的扩散速度，以至于扩散到碳粒表面的氧气立刻被消耗掉，碳粒表面处的氧浓度接近于0，提高温度对燃烧速度影响不大，燃烧速度取决于氧气向碳粒表面的扩散速度。

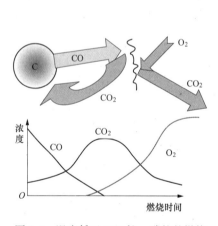

图2-3　温度低于1200℃，碳粒的燃烧

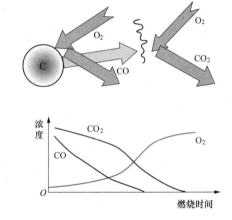

图2-4　温度高于1200℃，碳粒的燃烧

介于动力区和扩散区之间，提高温度和提高扩散速度都可以提高燃烧速度。若扩散速度不变，只提高温度，燃烧过程向扩散区转化；若温度不变，只提高扩散速度，燃烧过程向动力区转化。

在碳粒表面上发生反应的耗氧量等于扩散气流向表面输送的氧量，即可利用化学反应速度和气流的扩散速度表示燃烧速度：

$$\omega = kC = \alpha_{ks}(C_o - C) \tag{2-10}$$

$$\omega = \frac{C_o}{\frac{1}{k} + \frac{1}{\alpha_{ks}}} = k_z C_o$$

式中　k——反应速度常数；

C_o、C——气流中和反应表面氧浓度；

α_{ks}——扩散速度系数，与气流的相对速度成正比，与粒子直径成反比；

k_z——考虑了扩散和化学反应后，燃烧反应的总速度常数。

当 $\dfrac{1}{k} \gg \dfrac{1}{\alpha_{ks}}$ 时，$k_z \approx k$，燃烧处于动力区；

当 $\dfrac{1}{k} \ll \dfrac{1}{\alpha_{ks}}$ 时，$k_z \approx \alpha_{ks}$，燃烧处于扩散区。

二、煤粉燃料特性

煤粉燃料特性是锅炉设计和运行的基础。所用燃料的种类不同，锅炉的炉膛尺寸、燃烧器种类、制粉系统类型、受热面布置、锅炉的形式等各不相同，对锅炉运行出现的结渣、积灰、磨损、腐蚀、大气污染物排放和飞灰含碳量等情况的影响亦有差别。因此，对于锅炉的设计和运行工作者来说，掌握好燃料的成分、特性及其对锅炉运行的影响是非常必要的。

1. 煤炭分类

由于成煤植物、成煤年代及成煤条件的不同，特别是在变质程度上的区别，导致各种煤具有不同的化学组成及其特性。

根据煤的煤化程度（干燥无灰基挥发分 V_{daf} 等指标），将煤分为无烟煤、烟煤及褐煤。无烟煤是煤化程度最高的煤，挥发分含量最低，发热量高，密度最大，着火点高，燃烧稳定性差；褐煤是煤化程度最浅的煤，光泽暗淡，质地较软，内在水分较高，具有不同程度的腐殖酸，挥发分含量高，发热量低；烟煤介于两者之间。

干燥无灰基挥发分的含量是煤炭分类的主要指标，无烟煤的 $V_{daf} \leqslant 10\%$，褐煤的 $V_{daf} \geqslant 37\%$，烟煤的 V_{daf} 大致可分为四个区段，即 $10\% \sim 20\%$、$20\% \sim 28\%$、$28\% \sim 37\%$、37% 以上，烟煤可分为 12 个类别。

2. 煤元素分析

无论是煤炭的元素分析还是工业分析，其结果都是通过各组成的质量百分率来表达的。煤炭带有水分，所含的水分随着其所处的环境温度、湿度等条件而变。在表示分析结果时，必须同时表明相应于这些分析结果的基准（试验条件）。这些基准分别是收到基空气干燥基、干燥基、干燥无灰基。

（1）收到基。收到基是煤炭处于入炉或接收状态下的分析结果，亦称应用基。元素分析及工业分析的表达式分别为：

$$C_{ar} + H_{ar} + O_{ar} + N_{ar} + S_{ar} + A_{ar} + W_{ar} = 100\% \tag{2-11}$$

$$C_{ar} + V_{ar} + A_{ar} + W_{ar} = 100\% \tag{2-12}$$

式中　A_{ar}、W_{ar}——分别是煤样中的收到基灰分与水分；

C_{ar}——煤样有机质中的总碳量；

C_{ar}——煤样中的固定碳含量；

C_{ar}——挥发分中的含碳量。

（2）空气干燥基。空气干燥基（亦称分析基）是煤样处于自然干燥状态下的分析结果。实验室分析用这种煤样来进行，相应的表达式为：

$$C_{ad} + H_{ad} + O_{ad} + N_{ad} + S_{ad} + A_{ad} + W_{ad} = 100\% \tag{2-13}$$

$$C_{ad} + V_{ad} + A_{ad} + W_{ad} = 100\% \tag{2-14}$$

（3）干燥基。干燥基是将煤样经历 105℃ 的恒重干燥后的测定结果。相应的表达式为

$$C_d + H_d + O_d + N_d + S_d + A_d = 100\% \tag{2-15}$$

$$C_d + V_d + A_d = 100\% \tag{2-16}$$

（4）干燥无灰基。干燥无灰基（亦称可燃基）是去除全部灰分和水分后余下的成分，即为可以燃烧发热提供能量的部分。相应的表达式为：

$$C_{daf} + H_{daf} + O_{daf} + N_{daf} + S_{daf} = 100\% \tag{2-17}$$

$$C_{daf} + A_{daf} = 100\% \tag{2-18}$$

这种表达方式因排除了水分和灰分的影响，进一步明确地表达了煤炭中有机质的组成，因此有关煤炭领域分析数据都是采用干燥无灰基来表达的。

因此可以看出：用收到基、空气干燥基、干燥基、干燥无灰基来表达煤炭的组成成分，在本质上都是相同的，差别只是它们的数值来自不同的分析标准，以不同基准测得的含量也可以进行相互换算。

煤炭的元素分析，表明煤炭有机质中碳、氢、氧、氮、硫元素的含量以及灰分和水分的含量。煤炭的元素分析值除可用于估量煤炭的发热量、燃烧所需要的空气量和生成的烟气量外，还有如下利用价值：表明煤炭元素与煤化程度之间的联系；可长期堆放的煤炭前、后的氧元素测定值证明煤炭在堆放期间的风化程度。

（1）氢和碳：应该指出的是元素分析氢值是通过在 800℃ 氧气环境下燃烧所产生的水蒸气量得出的，这份水蒸气中也包含了两种结晶水，存在于煤炭有机物与煤炭原生灰分中，以及煤样的干燥无灰基水分。后者可以在氢分析值的结果计算公式中扣除，而前两者结晶水则无法扣除，因此元素分析氢值并不表示为可供燃烧的"可燃氢"。因此有关煤炭发热量的估算、燃烧空气量的计算中，总需考虑元素分析中来自水的那部分氢的影响，扣除这部分氢之后的值才是"可燃氢"。同样元素分析中碳的值也是通过燃烧产生的 CO_2 得出的，而 800℃ 的温度下包含于煤炭原生灰分中的碳酸盐也分解出 CO_2。因此，在测定结果计算公式中列出了一项修正。

（2）硫：煤炭中的硫大致有三个来源：有机硫、黄铁矿硫、硫酸盐硫。其中有机硫与黄铁矿硫是可燃的，称之为可燃硫；其余的硫认为是不可燃的。硫分的害处有三点：发热量低，仅相当于同等碳量的约 32%；燃烧产生的 SO_2 和 SO_3 露点低，易腐蚀设备；硫的氧化物造成空气污染，对煤炭而言含硫量越低越好。

（3）氮：煤炭中的氮几乎都以有机物的状态存在。煤炭中的含氮量一般随煤炭的煤化程度的增加而减少，含量也都不多。氮无助于燃料燃烧，而且生成 NO、NO_2 等氮的氧化物（NO_x）对于大气的污染比 SO_x 更厉害。所以作为燃料来讲，都希望燃用煤种的含氮量低一些的煤。

（4）氧：煤炭中氧的多少，表征了煤炭的煤化程度和品味。煤炭中的氧元素几乎全部是以氧化物的形式存在的，而氧化物是不可燃的，因此含氧量越高的煤炭发热量就越低。

3. 煤炭的工业分析

工业分析的煤炭特性用水分、挥发分、固定碳和灰分四个总计为 100% 的质量份额来表示。工业分析中的水分和灰分值与元素分析值是相同的。

（1）水分：煤炭中按水的存在状态一般可分为外在水分（表面）、内在水分（吸附）和

结晶水二部分。煤炭中的水分既不具可供利用的热量，又需在燃烧过程中吸收汽化潜热，并最终以蒸汽的形态排出炉外，使炉内温度水平下降，引风机电耗与排烟损失增大，引起低温受热面积灰和腐蚀。在煤粉燃烧中，除前述问题之外，还容易因煤炭的水分较高而导致输煤系统阻塞、煤斗搭桥、制粉系统出力下降、煤粉管道黏积，以及燃烧器出口煤粉气流着火滞后等一系列问题，从而煤炭的水分总是以低为好。

（2）灰分：煤炭中的灰分来自成煤植物的本身、成煤过程中的夹杂沉积以及采掘运输过程中的掺杂。灰分通常理解为煤炭燃烧过程的残留物或不可燃物质。煤炭中的灰分以及灰分的组成对于煤炭的使用价值有很大的影响。灰分增加，煤炭的发热量会降低，单位热量的煤炭运输工作量和灰的处理工作量增大，单位发热量的煤炭的处理和制粉工作量增加，使电厂的厂用电耗增加，受热面和引风机等的磨耗及维修工作量增加，因此随着原煤灰分增加，使用价值将降低。灰分的变化影响到受热面的结渣、积灰，从而影响到整个锅炉的设计布置和运行可靠性。可以说锅炉的不少辅机都是因灰分而存在的，锅炉正常的连续运行期限在很大的程度上也是受燃料灰分的影响。除煤炭的含灰量之外，灰的组分同样十分重要。

关于灰分的定义还应该特别指出的一点是：工业分析中的灰分的值只是在特定的条件下（实验室内用固定条件燃烧的方式）的结果，它既不代表煤炭中原生灰分和组分，又因锅炉内的燃烧过程远高于试验的 815℃，使这些灰分还将经历进一步的转变，从而也不代表产生于炉内燃烧过程中的具体的灰分组分。但是作为不同煤种之间的比较依据，来判别不同煤种煤灰的变化趋向，无疑是具有实际意义的。

（3）挥发分：煤炭在隔绝氧气的条件下受热时，会因受热温度升高而产生热解，使一部分物质呈气态脱离煤炭体，使母体转化为碳焦，在这一过程中被释放出的物质称之为挥发分。挥发分包括多种气相物质的混合物和液相的焦油，在气相释出物中，除含有少量的 CO_2 和 H_2O 外，主要是各种各样的 CO、H_2。这些不论是气相还是液相的挥发分，其最后随着温度的升高还将经历从大分子量裂解为小分子量碳氢化合物分子的一系列过程。

煤炭的分类是以煤炭的挥发分含量为依据的，煤炭中的挥发分的含量与煤炭内的水分和发热量、硬度、可磨度系数都是息息相关的。煤炭的挥发分在煤炭受热裂解的释出过程中，是以各种不同的官能团的形式脱离母体的，因此挥发分含量不同的煤炭在其着火和燃烧过程中具有不同的行为。因为挥发分对于燃烧过程的影响，不仅仅表征了煤炭气相与固相燃烧过程重量比值的多寡，也包括了从制粉、着火、燃烧，直到燃尽性能的各方面差别，所以挥发分的含量成为表征煤类燃烧特性的决定性指标。

4. 煤的燃烧特性

（1）煤炭发热量。单位质量燃煤（1kg）完全燃烧时放出的热量称为煤的发热量。煤的发热量分为高位发热量和低位发热量。燃煤在空气气氛中（一个大气压条件下）完全燃烧后所放出的全部热量称为高位发热量，用 Q_{gr} 表示；从高位发热量中扣除烟气中水分（煤中有机质中的氢燃烧后生成的氧化水，以及煤中的游离水和化合水）的汽化潜热后，剩余可以实际使用的热量，称为低位发热量，用 Q_{net} 表示，实际工程中常应用的是燃煤的收到基低位发热量。

根据国内燃煤锅炉的运行经验，燃煤锅炉不投油助燃而稳定燃烧可适应的发热量见表 2-2。

表 2-2   燃煤锅炉不投油助燃而稳定燃烧可适应的发热量

煤种	$V_{daf}=16\%\sim40\%$ 的烟煤、贫煤	$V_{daf}<15\%$ 的无烟煤、贫煤	高水分褐煤
发热量的最低限（MJ/kg）	$11.7\sim12.6$	$16.8\sim18.8$	$7.5\sim8$

注 褐煤的发热量最低限很低的原因在于，经制粉系统干燥后，水分很高的褐煤的发热量几乎成倍增长；而水分较低的烟煤、贫煤和无烟煤干燥后，煤粉和收到基煤的发热量变化不大。

（2）发热量换算。发热量换算是指各种基准的高位发热量之间的换算可按成分换算系数进行。低位发热量之间的换算还必须考虑汽化潜热的影响，由于 1kg 氢燃烧后生成 9kg 水蒸气，所以每千克燃煤燃烧时将形成 $(9H_{ar}+M_{ar})/100kg$ 水蒸气。如果取水的汽化潜热 $r=2508kJ/kg$，则燃煤收到基的高、低位发热量之间的换算关系见表 2-3。

表 2-3   各基准下高位发热量与低位发热量的换算公式   (kJ/kg)

发热量	换算公式	发热量	换算公式
收到基发热量	$Q_{net,ar}=Q_{gr,ar}-226H_{ar}-25M_{ar}$	干燥基发热量	$Q_{net,d}=Q_{gr,d}-226H_d$
空气干燥基发热量	$Q_{net,ad}=Q_{gr,ad}-226H_{ad}-25M_{ad}$	干燥无灰基发热量	$Q_{net,daf}=Q_{gr,daf}-226H_{daf}$

（3）标准煤。收到基低位发热量为 29 308kJ/kg（7000kcal/kg）的燃煤，称为标准煤。由于各种煤的发热量不同，在工业上为了核算企业的能耗量，统一计算标准，便于比较与管理，采用标准煤的概念。实际燃煤量 B 折合成标准煤质量 B_{bz} 的公式为：

$$B_{bz}=1/29\,308\times B\times Q_{net,ar}(kJ/kg) \tag{2-19}$$

（4）煤的折算成分。燃料的成分是以质量百分数来表示的，但对于某些成分，例如水分、灰分和硫分，由于它们对锅炉（例如着火、磨损、积灰、腐蚀等）的影响较大，只通过元素分析和工业分析所得到的收到基成分百分数不能完全说明问题。这是因为燃料的发热量有高有低，在一定的锅炉负荷所带进炉内的水分、灰分和硫分，不但与它们的收到基成分有关，而且与燃料的发热量有关。

在锅炉设计和运行中，为了更好地鉴别煤的性质，更准确地比较煤中硫、水分、灰分对锅炉工作的影响，常用折算成分的概念来考虑。所谓燃料的折算成分，就是每送入锅炉4182kJ/kg 热量（即 1000kcal/kg），带入锅炉的水分、灰分和硫分，并用下列各式计算：

$$折算水分：M_{ar,zs}=4182\times\frac{M_{ar}}{Q_{ar,net}}$$

$$折算灰分：A_{ar,zs}=4182\times\frac{A_{ar}}{Q_{ar,net}}$$

$$折算硫分：S_{ar,zs}=4182\times\frac{S_{ar}}{Q_{ar,net}}$$

当煤中的 $M_{ar,zs}>7\%$ 时，称为高水分煤；当煤中的 $A_{ar,zs}>12\%$ 时，称为高灰分煤；当煤中的 $S_{ar,zs}>0.5\%$ 时，称为高硫分煤。

（5）煤的挥发分。挥发分是煤中有机质在高温加热过程中释放出的气态物质，主要由各种碳氢化合物、一氧化碳、硫化氢等可燃气体组成。

着火温度：煤在通氧环境中，加热达到临界着火点时，会发生明显的煤表面发亮、爆燃或煤的温度明显升高等现象，此时对应的加热温度，称为煤的着火温度。

燃煤性质对着火过程影响最大的是挥发分含量，挥发分含量与煤的着火温度呈反向变化关系，如图 2-5 所示，当挥发分含量降低时，煤的着火温度提高，着火热也随之增大，着火距离加长，着火速度减慢，更不易燃尽。

干燥无灰基挥发分含量 V_{daf} 和煤粉气流着火温度 IT 是评定煤的燃烧特性的主要指标，判别准则如下：

$V_{daf} > 25\%$ 或 $IT < 600℃$ 的煤，属于极易着火煤；

V_{daf} 为 $20\% \sim 25\%$ 或 IT 为 $600 \sim 700℃$ 的煤，属于易着火煤；

V_{daf} 为 $15\% \sim 20\%$ 或 IT 为 $700 \sim 800℃$ 的煤，属于中等着火煤；

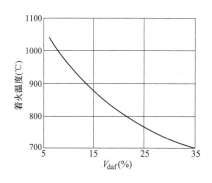

图 2-5　挥发分含量与着火温度的关系

V_{daf} 为 $10\% \sim 15\%$ 或 IT 为 $800 \sim 900℃$ 的煤，属于难着火煤；

$V_{daf} < 10\%$ 或 $IT > 900℃$ 的煤，属于极难着火煤。

（6）煤的灰分。煤中灰分对燃烧影响很大。灰分含量增加，发热量降低，并使理论燃烧温度和炉内火焰温度下降，而且过高的灰分妨碍挥发分的析出，导致挥发分初期温度上升，着火温度也因此升高。过高灰分使煤粒表面形成较厚的灰壳，从而增大氧气的传质阻力，使飞灰含碳量升高。灰分也影响着火速度，灰分越高，火焰传播速度越低。

煤中灰分增多，会带来大量煤粉灰的输送、存储、利用、烟尘排放等问题；造成煤的破碎和制粉的能耗大大增加，加剧锅炉受热面的磨损、结渣和超温。煤中灰分的判别标准如下：

灰分 $A < 20\%$ 的煤，属于低灰煤；

灰分 A 为 $20\% \sim 30\%$ 的煤，属于中灰煤；

灰分 $A > 30\%$ 的煤，属于高灰煤。

（7）煤的水分。水分对煤燃烧过程的影响主要体现在降低炉内燃烧温度，水分对理论燃烧温度的影响比灰分还大。水分还影响制粉系统形式、干燥介质的选择以及输煤系统的运行，从而影响锅炉燃烧工况。过高的水分将导致制粉系统阻塞，破坏进炉燃料的连续和稳定，同时燃煤水分过高，作为制粉系统的干燥介质，一次风或三次风的入炉情况也会影响煤粉燃烧的稳定性。

$M_{ar} > 20\%$ 的煤，属于高全水分煤；

M_{ar} 为 $12\% \sim 20\%$ 的煤，属于中高等全水分煤；

M_{ar} 为 $8\% \sim 12\%$ 的煤，属于中等全水分煤；

$M_{ar} < 8\%$ 的煤，属于低全水分煤。

（8）煤的碳氢比 C/H。燃煤元素分析成分的碳氢比 C/H，可以表示煤的燃烧难易程度，碳氢比越高，说明燃煤的含碳量越高，燃烧越困难，也越难于燃尽。

（9）燃料比 FC/V_{daf}。燃料比是煤的工业分析成分中固定碳（FC）与干燥无灰基 V_{daf} 的比值，它也可以表征燃煤着火和燃尽的难易程度。燃煤的燃料比越大，说明煤的固定碳含量越高，挥发分含量越少，燃煤的着火温度越高，着火越困难，也越难于燃尽。

（10）反应指数 $T15$。反应指数 $T15$ 是指煤样在氧气流中加热，使其温升速度达到 $15℃/min$ 时所需要的加热温度。很显然，煤的反应指数越大，表明这种煤越难着火和燃烧。

（11）着火稳燃性指标。着火稳燃性指标用燃料着火稳定性指数 R_w 来代表，其计算公式如下：

$$R_w = 560/T_i + 650/T_{imax} + 0.27W_{imax} \qquad (2\text{-}20)$$

式中　T_i——着火温度，℃；

　　　T_{imax}——最大失重速度时对应的温度，℃；

　　　W_{imax}——最大失重速度，mg/min。

着火稳燃划分界限见表 2-4。

表 2-4　　　　　　　　　　　　着火稳燃划分界限

R_w	<4	4.0～4.65	4.65～5.0	5.0～5.7	>5.7
等级	极难	难	中等	易	极易

（12）燃尽指标。燃尽指标用燃尽特性综合判别指数 R_j 来代表，其计算公式如下：

$$N = 0.55G_2 + 0.004\,3T_{2max} + 0.14\tau_{98'} - 3.7 \qquad (2\text{-}21)$$

$$R_j = 1/N$$

式中　$\tau_{98'}$——煤和煤焦烧掉 98% 时所需时间，min；

　　　T_{2max}——难燃峰最大反应速度时对应的温度，℃；

　　　G_2——难燃峰下烧掉的燃料量，mg。

燃尽划分界限见表 2-5。

表 2-5　　　　　　　　　　　　燃尽划分界限

R_j	0.5	2.5～3	3.0～4.4	4.4～5.7	>5.7
等级	极难	难	中等	易	极易

三、煤粉稳定性

1. 自燃特性

燃煤长时间缓慢氧化放热，在没有外来火源的情况下发生的燃烧现象称之为自燃，用煤的自燃倾向性来表示煤自燃难易的特性。煤的自燃倾向性与煤的吸氧量、含水量、全硫含量以及粒度等特性有关。煤的自燃倾向性根据煤的含氧量和全硫含量不同可分为三个等级（见表 2-6）。

表 2-6　　　　　　　　　　　　煤的自燃特性

自燃倾向性等级	自燃倾向性	煤的吸氧量（cm³/g，干煤）		全硫含量（仅用于高硫煤和无烟煤类，%）
		褐煤、烟煤类	$V_{daf} \leqslant 18\%$ 的高硫煤和无烟煤类	
Ⅰ	易自燃	≥0.71	>1	>2
Ⅱ	自燃	0.41～0.7	≤1	≥2
Ⅲ	不易自燃	≤0.4	≥0.8	<2

评判煤自燃特性的指标包括煤热解（热分解或干馏）开始点温度、煤样的着火温度和堆积煤粉起燃温度，这些指标越低，表示煤越容易自燃。

煤的自燃特性是确定磨煤机出口温度防爆上限值的主要依据，当锅炉设计要求的磨煤机出口温度高于单纯按照煤的挥发分高低所推荐的规定值时，宜根据实测的热解特性和堆积煤粉自燃特性来评估其安全性。

2. 爆炸特性

制粉系统中的煤粉自燃或有其他火源，会使风粉混合物被点着，并迅速传播开来，形成大面积的着火燃烧，压力急剧升高到 0.2～0.3MPa，这一现象称为煤粉的爆炸性。煤粉的爆炸将危及人身和设备安全，因此制粉系统的防爆工作十分重要。

影响煤粉的爆炸性因素主要有煤粉的挥发分、水分、煤粉细度、风粉混合物的浓度、流速、温度以及输送煤粉的气体中氧的比例等，现分述如下：

（1）挥发分。含挥发分多的煤易爆炸。当挥发分含量 $V_{daf}<10\%$ 时（无烟煤），一般是没有危险的。但当挥发分 $V_{daf}>20\%$ 时（烟煤等），因其容易自燃，爆炸的可能性很大。

（2）水分。煤粉越干越容易爆炸。煤粉水分与磨煤机的出口风粉混合物的温度有关，对于不同的煤种和制粉系统，只要控制磨煤机的出口风粉混合物的温度，就可防止煤粉过于干燥而爆炸。

（3）煤粉细度。煤粉越细，越容易自燃和爆炸。例如烟煤煤粉颗粒直径小于 0.1mm 时，爆炸的可能性就比较大，所以对于挥发分高的煤不应磨得过细。

（4）煤粉浓度。煤粉浓度是影响煤粉爆炸的重要因素。实践证明，煤粉浓度为 1.2～2.0kg/m³ 空气时，爆炸性最大，这是因为在该浓度下，火焰传播速度最快。大于或小于该浓度时，爆炸的可能性就比较小。在实际运行中，一般很难避开这一浓度，然而风粉混合物只有在遇到火源才会发生爆炸，因此控制煤粉自燃对于防止煤粉爆炸是极为重要的。

（5）风粉混合物的流速。风粉混合物的流速对煤粉自燃和爆炸也有影响。流速过低，易造成煤粉沉积在某些死角而自燃；流速过高又会引起静电火花，也将导致煤粉爆炸；故流速一般应控制在 16～30m/s 的范围内。

（6）氧气浓度。输送煤粉的气体中，氧气浓度越高，爆炸的可能性就越大。如果气体中氧的体积浓度小于 15%，则不会爆炸。

基于以上分析，对于挥发分较高的易爆燃料，为了防止煤粉爆炸，应严格控制磨煤机出口风粉混合物的温度。对于较细的煤粉，在输送煤粉的气体中可掺入适量烟气（因其中含有 CO_2、N_2）以控制氧的比例。为了防止煤粉沉积，在制粉系统中应避免倾斜度小于 45°的管段不得有死角；严格控制风粉混合物的流速；停炉时应将煤粉仓内煤粉用尽等措施；并在制粉系统装设足够数量的防爆门，一旦煤粉发生爆炸，也不会造成设备的严重损坏。

着火温度 IT 综合了煤的易燃性和灰分的影响，可大致代表煤粉在水分、煤粉细度、浓度、温度、风粉混合中含氧量相同情况下的爆炸特性，见表 2-7。

表 2-7　　　　　　　　　　　　　　　　　煤的爆炸特性

着火温度 IT（℃）	爆炸等级	爆炸性	着火性
＞900	0	极难爆炸	极难着火
800～900	I	难爆炸	难着火
700～800	II	中等爆炸	中等着火
600～700	III	易爆炸	易着火
＜600	IV	极易爆炸	极易着火

煤的爆炸性也可用煤的挥发分含量近似判定，见表 2-8。

表 2-8   煤的挥发分与煤的爆炸特性

干燥无灰基挥发分 V_{daf}(%)	爆炸等级	爆炸性
<6.5	0	极难爆炸
6.5~10	I	难爆炸
10~25	II	中等爆炸
25~35	III	易爆炸
>35	IV	极易爆炸

注　灰分高于 40% 的煤按其挥发分所定的爆炸性降一个等级。

煤粉爆炸等级可按照爆炸指数 K_d 分为四个等级，见表 2-9。

表 2-9   煤粉爆炸等级分类

煤粉爆炸指数 K_d	煤粉爆炸等级	相应的煤质参考指标	
		煤粉气流着火温度 IT（℃）	煤的挥发分（%）
$K_d<1.0$	难爆	$IT>800$	$V_{daf}<10$
$1.0<K_d<3.0$	中等	$800>IT>650$	$10<V_{daf}<30$
$K_d\geqslant3.0$	易爆	$IT\leqslant650$	$V_{daf}\geqslant25$
$K_d>3.0$	极易爆炸	$IT\leqslant600$	$V_{daf}\geqslant35$

注　灰分高于 40% 的煤按其挥发分所定的爆炸特性降低一个等级。

引起煤粉空气混合物爆炸的浓度范围和爆炸压力，见表 2-10。

表 2-10   煤粉混合物爆炸范围和爆炸压力

燃料	最低煤粉浓度 μ_{min}(kg/m³)	最高煤粉浓度 μ_{max}(kg/m³)	最易爆炸浓度 μ(kg/m³)	爆炸产生的最大压力 p_{max}(MPa)	最低氧气浓度 O_2(%)
烟煤	0.32~0.47	3~4	1.2~2	0.13~0.17	19
褐煤	0.215~0.25	5~6	1.7~2	0.31~0.33	18
铲切混煤	0.16~0.18	13~16	1~2	0.3~0.35	16

爆炸指数的计算公式如下：

$$K_d=\frac{V_{daf}}{100}\left(\frac{100-V_d}{100}\right)^2\left(\frac{Q_{net,daf}-32\,829+315.69V_{daf}}{1260}\right)+\left(\frac{V_{daf}}{100}\right)\left(\frac{100-V_d}{100}\right) \quad (2-22)$$

式中　$Q_{net,daf}$——煤的干燥无灰基低位发热量，kJ/kg；

V_{daf}、V_d——煤的干燥无灰基和干燥基挥发分，%。

四、煤粉颗粒特性

1. 煤粉细度

煤粉细度是煤粉主要的性质之一，即煤粉颗粒的大小，其决定了煤粉颗粒的比表面积，对煤粉的流动性、吸附性以及传热和传质特性有直接影响。

煤粉细度一般是用一组标准筛来测定。煤粉细度的测定方法是将一定数量的煤粉试样放在筛子上筛分，筛分后留在筛子上的煤粉质量占筛前煤粉总质量的百分数，就称为煤粉细度，用符号 R_x 表示，计算公式如下：

$$R_x = a/(a+b) \times 100\% \tag{2-23}$$

式中　　a——留在筛子上的煤粉质量；

　　　　b——透过筛子的煤粉质量；

　　$(a+b)$——筛前的煤粉总质量；

　　　　x——筛子的规格，用筛号或筛孔宽度来表示。

目前我国的筛子规格用筛孔宽度来表示，筛孔宽度为 $90\,\mu m$ 和 $200\,\mu m$ 两种，分别表示 R_{90} 和 R_{200} 两种煤粉细度。筛分煤粉的筛子在各国的标准不同，进行比较全面的煤粉筛分时，同时需要多个筛子。对于烟煤和无烟煤的煤粉通常用 R_{90} 和 R_{200} 来表示煤粉细度；对于褐煤则用 R_{200} 和 R_{500} （或 R_1）。如果只用一个数值表示煤粉的细度，则常用 R_{90}。国外常用筛网每英寸上的孔数表示，如 200 目（200mesh），即 R_{75}，而且以透过份额表示（D_x）。

煤粉细度对磨煤机的出力和磨煤机电耗影响很大，对煤粉着火的难易程度也有很大的影响。无论哪一种磨煤机，煤粉越粗，出力就越大，磨煤电耗也就越低，金属的单位磨损也越小；煤粉越细、粒度越均匀，越容易点燃，燃烧越完全。

综合制粉和燃烧的要求，存在经济煤粉细度，即制粉和燃烧总的损耗最小时的煤粉细度。经济煤粉细度与很多因素有关：第一，与煤种有关，其中以燃煤挥发分的影响最大。挥发分高的燃料，燃烧强烈，可以允许煤粉粗一些；无烟煤挥发分最低，则要求煤粉磨得细一些。第二，与磨煤机和分离器的形式有关，它们决定了煤粉颗粒的均匀程度，如果煤粉颗粒均匀，则可允许煤粉粗些。第三，与燃烧方式和炉膛容积热负荷有关。经济煤粉细度决定了煤粉燃烧的经济性，如炉内燃烧温度高或煤粉停留时间长（容积热负荷低）时，可允许煤粉粗些。对于经济煤粉细度以燃煤的干燥无灰基挥发分的含量为基准，按以下方法选取：

对于固态排渣煤粉炉燃用无烟煤、贫煤和烟煤，经济煤粉细度按下式选取：

$$R_{90} = 4 + 0.5nV_{daf} \tag{2-24}$$

式中　V_{daf}——煤的干燥无灰基挥发分，%；

　　　　n——煤粉的均匀系数，一般情况下，配离心式分离器的制粉设备的 $n \approx 1.1$；双流惯性式分离器的 $n \approx 1.0$；单流惯性式的 $n \approx 0.8$；旋转式分离器的 $n \approx 1.2$。

对于劣质烟煤，经济煤粉细度按下式选取：

$$R_{90} = 5 + 0.35nV_{daf} \tag{2-25}$$

对于褐煤及油页岩，经济煤粉细度为：$R_{90} = 35\% \sim 50\%$（挥发分高取大值，挥发分低取小值）；

300MW 及以上机组可用式（2-25）计算 R_{90}，200MW 及以下机组的 R_{90} 在此基础上适当下降，还必须考虑低 NO_x 燃烧时对煤粉细度的要求。

2. 煤粉颗粒均匀度

煤粉颗粒均匀度特性表示煤粉中颗粒尺寸的分布状况，用方程式表示为：

$$R_x = 100e^{-bx^n} \tag{2-26}$$

$$n = \frac{\lg\ln\dfrac{100}{R_{x1}} - \lg\ln\dfrac{100}{R_{x2}}}{\lg\dfrac{x_1}{x_2}} \tag{2-27}$$

式中　R_x——煤粉细度，%；

　　　x——颗粒尺寸，μm；

　　　b——反映煤粉粗细程度的常数；

　　　n——煤粉的均匀性系数，取决于制粉设备的形式。

不同粒径下的煤粉细度换算式为：

$$R_{x2} = 100 \left(\frac{R_{x1}}{100}\right)^{\left(\frac{x2}{x1}\right)^n} \tag{2-28}$$

3. 堆积特性

煤种堆积特性见表 2-11。

表 2-11　　　　　　　　　　　　　　煤种堆积特性

煤种	堆积密度（t/m³）	运动安息角（°）	静止安息角（°）
无烟煤	0.7~1	27~30	27~45
烟煤	0.8~1	30	35~45
褐煤	0.6~0.8	35	35~50
泥煤	0.29~0.5	40	45
泥煤（湿）	0.55~0.65	40	45

散碎物料在自然稳定堆放状态下，物料锥形堆母线与水平面会有一个夹角，并且随着继续往上添加这种散料，料堆在增高、加大底面积的同时，夹角会形成一个最大值，这个最大角度称为安息角，也叫休止角或堆积角。

物料在静止状态下的安息角为静止安息角，在运动状态下的安息角为运动安息角，运动安息角一般为静止安息角的 70%。燃煤在堆积状态下的单位体积质量称为堆积密度。

据燃煤种类，其堆积特性参数见表 2-11。

安息角与物料颗粒的种类、粒径、形状和含水率等因素有关。同一种物料颗粒，粒径越小，安息角越大；表面越光滑或越接近球形的粒子，安息角越小；含水率越大，安息角越大。安息角是设计磨煤机入口斜角的重要依据。

4. 煤粉流动特性

一般煤粉颗粒直径范围为 $0\sim1000\mu m$，大多为 $20\sim50\mu m$ 的颗粒，单位质量的煤粉具有较大的表面积，表面可吸附大量空气，从而使其具有流动性。煤粉流动特性如下：

（1）煤粉的密度较小，新磨制的煤粉堆积密度为 $0.45\sim0.5t/m^3$，储存一定时间后堆积密度为 $0.8\sim0.9t/m^3$。

（2）安息角与流动性的关系。安息角是表示物料流动的重要指标，安息角越小，其流动性越好；反之，安息角越大，其流动性越差。

（3）煤粉属于黏聚性粉体，煤粉粒径增大（如从 $36\mu m$ 增大至 $312\mu m$，休止角从约 $45°$ 减小至约 $39°$），煤粉流动性变好；当粒径小于约 $75\mu m$ 时，煤粉团聚作用较强，流动性变差。

5. 黏结特性

由于水分的存在，在散状物料颗粒之间及物料颗粒和料仓壁之间会形成毛细力，使颗粒之间或颗粒与料仓壁之间因毛细力和机械冲击力等作用而产生黏结，称为黏结特性。黏结特

性可用成球性指数 K_c 来进行判别，见表 2-12。

表 2-12　　　　　　　　　　　煤的黏结特性分级

序号	成球性指数 K_c	分级
1	＜0.2	无黏结性
2	0.2～0.35	弱黏结性
3	0.35～0.60	中等黏结性
4	0.60～0.80	强黏结性
5	＞0.80	特强黏结性

　　成球性指数 K_c 综合反映了细粒物料的天然性质（颗粒表面的亲水性、颗粒形状及结构状态，如粒度组成、孔隙率等）对物料黏结特性强弱的影响。

　　煤的黏结特性和煤的矿物组成、粒度组成、颗粒形貌及机械强度性能有关。煤中蒙脱石、多水高岭石含量越高，煤的黏结特性越强；煤的粒度越细，煤的黏结特性越强；多棱角的针状、片状颗粒越多，煤的黏结特性越强；煤的机械强度越低，煤的黏结特性越强。

　　煤的摩擦角分为外摩擦角和内摩擦角。外摩擦角是指物料置于水平的平板上，平板的一端下降至开始运动时平板与水平面的夹角，为了使煤能顺利流动，实际料壁与水平面的夹角应比外摩擦角大 $5°～10°$。内摩擦角（陷落角）是指物料在陷落过程中其自由表面与水平面所能形成的最小夹角，它是计算料仓容积的重要参数，外摩擦角和内摩擦角是煤的黏结特性的重要参数。

五、煤粉颗粒磨损特性

1. 可磨特性

　　煤是一种脆性物质，在机械力的作用下可以被粉碎，煤在磨煤机中被制成煤粉主要是利用击碎、压碎和研碎等方法来实现。煤在粉碎的过程中要产生新的表面积，因而需要消耗一定的能量，煤在磨煤机中磨制成煤粉所消耗的能量与新产生的表面积成正比。

　　不同种类的煤，在同一试验磨煤机中将其磨制成具有相同煤粉细度的煤粉时，它们的能耗是不相同的，有的煤容易磨，能耗小，有的煤难磨，能耗就大。为了表示煤的磨制的难易程度，我们引入了一个可磨性系数的概念。

　　煤的可磨性系数是指在风干状态下，将同一质量的标准煤和试验煤由相同的初始粒度磨碎到相同的煤粉细度时所消耗的能量之比，用符号 K_{km} 表示，即：

$$K_{km}=\frac{E_b}{E_s} \tag{2-29}$$

式中　E_b——磨制标准煤所消耗的能量，kWh；

　　　　E_s——磨制试验煤所消耗的能量，kWh。

　　标准煤是一种比较难磨的无烟煤，其可磨性系数 K_{km} 定为 1，煤越容易磨，则 E_s 越小，K_{km} 越大。

　　实际上，将标准煤和试验煤磨制到相同的煤粉细度是不可能实现的。对于煤的可磨性系数，原全苏热工研究所的测定方法是将风干的、相同质量的标准煤和试验煤，在初始粒度相同和磨煤能耗相同（即磨制时间相同）的条件下所得到的两种煤粉细度来确定可磨性系数 K_{km}。

在英美等国家，采用哈得罗夫法来确定煤的可磨性系数（以下简称"哈氏可磨性系数"）。

该试验是将规定粒度的 50g 煤样放在一个微型中速磨煤机内磨 3min 后进行筛分，测得其透过量 d_{74} 后，即可用下式计算可磨性系数：

$$K_{km}^{Ha} = 13 + 6.93d_{74} \tag{2-30}$$

式中　K_{km}^{Ha} ——哈氏可磨性系数；

　　　d_{74} ——透过孔径为 74μm 筛子的煤粉质量。

K_{km}^{Ha} 与 K_{km} 之间可用下式进行换算：

$$K_{km} = 0.0034(K_{km}^{Ha})^{1.25} + 0.61 \tag{2-31}$$

目前我国 K_{km}^{Ha} 与 K_{km} 两种可磨性系数都可使用，因此要注意它们的区别和相互关系。我国各地的原煤其 K_{km} 值一般在 0.8～2.0 之间。通常认为 $K_{km} < 1.2$ 为难磨的煤，$K_{km} > 1.5$ 为易磨的煤。

混煤的可磨性指数按其质量加权平均计算求得：

$$K = K_1 \times r_1 + K_2 \times r_2 \tag{2-32}$$

式中　K ——混煤可磨性指数；

　　　K_1 ——煤种 1 的可磨性指数；

　　　K_2 ——煤种 2 的可磨性指数；

　　　r_1、r_2 ——煤种 1、煤种 2 在混煤中所占质量份额。

测定可磨性系数 K_{km} 的目的是制粉系统运行时，利用它能预计磨煤机的磨煤出力和电能消耗；设计锅炉制粉系统时，根据它来选择磨煤机的形式，计算磨煤出力和电能消耗。煤的可磨性等级见表 2-13。

表 2-13   煤的可磨性等级

按 GB/T 7562—2018《商品煤质量 发电煤粉锅炉用煤》			按 MT/T 852—2000《煤的哈氏可磨性指数分级》			
序号	哈氏可磨性 HGI	分级	序号	哈氏可磨性 HGI	分级	代号
1	40～60	难磨	1	≤60	难磨	DG
2	60～80	中等可磨	2	>40～60	较难磨	RDG
3	>80	易磨	3	>60～80	中等可磨	MG
			4	>80～100	易磨	EG
			5	>100	极易磨	UEG

通常煤的水分和干燥气体的温度会对煤的可磨性产生影响。水分和温度对燃料可磨性的影响因煤种的不同而有所差异。烟煤、无烟煤的可磨性随着原煤全水分的增加而下降；褐煤的可磨性随着原煤全水分的增加呈复杂的变化关系。$V_{daf} < 30\%$ 的褐煤其可磨性随着原煤全水分的增加大部分呈下降的趋势，而 $V_{daf} > 30\%$ 的褐煤其可磨性随着原煤全水分的增加大部分呈上升的趋势。

烟煤、无烟煤的可磨性随温度的变化不明显，褐煤的可磨性随着温度的变化关系较复杂。$V_{daf} < 30\%$ 的褐煤其可磨性随着温度的增加呈抛物线上升，而 $V_{daf} > 30\%$ 的褐煤其可磨性随着温度的增加呈 N 形上升的趋势。不同的煤种在温度上升的过程中可磨性变化的幅度也不同。

灰分对可磨性的影响主要是灰分增加后由于煤的密度增加使煤在磨煤机内循环量增大而

使磨煤机出力下降。

2. 磨损特性

燃煤通过与金属器件表面的相对运动而形成接触摩擦类的机械作用，致使金属器件不断损耗减薄的现象，称之为磨损特性。煤的磨损特性可用冲刷磨损性指数或旋转磨损指数来表示。

研究表明，煤在破碎时对金属的磨损是由煤中所含硬度较大的颗粒对金属表面形成显微切削造成的。磨损指数的大小，不但与硬质颗粒含量有关，还与硬质颗粒的种类有关。如煤中的石英、黄铁矿、菱铁矿等矿物杂质硬度较高，其含量增加，磨损指数随之变大。磨损指数还与硬质矿物的形状、大小及存在方式有关。磨损指数数值直接关系到工作部件的磨损寿命，已成为磨煤机选型的依据，煤的磨损性分级标准见表 2-14。

表 2-14　　　　　　　　　　　　　　　　　煤的磨损性分级标准

按 DL/T 465—2007《煤的冲刷磨损指数试验方法》测试标准			按 GB/T 15458—2006《煤的磨损指数测定方法》测试标准		
序号	煤的冲刷磨损性指数 K_e	分级	序号	煤的旋转磨损性指数 AI(mg/kg)	分级
1	$K_e < 1.0$	轻微	1	$AI < 30$	轻微
2	$K_e = 1.0 \sim 2.0$	不强	2	$AI = 31 \sim 60$	较强
3	$K_e = 2.0 \sim 3.0$	较强	3	$AI = 61 \sim 80$	很强
4	$K_e = 3.0 \sim 5.0$	很强	4	$AI > 80$	极强
5	$K_e > 5.0$	极强			

注　在未取得煤的磨损指数的情况下，可按煤灰成分粗略判别煤的磨损性 K_e。

(1) 灰分 SiO_2 小于 40% 时，磨损性属于轻微；灰分 SiO_2 大于等于 40% 时，难以判别。

(2) 灰分 SiO_2/Al_2O_3 小于 0.2 时，磨损性在较强以下，灰分 SiO_2/Al_2O_3 大于或等于 0.2，难以判别。

(3) 灰中石英含量小于 6%～7% 时，磨损性在不强以下，灰中石英大于 6%～7% 时，难以判别。

灰中石英含量可按下式估计：

$$(SiO_2)q = (SiO_2)t - 1.5 (Al_2O_3)$$

式中　$(SiO_2)q$——灰中石英含量，%；

$(SiO_2)t$——灰中 SiO_2 含量，%；

Al_2O_3——灰中 SiO_2 含量，%。

电力行业标准 DL/T 465—2007《煤的冲刷磨损指数试验方法》规定采用冲刷式磨损试验仪测试煤对金属部件的磨损性能。试验时将纯铁片放在高速喷射的煤粉流中接受冲击磨损，测定煤粒从初始状态被研磨至 $R_{90} = 25\%$ 的时间 τ(min) 及试片磨损量 E(mg)，按下式计算煤的冲刷磨损指数 K_e：

$$K_e = \frac{E}{A\tau} \tag{2-33}$$

式中　A——标准煤在单位时间内对纯铁试片的磨损量，一般规定 $A = 10$mg/min。

据统计，煤灰成分的 $\dfrac{SiO_2}{Al_2O_3} \leqslant 2.0$ 时，几乎所有煤种的 $K_e \leqslant 3.5$。

哈尔滨电站设备成套设计研究所采用旋转式磨损试验测试装置测试煤对金属部件的磨损性能。冲击磨损指数 K_e 与旋转磨损指数 K_{exz} 的关系如下：

$$K_{exz} = 9.002K_e + 3.685 \tag{2-34}$$

六、燃煤飞灰特性

1. 飞灰腐蚀特性

炉膛高温受热面烟气的腐蚀性可用灰中挥发性碱金属含量或煤中含氯量进行判别，见表 2-15。

表 2-15　　　　　　　　　　　　　　　烟气高温腐蚀倾向的判别

煤中挥发性（K+Na）含量（%）	煤中含氯量（%）	腐蚀倾向
<0.5	<0.15	低
0.5~1.0	0.15~0.35	中
>1.0	>0.35	高

空气预热器出口烟气的腐蚀性宜用烟气酸露点和烟气温度裕度指标来判定。酸露点是煤的折算硫分和折算灰分及灰成分碱度的函数，温度裕度的下限为 10℃。

2. 飞灰磨损特性

飞灰磨损特性与颗粒度、燃烧温度等因素有关，但主要取决于煤种灰分质量含量及灰的成分（质量分数），可用飞灰磨损指数来表征飞灰的磨损特性。飞灰磨损特性的计算式如下：

$$H_m = \frac{A_{ar}}{100}(1.0SiO_2 + 0.8Fe_2O_3 + 1.35Al_2O_3) \tag{2-35}$$

飞灰磨损指数分级表见表 2-16。

表 2-16　　　　　　　　　　　　　　　飞灰磨损指数分级表

H_m	<0	10~20	>20
磨损强度分级	轻微	中等	严重

3. 飞灰熔融性

煤灰的熔融性是指当煤灰受热时，由固体逐渐向液体转化的特性。常用四个特征点的温度来表示，软化温度 ST、变形温度 DT、半球温度 HT 及流动温度 FT。工程上一般采用软化温度 ST 评价煤灰的熔融性，也常用结渣指标 R_t 作为炉膛结渣的判别指标：

$$R_t = \frac{ST_{max} + 4DT_{min}}{5} \tag{2-36}$$

式中　ST_{max} ——在氧化性气氛和还原性气氛两种测量值中较高的软化温度；

　　　DT_{min} ——在氧化性气氛和还原性气氛两种测量值中较低的变形温度。

按灰熔融性温度指标对煤灰结渣特性进行分级的准则，见表 2-17。

表 2-17　　　　　　　　　　　　　　　煤灰结渣特性

判据	结渣特性			
	低	中	高	严重
ST(℃)	>1480	1480~1370	1370~1270	<1270
Rt(℃)	>1450	1450~1350	1350~1250	<1250
	>1400	1400~1320	1320~1250	<1250
ST-DT(℃)				<1.0

第二节 制 粉 系 统

一、制粉系统分类

制粉系统从系统风压方面可分为正压式和负压式，从工作流程方面又可分为直吹式和中间储仓式两类。所谓直吹式制粉系统，就是原煤经过磨煤机磨成煤粉后直接吹入炉膛进行燃烧；而中间储仓式制粉系统是将制备出的煤粉先储存在煤粉仓中，然后根据锅炉负荷需要，再从粉仓经给粉机送入炉膛燃烧（如图 2-6 所示）。直吹式制粉系统制备出的煤粉一般是被具有一定风压的一次风吹至炉膛的，系统处于正压状态，所以直吹式制粉系统一般属于正压式制粉系统；而在中间储仓式制粉系统中制备出的煤粉一般是由排粉风机抽出的，系统处于负压状态，所以中间储仓式制粉系统一般属于负压制粉系统。

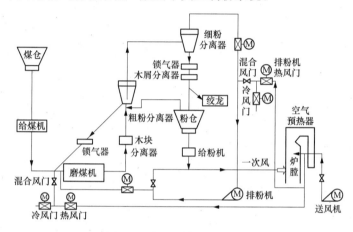

图 2-6 中间仓储式制粉系统

制粉系统的选择，是由磨煤机的种类确定的。配单进单出低速钢球磨煤机的系统选用中间储仓式制粉系统，其余类型的磨煤机，都选用直吹式制粉系统。目前国内新建机组都选用直吹式制粉系统，一些低容量和母管制供热机组选用中间仓储式制粉系统。直吹式制粉系统根据配备的磨煤机类型可分为两种，一种是中速磨煤机正压冷一次风机直吹式制粉系统（如图 2-7 所示），另一

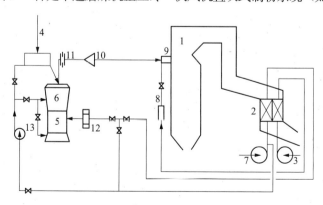

图 2-7 中速磨煤机正压冷一次风机直吹式制粉系统

1—锅炉；2—空气预热器；3—送风机；4—给煤机；5—磨煤机；6—粗粉分离器；7—一次风机；
8—二次风机；9—喷燃器；10—煤粉分配器；11—隔绝门；12—风量测量装置；13—密封风机

种是双进双出钢球磨煤机直吹式制粉系统（如图 2-8 所示）。目前，超临界压力机组目前普遍采用中速磨煤机正压冷一次风机直吹式制粉系统，同时配双进双出钢球磨煤机直吹式制粉系统在大型超临界压力锅炉上的应用也逐渐增多。

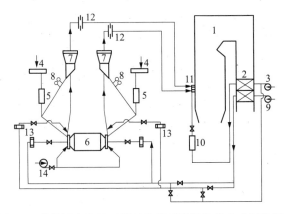

图 2-8　带热风旁路的双进双出钢球磨煤机直吹式制粉系统

1—锅炉；2—空气预热器；3—送风机；4—给煤机；5—下降干燥管；6—磨煤机；7—粗粉分离器；

8—锁气器；9—一次风机；10—二次风机；11—喷燃器；12—隔绝门；13—风量测量装置；14—密封风机

二、磨煤机分类

按磨煤机部件工作转速的不同，磨煤机大致可分成如下三类：

（1）低速磨煤机：转速 $n=15\sim25$ r/min，如筒型钢球磨煤机，其筒体的圆周速度为 $2.5\sim3$ m/s。

（2）中速磨煤机：转速 $n=25\sim300$ r/min，如环球磨煤机（E 型磨）、辊式平盘磨煤机、浅碗形辊式磨煤机（RP 型磨煤机）、辊盘磨煤机（MPS 或 ZGM 型磨煤机）。磨盘的圆周速度为 $3\sim4$ m/s。

（3）高速磨煤机：转速 $n=750\sim1500$ r/min，如风扇式磨煤机、锤击式磨煤机等。冲击板及冲击锤的圆周速度为 $50\sim80$ m/s。

国内电厂主要使用低速筒型钢球磨煤机以及各种形式的中速磨煤机，风扇式磨煤机也有所发展。目前，随着锅炉容量的增大，新型中速磨煤机制造技术的引进和发展，在电站锅炉的制粉系统中，中速磨煤机得到更广泛的采用。

实际运行过程中对磨煤机有如下几点基本要求：

1）煤种适应性广。

2）单机磨煤出力大、设备系列全、与锅炉的配套性好。

3）结构简单可靠、安装运行维修方便。

4）设备紧凑、价格低。

5）磨煤单位电耗和金属消耗小。

6）运转时噪声低。

在磨煤机内，煤被磨成煤粉主要是利用撞击、挤压和研磨等方法。电站锅炉中应用的磨煤机，其磨粉原理都不是单独用哪一种方法，而是上述某几种方法的综合。

当利用挤压方法来磨煤时，煤块被夹持在两个磨煤部件（也可以在块煤与块煤或块煤与磨煤部件)的表面间,在外力作用下,煤块由于内应力的增大而破碎成粉。

研磨是依靠煤块与运动的磨煤部件间的摩擦力,同时在磨煤部件上施加压力而使煤块被粉碎,各种磨煤机都存在这种作用。下面对各种类型磨煤机进行简要介绍:

1. 低速筒型钢球磨煤机

低速筒型钢球磨煤机,简称钢球磨。钢球磨的主体是可旋转的圆柱形筒体,直径 2～3m,长 3～10m。直筒内壁装有锰钢制成的波浪形护甲,筒体外壁包有一层隔音毛垫,毛毡外面包着 2mm 左右厚的铁皮外壳。筒体两端为端盖,其中央为支承在大轴瓦中的空心轴颈。空心轴颈内壁有螺旋导叶,随着圆筒的旋转,螺旋导叶的推进方向是向着筒内的,因而可使落在空心轴颈内的煤粒被输送到筒内,不致发生堵塞。空心轴颈与固定的进口、出口连接短管相接,为防止漏粉或漏风,连接处装有密封装置。为保证两端大轴承的润滑和冷却,钢球磨设有专门的润滑油系统。

煤和作为干燥剂的热空气从进口连接管进入磨煤机筒体。当筒体电动机带动旋转时,钢球和煤被波浪形护甲提升到一定高度,然后离开护甲被抛落下来,在下落过程中,通过撞击挤压及碾磨作用将煤磨制成粉。煤在磨制的同时,还受到干燥剂的干燥。干燥剂以 1～3m/s 的轴向速度流经筒体时,将筒体中已被磨碎和干燥的一部分煤粉携出筒外,经出口短管而被输送到粗粉分离器。

2. 中速磨煤机

电厂中采用中速磨煤机,常见的有以下三种:辊-碗式中速磨煤机,又称碗式磨煤机(正压为 RP、HP,负压为 RPS);球-环式中速磨煤机,又称中速球磨煤机;辊-环式中速磨煤机,电厂多为 MPS 磨煤机。

中速磨煤机的工作原理是:原煤在两个磨煤部件表面之间,在压紧力的作用下受到挤压和碾磨而粉碎成煤粉。由于碾磨部件的旋转(磨盘或磨碗旋转),使煤产生离心力而进入两碾磨部件之间,被磨成煤粉,并甩至风环处。干燥用的热风经风环吹入磨煤机内,对煤及煤粉进行干燥,并将煤粉带入碾磨区上部的煤粉分离器中。经过分离后,不合格的粗粉返回碾磨区重磨,合格煤粉经煤粉分配器由干燥剂带出磨煤机,沿各煤粉管道燃烧器。来煤中夹带的杂物(如石块、黄铁矿及金属块等)被甩至风环处后,因风速不足以阻止它们下落,经风环落至石子煤箱内。

(1)碗式磨煤机。碗式磨煤机采用浅碗形磨碗和锥形磨辊,这种磨煤机在美国、日本及西欧等国家已广泛采用。我国电站机组引进美国专利技术后,碗式磨煤机也逐趋广泛应用。碗式磨煤机主要包括三个系列:RP 系列用于正压系统;RPS 系列用于负压系统;HP 系列是 RP 改进型。

HP 碗式中速磨煤机结构形式如图 2-9 所示。碗式磨煤机由于磨碗内部有干燥粗粉的再循环装置,新加进来的湿煤与分离器分离下来的干粗粉混合,磨碗上煤平均水分就相对地降低。磨碗上部加装导流罩,使干燥气流以固定的角度吹向煤层,把合格煤粉带出,将难磨的铁块和石块等分离出来,由于石子煤是逆气流从磨碗上被甩出的,因此带出煤量少。这种导流罩结构使磨煤腔内的煤与甩到磨碗边缘的煤进行很好的接触,能有效地对煤进行干燥,因此这种磨煤机能磨制较高水分的煤种。只要锅炉机组运行中能提供与高水分煤的干燥要求相适应的高温干燥剂,RP 正压碗式磨煤机对原煤水分适用范围比较广。由于负压运行的 RPS 碗式磨,常因漏入冷空气使磨煤机内干燥剂的实际温度有所降低,干燥能力也会降低。目前对负压运行的 RPS 碗式磨，原煤水一般分限制在 12% 以下。

碗式磨煤机的加载装置有两种：中、小型碗式磨煤机的磨辊加载装置采用弹簧式，大型碗式磨煤机采用油压式。碗式磨煤机的磨辊和磨碗衬板的间隙较大时，循环倍率过大，风环上部煤粉浓度过高，而导致石子煤量增多，粉碎能力降低，影响磨煤出力；间隙过小，在空载或低出力时，会发出巨大冲击振动，对电动机、齿轮箱轴承、碾磨件寿命不利。为此，碗式磨煤机对磨辊和磨碗间隙要求是在不相碰的前提下尽量小，通常保持在 10mm 以内，一般在 4～5mm，对碾磨性能不会有显著的影响，因为碗式磨煤机处于正常负荷时，辊子下煤层厚度将远远超过此数值。

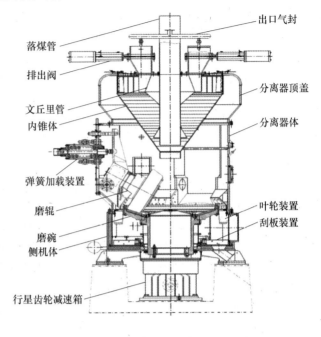

图 2-9　HP 碗式中速磨煤机结构形式

碗式磨煤机运行除监视磨煤机、一次风机电流和磨煤机出口温度之外，还要监视磨煤机差压，它能反映磨煤机内粉碎、分离、循环的情况。磨煤机差压超过一定范围，说明磨煤机内阻力增加，必须减少给煤量以防堵塞。碗磨的磨煤出力随磨辊、磨碗衬板磨损的增加而降低，局部磨损使辊套和磨碗衬板运行周期缩短也是碗磨存在的主要问题，如何提高磨煤部件的耐磨性能是碗式磨安全经济运行的关键环节之一。

（2）E 型磨煤机。E 型磨煤机即中速球型磨煤机，煤是在上下磨环和自由滚动的大钢球之间被碾碎的。磨煤机的钢球一直不断改变自己的轴线，整个工作寿命中可以始终保持球的圆度，以保证磨煤性能，这是它的突出优点之一。为了在长期工作中磨煤出力不致受钢球磨损的影响，E 型磨煤机也采用加载系统，通过上磨环对钢球施加一定的压力。中小容量 E 型磨煤机由弹簧加载，大容量 E 型磨煤机采用液压-气动加载装置，这种装置可使碾磨部件使用寿命期内自动位置磨环上的压力为定值，从而降低碾磨部件磨损对磨煤出力和煤粉细度的影响。

E 型磨煤机的另一个突出优点就是能够正压运行，因为它的内部没有磨辊，因而不需要润滑和洁净的工作条件，对密封要求低，但它的单位电耗较大。

（3）MPS 型磨煤机。MPS 型磨煤机是一种新型外加压力的中速磨煤机，结构如图 2-10 所示，三个磨辊相对固定在相距 120°角的位置上，磨盘为具有凹槽滚道的碗式结构。MPS 型磨煤机的磨环通过齿轮减速机由电动机驱动，磨轮在压环的作用下向磨环施加压力，由压力产生的摩擦力使磨轮绕心轴旋转（自转），心轴固定在支架上，而支架安装在压环上，可在机体内上下浮动，磨轮除转动外，还能相对磨煤机中心做 12°～15°的摆动。MPS 型磨煤机的碾磨所需要的压紧力由液压装置在三个位置上通过弹簧施加于压环上，并通过拉紧元件直接传到基础上，压力能用拉索调整。小型 MPS 型磨煤机用螺杆和螺母调整，大型 MPS

型磨煤机采用液压缸调整，由于机体部分是不受力的，因此可以把磨辊的压紧力调整得很高，而不影响机体连接的密封性。MPS 型磨煤机采用三个位置固定的磨轮，形成三点受力状态，碾磨的压紧力是通过弹簧压盖均匀地传给三个磨轮，从而使转动部件（磨盘及其支架、推力轴承地推力盘等）受到均匀的载荷，改善了它们的工作条件。

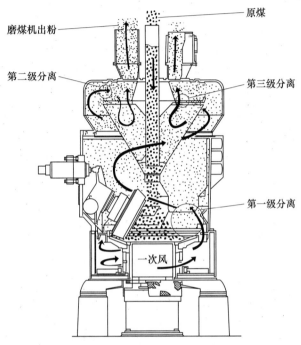

图 2-10　MPS 型磨煤机的工作原理

MPS 型磨煤机磨轮的辊套采用对称结构，当一侧磨损到一定程度后（磨损不超过对称线），可拆下翻身后继续使用，从而提高了磨轮（辊）的利用率。与磨盘尺寸相仿的其他中速磨煤机相比，MPS 型磨煤机的磨轮直径较大，这样一方面使磨辊具有较大的碾磨面积，从而使磨辊的碾磨能力，即磨煤机的磨煤出力增大；同时还改善了磨辊的工作条件，使磨辊的磨损比较均匀，提高碾磨元件金属的利用率。磨辊与磨盘之间具有较小的滚动阻力，启动时阻力矩较小，同时它的空载电耗也较低，有助于降低磨煤的能耗。

中速磨煤机适用于磨制烟煤和贫煤，虽然它的煤种适应性不如低速球磨煤机，但在其适用的煤种范围内，却较球磨煤机有质量轻、占地小、投资省、耗电低和噪声小等优点。所以在煤种适宜的条件下，优先采用中速磨煤机。我国电站锅炉大多用烟煤和贫煤，再加上大容量机组的发展，中速磨煤机的应用日益增多。

（4）中速磨煤机技术性能比较。目前国内锅炉较常用的中速磨煤机有 RP、HP、MPS 等形式。HP 和 RP 型磨煤机均具有体积小、电耗低等优点；HP、RP 型磨煤机对异物较为敏感；而 MPS 型磨煤机对异物适应性稍好，但其磨辊的耐磨使用寿命低于设计值。MPS 型磨煤机分离器本体不带气流分配器，因此在煤粉气流流出分离器经过分配器时，气流的煤粉浓度和流量分配不均匀，影响锅炉的稳定燃烧。由于 MPS 型磨煤机磨辊的使用寿命短，调换工作频繁，且调换磨辊必须事先将分离器等拆除后再将磨辊吊出进行调换新磨辊，因此检修工作难度大，检修周期长，影响机组的正常发电。MPS 型磨煤机在运行初期石子煤量较少，当磨辊磨损后，石子煤量剧增。另外，MPS型磨煤机的外形尺寸、占地空间都比较大，给主厂房的布置带来困难。

3. 风扇磨煤机

风扇磨煤机属高速磨煤机，其结构形式与风机相似，它由工作叶轮和蜗壳形外罩组成。叶轮上装有 8～12 片叶片，称为冲击板。蜗壳内壁装有护甲，磨煤机出口有煤粉分离器。

在风扇磨煤机中，煤的磨碎和干燥同时进行，而彼此又互相影响，磨碎过程即受机械力作用，又受热力作用。叶轮对煤粒的撞击、煤粒与叶片表面的摩擦，运动煤粒与蜗壳上护甲的撞击，以及煤粒之间的撞击均属机械力作用；热力作用表现在磨煤机内煤粒被高温干燥介质，使煤粒表面塑性降低，易于破碎，甚至在干燥过程中就有部分煤粒自行碎裂。随着撞击破碎，煤粒表面积增大，使干燥过程进一步深化，更有利于破碎。比起其他磨煤机，煤粒在风扇内大部分是处于悬浮状态，干燥过程十分强烈，因此它最适合磨制高水分的煤种。

风扇磨煤机运行中主要的问题是磨损严重，运行周期短。引起风扇磨煤机磨损的主要原因是煤中混杂的石英砂、黄铁矿块，由于其硬度高，磨煤过程中很难被磨碎，并在风扇磨煤机与分离器之间浓聚循环，直到磨得很细时，才被气流从分离器中带出。在循环磨细的过程中，石英砂、黄铁矿块高速冲击、腐蚀金属磨煤部件，导致冲击板、护甲、分离器严重磨损。在煤质已定的前提下，可以通过增加冲击板的可磨损厚度来提高耐磨性、减少磨损不均匀性及提高分离器效率、减少回粉量等途径来提高冲击板的运行周期。

4. 双进双出钢球磨煤机

双进双出钢球磨煤机是在单进单出钢球磨煤机的基础上发展起来的一种新型的制粉设备，它具有烘干、磨粉、选粉、送粉等功能，如图 2-11 所示。

双进双出钢球磨煤机具有连续作业率高、维修方便、粉磨出力和细度稳定、储存能力大、响应迅速、运行灵活性大、较低的风煤比、适用煤种广、不受异物影响等优点，适合研磨各种硬度和磨蚀性强的煤种，是火力发电厂锅炉制粉设备中一种性能优越的直吹式低速磨煤机。

双进双出钢球磨煤机包括两个对称的研磨回路，每个回路工作过程如下：

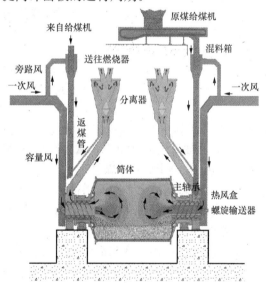

图 2-11　双进双出钢球磨煤机风粉流程图

(1) 原煤通过速度自动控制的给煤机从原煤斗进入混料箱内，经旁路风干燥后，通过落煤管落到螺旋输送器上部入口，靠螺旋输送装置的旋转运动将煤送入正在旋转的筒体内。筒体由主电机经减速器及开式齿轮传动带动旋转，在筒体内装有一定量研磨介质——钢球，通过筒体的旋转运动将钢球提升到一定高度，钢球在自由泻落和抛落过程中对煤进行撞击和摩擦，直至将煤研磨成煤粉。

(2) 热的一次风在进入磨煤机前被分成两路。一路为旁路风，旁路风有两个方面作用：一方面在混料箱内与原煤混合并对煤进行预干燥；另一方面使煤粉管道内拥有足够的输送煤粉的风速。另一路为负荷风，负荷风进入磨煤机筒体内，输送并干燥筒体内的煤粉。风粉混合物通过中心管与中空管之间的环形通道带出磨煤机。煤粉、负荷风及旁路风在输送器中混合后进入分离器，分离器内装设可调整煤粉细度的叶片，可根据要求调整煤粉细度，不合格的粗煤粉靠重力作用返回原煤管，与原煤混合后重新进行研磨。经分离器分离后合格的煤粉通过煤粉出口及送粉管道输送至燃烧器，然后喷入炉膛内进行燃烧。

因为这两个回路是对称而彼此独立的，具体操作时可使用其中一个或同时使用两个回路，在低负荷运行状态下，可实现半磨运行。

双进双出钢球磨煤机主要由回转部分、螺旋输送器、主轴承、传动部分、混煤箱、分离器及其接管、返煤管、加球装置、隔音罩等组成（如图 2-12 所示）。

回转筒体是由两个铸造中空轴端盖和用钢板卷制的圆筒焊接而成，筒体两端中空轴支撑在两个自位调心巴氏合金轴承上。筒体内侧衬有非对称波形高铬铸铁衬板，每块衬板通过两个螺栓与筒体把合，便于安装拆卸。筒体由恒转速输出电动机经过减速器，大、小齿轮减速后旋转。为防止筒体内异物进入正在旋转中空轴和静止中空管之间的环形间隙，在端盖上装有止推板。

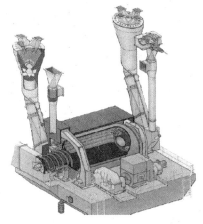

图 2-12　双进双出钢球磨结构外形图

螺旋输送器主要由螺旋输送器体、热风盒、螺旋推进器、中空管及密封风盒五部分组成。螺旋输送器体安装在磨煤机两侧，固定在基础上，箱体结构，内部设有耐磨衬板，原煤通过螺旋输送器体进入磨煤机，煤粉、入磨一次风及旁路风在此混合后进入分离器。热风盒安装在螺旋输送器体侧面，通过螺栓与螺旋输送器体连接，从一次风管中来的一次热风通过热风盒、螺旋推进器中部的中心管进入筒体内。螺旋推进器上的支撑轴延伸到热风盒的外侧，固定在热风盒轴承座上，所以，螺栓连接时必须保证热风盒与螺旋输送器体的安装精度。热风盒上开有密封风、消防蒸汽、消防水接口。螺旋推进器中部是中心管，外部由四根螺旋叶片通过拉链焊在热风管上，其作用将热一次风、原煤、钢球及杂物送进磨煤机筒体内。为了保证螺旋推进器旋转，螺旋推进器一侧由四根支撑棒支撑，支撑棒一端固定在筒体端衬板凹窝内，另一端通过螺母固定在螺旋推进器中心管上，螺旋推进器的另一侧通过轴支承在热风盒外侧轴承上。为了防止筒体旋转时泻落煤和钢球进入中心管内，在中心管内焊有止推螺旋叶片，另外在螺旋推进器主轴与热风盒之间设有密封风，防止磨内风粉泄漏。中空管一端通过法兰固定螺旋输送器体上，另一端延伸到筒体中空轴内，在其内部衬有耐磨钢板，是原煤进入筒体和入磨一次风携带煤粉从筒体内进入分离器的通道，中空管内还埋设有煤位差压测量管路。由于磨煤机运行呈正压状态，因此在旋转的中空轴与静止的螺旋输送器体之间装有一个特殊的密封联结件，密封联结件是由一个合成材料做成的密封盖和表面光滑的金属环组成，密封风机提供的高于磨内一次风压力的密封风作用在密封盖上，使密封盖始终紧贴于金属环上，达到磨煤机密封的效果。

主轴承由轴承座、球面瓦、轴承盖等组成，用于回转筒体的支承，及补偿筒体在负荷作用下的下垂度。主轴承采取高、低联合润滑结构。高压油被送到中空轴与球面瓦之间，使筒体浮起来；低压油被输送到中空轴上面喷淋到中空轴上对其进行润滑、冷却。球面瓦上设有测温热电偶及冷却水接口，分别用于检测轴瓦温度及对轴瓦进行冷却。

　　传动装置由主传动和辅助传动装置构成，主传动用于磨煤机的正常运行，辅助传动用于磨煤机的启动、停止及检修维护。辅助传动操作时，磨煤机以额定速度的 1/100 进行旋转，可实现任意位置停机。短时间停机时，不必将磨内的煤粉排空，辅助传动可以带动载有钢球的筒体旋转，以防止热点的形成和筒体变形。主传动通过主电机经主减速机驱动小齿轮传动轴，小齿轮与固定在磨煤机上的大齿轮啮合来驱动筒体旋转。辅助传动装置由辅助电动机经过辅助减速机，再经过手动切换的离合器与主电机相连。

　　混煤箱的作用在于对原煤进行良好预烘干，为了防止锈蚀，混煤箱内部的部分钢板采用不锈钢制作。

　　分离器通过分离器接管和返煤管路与螺旋输送器体连接。分离器由分离器外壳、内锥体、叶片调节装置及多出口装置等组成。分离器采用双锥结构，分离器内侧衬有耐磨水泥衬。分离器顶部装有 36 块用来调节煤粉细度调整挡板，其作用是用来调节煤粉细度。较大颗粒的煤粉从一次风粉混合物中分离出来，通过返煤管路与原煤一起进入磨煤机内继续研磨，细度合格的煤粉通过分离器送至锅炉燃烧。分离器的出口装置上采用气动闸板阀与煤粉管道连接，同时设有八角形隔离风管路与闸板阀形成连锁。在关闭闸板阀之后，同时通入密封风，保证闸板的严格密封，同时防止锅炉内的热风进入磨内。另外分离器上设有消防蒸汽、消防水、温度、压力及 CO 浓度测量等接口。

　　加球装置由加球斗、储球罐、上下闸阀及管道组成。由于加球装置结构上采取了特殊措施，可使磨煤机实现不停机加球。添球时，上闸阀打开，球进入储球罐，然后上闸阀关闭；下闸阀渐渐打开，钢球通过管路进入输送器体与原煤一起由螺旋推进器送入磨内。这样，保证磨内钢球量始终处于一个基本恒定值，使磨煤机发挥最佳的粉磨能力。

　　隔音罩由金属框架、薄钢板、矿物棉等组成。隔音罩的使用能有效隔离磨煤机产生的噪声，距离隔音罩 1m 处的噪声小于 85dB。

　　高压润滑油站、低压润滑油站由高压和低压润滑系统组成，高压润滑系统将油引入巴氏合金瓦表面形成油膜，起到静压轴承作用；低压润滑系统将油引入主轴承上方对轴承进行喷淋润滑。

　　喷雾润滑装置由阀板、喷嘴、油桶等组成，主要用于对大小齿轮的喷雾润滑，它的控制方式分为手动和自动两种方式，自动方式下喷射循环的间隔可以根据实际情况设定，通常设定为 1.5~2h。

　　磨煤机煤位测量装置由电耳测量和差压测量组成，用于监测磨内的煤位，并通过煤位信号来控制给煤机的给煤量。两种测量方式是相互独立的，在使用时可根据实际情况通过切换来选用。一般情况下，电耳测量用于筒体从无煤至建立料位负荷期间煤位检测；差压测量用于磨内煤位在一定高度范围内的煤位监测。

　　为了防止磨煤机发生着火事故，在检测到分离器出口温度达到高定值且 CO 浓度达到高定值，磨煤机惰化程序启动。

　　为了保证双进双出钢球磨煤机的正常运行，磨煤机设有一套控制系统，其由五个闭环控制、磨煤机启停控制等组成。

　　与其他类型的磨煤机不同，双进双出钢球磨煤机的出力不是靠调节给煤机的运行速度，而是调节进入磨煤机的一次风量。无论锅炉的负荷怎样变化，磨煤机内的风煤比始终保持恒定，因此，只需通过改变进入磨煤机一次风系统的挡板开度，调节磨煤机入口的一次风量，就可依据负荷情况调节煤粉的流量。

由于磨煤机的出力直接由输送煤粉的一次风来控制，因此要保证磨煤机的出力就要保证磨内保持有一定的煤量，同时磨煤机内保持一定数量的煤可以使磨煤机取得最佳的研磨效率，为此必须不断地对磨煤机内的煤位进行监测。磨煤机配有差压和电耳两套煤位测量装置，它们随时检测与煤位有关的信号，并相应控制给煤机的速度，进而调节给煤机的给煤量。

磨煤机的总风量指的是进入磨煤机的一次风流量加上进入混煤箱的旁路风流量的总和。进入混煤箱的旁路风，负责在任何煤量的情况下，保证煤在管道中具有足够的输送速度，另外磨煤机的出力是靠调节进入磨煤机内的一次风量来控制。所以既要根据锅炉的负荷保证一定的出力，又要保证在煤和煤粉在管道中拥有足够的煤粉输送速度，就要对总风量、入磨风量及旁路风量进行控制。为此专门设置了一个调节单元对总风量进行控制，使旁路风和入磨风成一定比例。磨煤机一次风量分配图如图 2-13 所示。

三、给煤机

给煤机由机座、给料皮带机构、链式清理刮板机构、称重机构、堵煤及断煤信号装置、润滑及电气管路及微机控制柜等组成。火电厂给煤机外貌如图 2-14 所示。

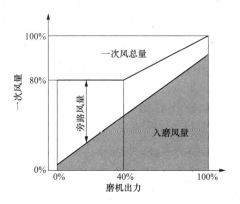

图 2-13　磨煤机一次风量分配图

图 2-14　火电厂给煤机外貌

给煤机机座由机体、进料口和排料端门、侧门和照明灯等组成。机体为一密封的焊接壳体，能承受一定的爆炸压力，进料口排料端门体用螺栓紧密压紧于机体上，以保持密封。门体可以选用向左或向右开启，在所有门上，均设有观察窗，在窗内装有喷头，当窗孔内侧积有煤粉时，可以通过喷头用压缩空气或水予以清洗。给煤机安装具有密封结构的照明灯，供观察机器内部运行情况时照明使用。

给煤机皮带机构由电动机、减速机、皮带驱动辊筒、张紧辊筒、张力辊筒、皮带支撑板皮带张紧装置以及给料胶带等组成。给料胶带有边缘，并在内侧中间有凸筋，各辊筒中有相应的凹槽，使胶带能很好地导向。在驱动辊筒端，装有皮带清洁刮板，以刮除黏结于胶带外表的煤。胶带中部安装的张力辊筒，使胶带保持一定的张力得到最佳的称量效果，胶带的张力，随着温度和湿度的变化而有所改变，应该经常注意观察，利用张紧拉杆来调节胶带的张力。

给料皮带机构的驱动电动机采用特制的变频调速电动机（含测速发电机），通过变频控制器，进行无级调速。轴承箱采用油浴润滑，齿轮则通过减速箱内的摆线油泵，使润滑油通过蜗杆轴孔后进行淋润，蜗轮轴端通过柱销联轴器带动皮带驱动辊筒。

　　断煤信号装置安装在胶带上方，当胶带上无煤时，由于信号装置上挡板的摆动，使信号装置轴上的凸轮触动限位开关从而控制皮带驱动电动机，或启动煤仓振动器，或者返回控制室表示胶带上无煤，如图 2-15 所示。

　　堵煤信号装置安装在给煤机出口处，如图 2-16 所示，其结构与断煤信号装置相同，当煤流堵塞至排出口时，限位开关发出信号，并停止给煤机。

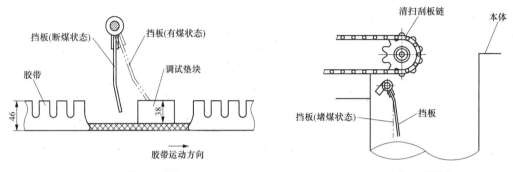

图 2-15　给煤机断煤信号　　　　　　　　图 2-16　给煤机堵煤信号

　　如图 2-17 所示，称重机构位于给煤机进料口与驱动辊筒之间，3 个称重表面辊均经过仔细加工，其中一对固定于机体上，构成称重跨距，另外一个称重托辊，则悬挂于一对负荷传感器上，胶带上煤重由负荷传感器送出信号。经标定的负荷传感器的输出信号，表示单位长度上煤的质量 G，而测速发电机输出的频率信号，则表示为皮带的速度 V，微机控制系统把这两者综合，就可以得到机器的给煤率 B，即 $B = G \times V$。

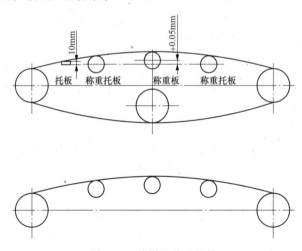

图 2-17　给煤机称重机构

　　链式清理刮板供清理给煤机机体内底部积煤用。在机器工作时，胶带内侧如有黏结煤灰，则通过自洁式张紧辊筒后由辊筒端面落下，同时密封风的存在，也会产生煤灰，这些煤灰堆积在机体底部，如不及时清除，往往有可能引起自燃。

　　刮板链条由电动机通过减速机带动链轮拖动。带翼的链条，将煤灰刮至给煤机出口排出，链式清理刮板随着给料皮带的运转而连续运行。采用这种运行方式，可以使机体内积煤最少，同时，连续清理可以减少给煤率误差。连续的运转也可以防止链销黏结和生锈。

密封空气的进口位于给煤机机体进口处的下方，法兰式接口供用户接入密封空气用。在正压运行系统中，给煤机本身密封可靠，可以认为无泄漏。给煤机需要通过密封空气来防止磨煤机热风通过排料口回入给煤机。密封空气压力过低会导致热风从磨煤机回入给煤机内，这样，煤粉将容易积滞在门框或其他凸出部分，从而引起自燃。密封空气压力过高和风量过大，又会将煤粒从胶带上吹落，从而使称量精度下降，并增加清理刮板的负荷。密封空气量过大也容易使观察孔内产生尘雾的不利于观察。因此应当适当调整密封空气的压力。

机器的润滑除减速机采用润滑油浸油润滑外，其余润滑均采用润滑脂。

第三节　点　火　装　置

锅炉一般采用普通油枪点火，其点火方式简单，可以使用程控点火，也可以采用火把人工点火。煤粉锅炉在冷炉启动点火和低负荷运行时，为了稳定煤粉火炬，通常需投用相当数量的液体燃料助燃，一般主要是用燃油。燃油的大量消耗，燃油的采购、运输、存储、处理增等需要许多设备设施，同时增加了管理费用，发电成本增加。节约燃油，开发无油和少油的点火与稳燃技术，被公认为是降低发电成本，提高火电竞争力的重要途径。在上述背景下，出现了多种点火方式，目前主要流行的为微油点火和等离子点火。

一、微油点火

微油点火技术是结合 20 世纪 80 年代开发的煤粉直接点燃燃烧器技术的基础上，又结合目前先进的水平浓淡燃烧技术而开发出的小油枪燃烧技术，该技术能将油枪的燃油流量控制在 300kg/h 以下，某四角切圆锅炉小油枪点火直流燃烧器示意图如图 2-18 所示。

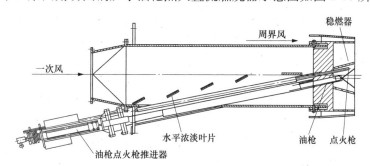

图 2-18　四角切圆锅炉小油枪点火直流燃烧器示意图

微油点火工作原理是小油枪燃油汽化后，燃烧形成高温火焰，高温火焰加热进入一次室的浓相煤粉颗粒，使煤粉的温度急剧升高、破裂、粉碎，释放出大量的挥发分，并迅速着火燃烧，然后由已着火燃烧的浓相煤粉在二次室内与稀相煤粉混合并点燃稀相煤粉，实现了煤粉的分级燃烧，燃烧能量逐级放大，达到点火并加速煤粉燃烧的目的，大大减少常规方式下煤粉燃烧所需的引燃能量。周界冷却二次风主要用于保护喷口安全，防止结焦烧损及补充后期燃烧所需氧量。

汽化小油枪用油，根据现场位置从大油枪母管引出，单角每支消耗量约为 50kg/h。压缩空气为小油枪燃烧雾化用气，一般使用电厂杂用压缩空气气源。助燃风为汽化小油枪燃烧用空气，一般从送风机出口引出。火检探头冷却风使用电厂火检冷却风。

汽化小油枪控制系统是根据运行过程及电厂的相关要求来设计的，其基本原理是通过采集现场开关量信号和模拟量信号控制各路电（气）动阀、电磁阀、点火器等按照工作流程要求实现点火操作。汽化小油枪控制系统可以按设定好的运行方式，自动安全地完成点火启动操作。

汽化小油枪采用就地/远控两种控制方式，均为独立控制方式，其中远控方式进入分散控制系统（distributed control system，DCS）系统，并在 FSSS 管理之下，主要功能包括：

（1）汽化小油枪控制系统油阀及点火设备纳入锅炉炉膛安全监控系统（furnace safety supervision system，FSSS）系统，所有控制和保护始终按照"FSSS 保护优先"的原则运行，当小油枪系统发生故障时，不对 FSSS 系统产生影响。

（2）汽化小油枪控制系统纳入主燃料跳闸（main fuel trip，MFT）保护逻辑中，即所有燃烧切断均包括汽化小油枪系统。

（3）汽化小油枪是否点火成功由煤粉火检判断，小油枪系统自带火检仅作为小油枪系统本身参考用。

二、等离子点火

等离子点火技术是燃煤点火方式的一次革命，彻底改变了现行火电厂锅炉启动燃油点火和稳燃的工作方式，实现了无油点火和低负荷稳燃，等离子点火是中国国家电力部门推广的新型环保节能型高新技术。

等离子点火技术的基本原理是利用大功率电弧直接点燃煤粉。该点火装置利用直流电流（大于 200A）在介质气压大于 0.01MPa 的条件下通过阴极和阳极接触引弧，并在强磁场下获得稳定功率的直流空气等离子体，其连续可调功率范围为 50～150kW，中心温度可达 6000℃。一次风将煤粉送入等离子点火煤粉燃烧器后，经浓淡分离后，浓相煤粉进入等离子火炬中心区，约在 0.1s 内迅速着火，同时为淡相煤粉提供高温热源，使淡相煤粉也迅速着火，最终形成稳定的燃烧火炬。燃烧器壁面采用气膜冷却技术，可冷却燃烧器壁面，防烧损、防结渣，用除盐水对电极及线圈进行冷却。

等离子点火系统由点火系统和辅助系统两大部分组成，点火工作原理如图 2-19 所示。点火系统由等离子发生器、电源控制柜、隔离变压器、控制系统等组成；辅助系统由压缩空气系统、冷却水系统、图像火检系统、一次风在线测速系统等组成。

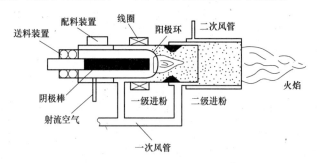

图 2-19　等离子点火器工作原理示意

等离子燃烧器采用内燃方式，为三级送粉，由等离子点火系统、风粉管、外套管、喷口、浓淡块、主燃烧器等组成（如图 2-20 所示）。由于燃烧器的壁面要承受高温，因此加入了气膜冷却风。

为保证机组的安全及等离子点火系统的正常运行，在锅炉炉膛安全监控系统（furnace safety supervision system，FSSS）的控制逻辑中，磨煤机实现"正常运行模式"和"等离子运行模式"的切换。在"正常运行模式"时，第一层燃烧器实现主燃烧器功能；在"等离子运行模式"时，对磨煤机的部分启动条件进行屏蔽，第一层燃烧器实现点火燃烧器功能。

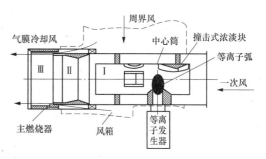

图 2-20　等离子燃烧器结构

为保证等离子燃烧器及时着火、燃烧稳定，在不同的工况下对一次风速、气膜冷却风速、给煤粉量、电弧功率、二次风等均有不同的要求。总之，调整等离子燃烧器燃烧的原则为：既要保证着火稳定，减少不完全燃烧损失，提高燃尽率，又要随炉温和风温的升高尽可能开大气膜或周界冷却风，提高一次风速，确保控制燃烧器壁不超温，燃烧器不结焦；在满足升温、升压曲线的前提下，尽早投入其他燃烧器，尽快提高炉膛温度，以利于提高燃烧效率。

等离子点火燃烧器系统运行控制策略如下：

（1）启动制粉系统前，将磨煤机的出口分离器挡板角度调整至较小值。

（2）等离子点火燃烧器投运初期，要注意观察火焰的燃烧情况及电源功率的波动情况，做好事故预想，如发现异常，及时处理。

（3）启动制粉系统后，根据各角等离子燃烧器的燃烧情况，调整磨煤机对应的煤粉输送管道上的输粉风（一次风粉）调平衡阀门，保持各煤粉输送管道内风速合适、煤粉浓度一致、煤粉细度一致。

（4）等离子点火燃烧器投入运行的初期，为控制温升，上部二次风门要适当开大，注意观察烟温，防止再热器系统超温。

（5）在等离子点火燃烧器投入前，要根据给煤量与磨煤机入口风压、风量等参数，做好风粉速度、煤粉浓度等重要参数的预想，并在点火的过程中，根据煤粉着火情况，有根据地加以调整。

（6）等离子燃烧器投入后，还需投入其他主燃烧器时，应以先投入等离子燃烧器相邻上部主燃烧器为原则，并实地观察实际燃烧情况，合理配风组织燃烧。

（7）气膜冷却风控制，冷态一般在等离子燃烧器投入 0～30min 内开度尽量小，以提高初期燃烧效率，随着炉温升高，逐渐开大风门，防止烧损燃烧器，以燃烧器壁温控制在 500～600℃为宜。

（8）当磨煤机在"等离子运行方式"下运行，4 支等离子发生器中的 1 支发生断弧时，光字牌将发出声光报警，此时运行人员应及时投入断弧的等离子发生器上层的油枪，同时检查断弧原因，尽快恢复等离子发生器的运行。

（9）当磨煤机在"等离子运行方式"下运行，4 支等离子发生器中的 2 支发生断弧时，保护系统将停止磨煤机的运行，此时应仔细检查断弧原因，待问题解决后再继续运行。

（10）当锅炉负荷升至断油负荷以上且等离子发生器在运行状态时，应及时将磨煤机运行方式切至"正常运行模式"，防止因等离子发生器断弧造成磨煤机跳闸。

第四节　锅炉燃烧方式

一、燃烧方式

煤粉的燃烧方式根据燃烧器结构和布置不同，主要有切向燃烧、墙式对冲燃烧和 W 形火焰（拱式燃烧），如图 2-21 所示。

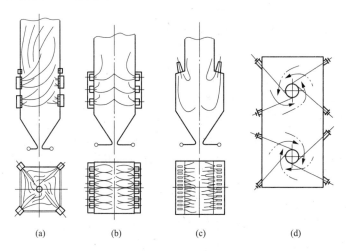

图 2-21　三种常用的煤粉燃烧方式

（a）切向燃烧；（b）墙式燃烧；（c）拱式燃烧；（d）双切圆燃烧

1. 切向燃烧

切向燃烧是煤粉气流从布置在炉膛四角（六角、八角）的直流燃烧器引入炉膛进行燃烧的方式［如图 2-21（a）和（d）所示］。一般一、二次风口间隔布置，有均等配风和分级配风两种方式，各风口的几何中心线分别与炉膛中心的一个或几个假想圆相切，煤粉着火和燃烧稳定性是靠点火三角区和上游邻角过来的高温火焰的对流传热支持。火焰的形状不仅与燃烧器布置和一、二次风参数有关，还与炉膛形状和假想切圆直径有关：假想切圆直径大，有利于着火稳定性，但容易使煤粉气流冲刷水冷壁造成结焦；假想切圆直径小，有助于减小结渣，但邻角煤粉点燃作用延迟。切向燃烧炉内旋转的火炬有利于煤粉燃尽，但是炉膛出口的气流残余加剧，易造成高温再热器左右汽温偏差，对过热器、再热器工作不利。

2. 对冲燃烧方式

对冲燃烧方式是将一定数量的旋流式燃烧器布置在两面相对的炉墙上，形成对冲火焰的燃烧方式［如图 2-21（b）所示］。旋流燃烧器主要靠自身形成的回流卷吸燃烧室内高温烟气来加热点燃煤粉，各燃烧器均独立着火，相互没有引燃作用，形成基本独立的火炬，对冲布置的火炬在燃烧室中心相遇对冲，然后转弯向上。

与燃烧器前墙布置相比，前后墙对冲布置时，炉内火焰充满情况较好，火焰在炉膛中部对冲，有利于增强扰动。

旋流式燃烧器前后墙对冲布置和直流式燃烧器切向布置相比，其主要优点是上部炉膛宽度方向上的烟气温度和速度分布比较均匀，使过热蒸汽、再热蒸汽温度偏差较小，并可降低整个过热器和再热器的金属最高点温度。

墙式对冲燃烧方式以烟气挡板改变流经低温过热器和低温再热器的烟气量，从而调节再热汽温度。这种调节方式较切向燃烧以摆动燃烧器在垂直方向的角度方式有效，运行中再热器减温水用量小，循环效率高。

3. W 形火焰燃烧方式

W 形火焰燃烧方式是将直流或旋流式燃烧器布置在燃烧室前后炉墙拱上，使火焰先向下，再折回向上，在炉内形成 W 形火焰 [如图 2-21（c）所示]。

W 形火焰燃烧方式由于炉膛温度水平高而导致烟气中 NO_x 含量高。为了提高着火稳定性，减小 NO_x 生成量，将部分二次风分别由前后墙引入，用垂直下行一、二次风与近似水平对冲的部分二次风和三次风来调节 W 形火焰的形状。根据燃用煤质的不同，W 形火焰燃烧室四周敷设适量的卫燃带，用以提高火焰温度和燃尽度。

W 形火焰燃烧方式相对于前几种燃烧方式而言，下炉膛的截面积偏大，且四周敷设卫燃带，可使煤粉火焰具有较高温度，而又不易冲墙，减少结渣的危险，但是，由于炉膛截面积大，形状复杂，锅炉本体造价增高。另外，形成和控制 W 形火焰充满整个炉膛，要求成熟的设计经验和较高的运行水平。W 形火焰燃烧方式对难燃的贫煤及无烟煤在燃烧稳定性上优于切向燃烧方式和前后墙对冲燃烧方式。

二、煤粉燃烧器

煤粉燃烧器是锅炉燃烧设备的核心部件，煤粉燃烧器的性能对燃烧稳定性和经济性有很大的影响，在煤粉锅炉中，燃料流和空气流都是通过燃烧器以射流形式送入炉膛的。煤粉燃烧器按其出口气流的特征可以分为直流式燃烧器和旋流式燃烧器两大类：出口气流为直流射流或直流射流组的燃烧器为直流式燃烧器；出口气流为旋流射流的燃烧器称为旋流式燃烧器。

1. 直流式燃烧器

直流式燃烧器的出口气流是直流射流，它的特征是扩散角小、射程远，仅就单股射流来说，它较旋流式燃烧器的周围卷吸作用小而且没有中心回流，这对着火不利。但是直流式燃烧器采用的是四角布置、切圆燃烧方式，炉内的气流流动由四角燃烧器的四股射流共同形成，总体上组成一个旋转气流。直流式燃烧器射出的煤粉气流经过燃烧室中部区域变成强烈燃烧的高温烟气，一部分直接补充到相邻燃烧器射流的根部，使相邻燃烧器的升温引燃。射流本身的卷吸和邻角的相互点燃特点，使直流式燃烧器四角布置、切圆燃烧方式具有良好的着火性能。

直流式燃烧器的另一个特点是二次风的送入方式，由于二次风口与一次风口相对独立，相互间的排列自由，可以在布置上变化出多种形式，控制二次风与一次风混合的时间，满足不同的燃料对混合的不同要求，改善着火性能。此外，由于一次风衰减慢和二次风的加强作用，使煤粉气流的后期混合强烈，加之炉内的气流旋转，煤粉在炉内螺旋上升，通过的路程长，故直流式燃烧器切圆燃烧又具有燃尽程度好的特点。各种直流式燃烧器的主要不同在于其一、二次风口的排列布置，一、二次风采用间隔布置方式，着火后二次风混入快，适应于高挥发分煤种对二次风混入及时的要求。一、二次风口间的距离可根据煤种的性质决定，对优质烟煤可采用具有周界风的直流燃烧器，其特点是一次风相对集中，提高了局部煤粉浓度。一、二次风的距离较大，混合较迟，以利提高着火性能。一次风口为狭长方形，煤粉气流的迎火周界长，对着火有利。直流燃烧器四角布置切圆燃烧时，燃烧室的最佳截面是正方形，但实际上由于锅炉结构设计方面的原因，常采用长方形的截面，但其宽度与深度的比值尽可能接近 1.0，一般不超过 1.2。假想切圆的直径应结合燃料的着火性能与结渣性能综合考虑。

2. 旋流式燃烧器

旋流式燃烧器气流旋转的情况有两种，一种是一次风和二次风都旋转，一种是二次风旋转而一次风为直流。按促使气流旋转的旋流部件的形式区分，一般有蜗壳型旋流燃烧器和叶片型旋流燃烧器两类。蜗壳型旋流燃烧器又可以分为双蜗壳型旋流燃烧器和单蜗壳型旋流燃烧器两种。

双蜗壳型旋流燃烧器的一、二次风均利用在蜗壳中的流动而产生旋转，两股射流的旋转方向相同，大蜗壳中是二次风，小蜗壳中是一次风。燃烧器中心有一中心管，可以在管中设置油喷嘴。二次风进口处装有舌形挡板，用来调整二次风的旋流强度。由于一、二次风都是旋转气流，因此在进入燃烧室后就扩散成为空心锥环状气流，在气流的卷吸作用下，空心锥的内外表面部会受到高温烟气的加热。这种燃烧器旋流强度的调节幅度小，当煤种变化时可能会因火焰位置不好调整而容易结渣。另外，一、二次风的阻力大，煤粉在一次风气流中的分布不均匀，也是这种燃烧器的不足之处。

单蜗壳型旋流燃烧器的一次风为直流，二次风气流利用蜗壳产生旋转后沿环状通道进入燃烧室。一次风由中心风管进入燃烧室，在一次风出口处装有一个蘑菇形扩散锥，扩散锥后产生的回流区有助于煤粉气流的着火。扩散锥可通过手轮和拉杆前后移动，从而改变一次风粉气流的扩散角度，但扩散锥处于高温烟气回流区，容易结渣或烧坏。

对于轴向可动叶片型旋流燃烧器，它的一次风为直流，二次风是旋转的。轴向可动叶片型旋流燃烧器的中心有一根中心风管，中心风管外是一次风的环形通道，中心风管内可以设置油喷嘴。二次风气流在通过二次风叶轮时受轴向叶片的引导而产生旋转，二次风叶轮可通过调整机构沿轴向移动，从而调整二次风的旋流强度。二次风通道是一个环锥形的套筒，二次风叶轮也是环锥形的，叶轮装在套筒内。用叶轮上的拉杆轴向移动叶轮，就可改变叶轮与环锥形通道之间的径向间隙，流经环锥形通道径向间隙的气流是不旋转的直流气流，因此调节叶轮的位置便可改变旋转气流与直流气流的比例，从而达到调整二次风气流旋流强度的目的。一次风虽为直流，但可以用一次风壳上装设的舌形挡板调节，使一次风出口气流有一定的扩展。旋流式燃烧器的特点是气流的扩展角大，中心的回流区可以卷吸来自燃烧室深处的高温烟气，加热煤粉气流的根部，这对着火有利，但从另一方面看，二次风与一次风相距很近，一、二次风的混合较早，又使着火升温所需的热量增大而又对着火不利。由于旋转射流的旋转效应消失得很快，而且最大轴向气流速度的衰减也快，这样对挥发分低或挥发分中等而灰分大的煤种，旋流式燃烧器前期混合显得偏早，而后期混合又不够强烈，所以容易导致着火不稳定或燃尽较困难的情况。旋流燃烧器的射程小，火焰粗而短，对燃烧室的截面形状不要求是正方形或接近正方形，可以是较扁的长形。长方形截面的燃烧室，深度小，这有利于在锅炉后部布置空气预热器和送风机等辅助设备。旋流式燃烧器一般采用前墙布置和前后墙对冲或错列布置，在大容量锅炉上，往往又布置成多排多层。

第五节　锅炉受热面

如图 2-22 所示为某 600MW 超临界压力锅炉的受热面布置图，主要受热面包括了省煤器、水冷壁、低温过热器、低温再热器、屏式过热器、高温过热器和高温再热器。

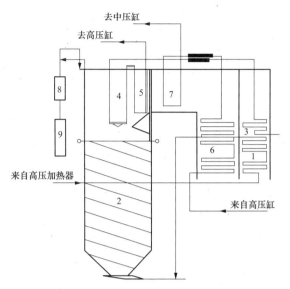

图 2-22　某 600MW 超临界压力锅炉的受热面布置图

1—省煤器；2—炉膛；3—低温过热器；4—屏式过热器；5—末级过热器；

6—低温再热器；7—高温再热器；8—汽水分离器；9—储水罐

一、省煤器

省煤器在锅炉中的主要作用是：

①吸收低温烟气的热量以降低排烟温度，提高锅炉效率，节省燃料。

②由于给水在进入蒸发受热而之前先在省煤器内加热，这样就减少了水在蒸发受热面内的吸热量，因此可用省煤器替代部分造价较高的蒸发受热面。

③提高进入汽包或锅炉水冷壁的给水温度。

省煤器已成为现代锅炉必不可少的部件。按照省煤器出口工质的状态省煤器可分为沸腾式和非沸腾式两种：出口水温低于饱和温度称为非沸腾式省煤器；高于饱和温度并产生部分蒸汽则称为沸腾式省煤器。

省煤器按所用材质又可分为铸铁式和钢管式。铸铁式省煤器耐磨损、耐腐蚀但不能承受高压。钢管式省煤器一般应用于大型锅炉，它是由许多并列（平行）的管径为 28～42mm 的蛇形管组成，蛇形管可以顺列布置也可错列布置，为使省煤器受热面结构紧凑，一般总是力求减小管节距。钢管式省煤器的管子多数为错列布置，错列布置省煤器的蛇形管两端分别与进口联箱和出口联箱相连，联箱一般布置在烟道外。

省煤器管子一般为光管，有时为了强化烟气侧热交换和使省煤器结构更紧凑可采用鳍片管、肋片管和膜式受热面。焊接鳍片管省煤器所占据的空间比光管式少 20%～25%；轧制鳍片管省煤器可使外形尺寸减小 40%～50%；肋片式省煤器主要特点是热交换面积明显增大，这对缩小省煤器的体积、减少材料消耗很有意义，主要缺点是积灰比较严重。

省煤器蛇形管通常水平放置，如图 2-23 所示，以利于提高传热系数以及停炉时排水，而且尽可能保持管内的水自下而上流动以利于强化锅炉给水流动，且便于排除空气，避免引起管内空气停滞产生内壁局部的有氧腐蚀。此外，由于对流烟道中烟气往往从上而下流动，这样既有利于吹灰又可使烟气对于水流做逆向流动，保持较大的传热温差。

省煤器管内水速应维持在一定范围内，如果水速过高会增加给水泵耗电量；如果水速过低则金属冷却难以保证，且引起蛇形管中的空气停滞，特别在沸腾式省煤器中，管内会产生汽水分层，导致管子上部过热。

二、空气预热器

空气预热器是利用烟气的热量来加热燃烧所需空气的热交换设备。空气预热器工作在烟气温度最低的区域，可以回收烟气的热量，降低排烟温度，从而提高锅炉效率；同时也由于空气被预热，强化了燃料的着火和燃烧过程，减少了燃料不完全燃烧热损失，进一步提高了锅炉效率。此外空气预热还能提高炉膛内烟气温度，强化炉内辐射换热。空气预热器已成为现代锅炉的重要组成部分。

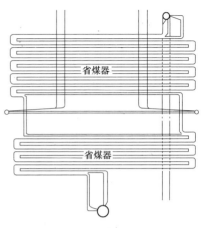

图 2-23 省煤器布置图

按换热方式可将空气预热器分为传热式和蓄热式（或称再生式）两种。管式预热器属于传热式空气预热器，回转式空气预热器则是蓄热式空气预热器。

1. 管式空气预热器

管式空气预热器通常由直径为 40～51mm，壁厚 1.2～1.5mm 的直管制成。管子两端焊接到管板上形成一个立方形箱体，管子垂直放置，烟气在管内由上而下流动，空气在管外横向流动，两者交叉流动交换热量。

按照进风方式的不同，空气预热器有单面进风、双面进风、多面进风之分。大容量锅炉的空气量较大，单面进风时为保持合宜的风速，空气通道高度较高，空气横向冲刷管子的行程减少，这样会降低传热温差，所以大容量锅炉中常采用多面进风方式。

热空气温度低于 350℃ 可采用一级管式空气预热器；热空气温度高于 350℃ 时，需采用双级管式空气预热器或一级管式空气预热器及一级回转式空气预热器。当采用双级空气预热器布置时，一般采用两级省煤器和两级空气预热器交替布置的结构，如图 2-24 所示。

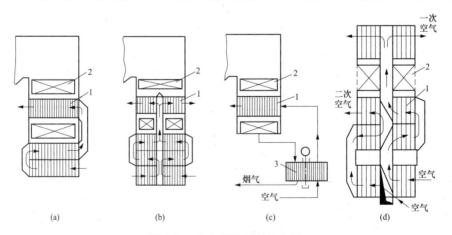

图 2-24 空气预热器双级布置

(a) 单面进风双级布置；(b) 双面进风双级布置；(c) 一级管式一级回转式空气预热器的布置；

(d) 一、二次空气分别加热的双级布置管式空气预热器

1—省煤器；2—回转式空气预热器

2. 回转式空气预热器

回转式空气预热器分为受热面回转式和风罩回转式两种。

（1）受热面回转式空气预热器。受热面回转式空气预热器的结构如图 2-25 所示，受热面装于可转动的圆筒形转子中，转子被分离成若干个扇形仓格，每个扇形仓内装满波浪形金属薄板组成的传热元件（蓄热板）。受热面回转式空气预热器的圆形外壳顶部、底部与转子对应地被隔板分成烟气流通区和空气流通区，其中烟气流通区与烟道相连，空气流通区与风道相连。由于烟气的容积流量比空气大，故烟气通道占有转子总的通流截面的 50% 左右，空气通道占30%~45%，其余部分为密封区。

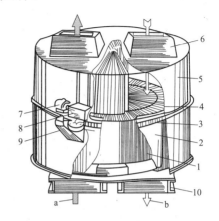

图 2-25　受热面回转式空气预热器
1—转子；2—转子外壳；3—转子齿圈；
4—扇形隔板；5—空气预热器外壳；
6—连接方箱；7—电动机；8—减速箱；
9—传动齿轮；10—带有连接方箱的固定框架；
a—空气入口；b—烟气出口

这种空气预热器的工作原理是：电动机通过减速装置带动受热面转子以 1~4r/min 的转速转动，转子中的传热元件（蓄热板）便交替地被烟气加热和被空气冷却，烟气的热量也就经由传热元件蓄热后再传递给空气，使冷空气的温度得到提高。转子每转一圈，传热元件吸热、放热交替变换一次。

回转式空气预热器转动的转子与固定的外壳之间存在间隙，并且空气与烟气之间有较大的差压，因而在运行中正压空气会漏入烟气侧或漏入大气，为了减少漏风，受热面回转式空气预热器装有径向、环向和轴向三种密封装置。

回转式空气预热器的受热面分为高温段和低温段，高温段受热面由齿形波形板和波形板组成，如图 2-26（a）所示，它们相隔排列，前者兼起定位作用以保持板间间隙，故又称定

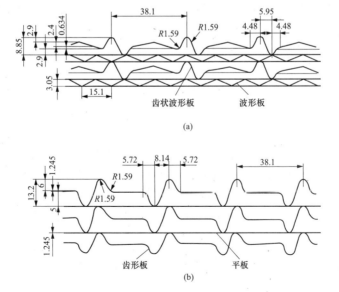

(a)

(b)

图 2-26　高温段和低温段的受热面板形
（a）高温段；（b）低温段

位板；低温段受热面由平板和齿形波形板组成，如图2-26（b）所示，低温段受热面通道较大以便减少积灰；板材较厚，目的是延长因腐蚀而损坏的期限。

（2）风罩回转式空气预热器。风罩回转式空气预热器的直径较大，转子质量也大，为了减轻支承负载，近些年来又采用了一种比较新型的风罩回转式空气预热器，其结构如图2-27所示。这种新型风罩回转式空气预热器是由装有蓄热板的静子（静子部分的结构与转动式预热器的转子相似，但它固定不动故称静子或定子）、上、下烟道，上、下风罩以及传动装置等部件组成。其中，上、下风道与静子外壳相连接；静子的上、下两端装有可转动的上下风罩，上下风罩用中心轴相连；电机通过传动装置驱动下风罩旋转，上风罩也同步旋转，上下风罩里的空气通道是呈同心相对的"8"字形。新型风罩回转式空气预热器的静子截面分为烟气流通区、空气流通区和密封区，

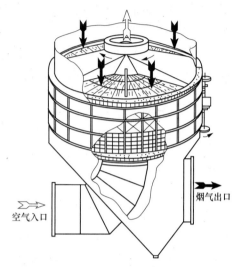

图2-27　风罩式回转式空气预热器

其工作过程是冷空气经下部固定冷风道进入旋转的下风罩，裤衩型的下风罩把空气分成两股气流，自下而上流经静子受热面而被加热，加热后的空气由旋转的上风罩汇集后流往固定的热风道；烟气在风罩以外区域分成两部分，自上而下流经静子，加热其中的受热面，当风罩转动一圈，静子中的受热面进行两次吸热和放热。

回转风罩与定子的密封由膨胀节、密封框架和密封板组成，形成径向密封和内外环密封。空气预热器的入口冷风温度一般规定不低于30℃，当低于此温度时，容易对空气预热器产生低温腐蚀和积灰。因此往往采用提高冷空气温度的办法，以防止烟气温度降至露点温度以下而造成硫腐蚀和灰分黏结。这些方法中有热空气再循环法，即从热风箱引出部分热空气送入送风机入口与冷空气混合再进入空气预热器（俗称热风再循环）；另一种是间接加热法，即在送风机出口加装暖风器，暖风器是一种蒸汽-空气管式热交换器，管内流过由汽轮机抽汽引来的蒸汽，空气在管外通过时被加热。

三、水冷壁

锅炉最主要的蒸发受热面就是布置在炉膛四周吸收辐射热的水冷壁，火焰对水冷壁的辐射是锅炉传热的重要方式。炉膛内装设水冷壁后减少了高温对炉墙的破坏作用，大大降低了炉墙的内壁温度，因此炉墙厚度可以减薄，质量可以减轻。大型锅炉广泛采用膜式水冷壁，更减轻了炉墙质量，因而也降低了造价，而且便于采用悬吊结构，提高炉膛严密性，从而降低热损失。由于炉膛结构蓄热能力的减小，炉膛（燃烧室）升温快，冷却亦快，可缩短启动、停止时间，也缩短了事故情况下的抢修时间。

1. 水冷壁的结构形式

（1）光管水冷壁：用轧成的无缝钢管制作成的。

（2）鳍片管式水冷壁：为我国大中型锅炉广泛采用。鳍片管式水冷壁有两种，一种是光管和鳍片焊接而成；另一种是热轧成型的。鳍片管主要焊接构成膜式水冷壁，如图2-28所示。

采用膜式水冷壁的主要优点是，可充分吸收炉膛辐射热量，保护炉墙，减少耐火材料，炉墙厚度，质量可大为减少，并有良好的气密性，为消除炉膛漏风创造了条件。

（3）带销钉的水冷壁：也叫刺管水冷壁，如图 2-29 所示。带销钉的水冷壁主要用于液态排渣炉和炉膛卫燃带。销钉上敷设有耐火材料，可减少水冷壁吸热，使该部位炉温增高，以便燃料迅速着火和稳定燃烧。销钉沿管长呈叉列布置，其长度为 20～25mm，直径为 6～12mm。

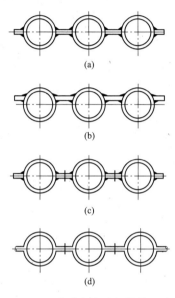

图 2-28　膜式水冷壁的结构型式

（a）带有中间焊接板条；（b）带有偏后（靠近炉墙）
焊接板条；（c）带有中间焊接鳍片；（d）带有鳍片
的热轧管中间焊接（单面或双面焊）

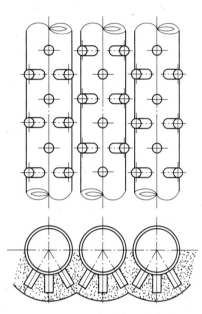

图 2-29　带销钉的水冷壁

（4）内螺纹膜式水冷壁，如图 2-30 所示。内螺纹管用于高热负荷区域，可以增强流体的扰动作用，防止发生传热恶化，使水冷壁得到充分冷却。

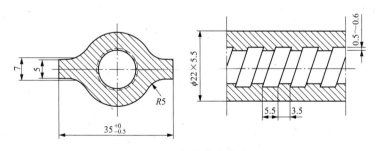

图 2-30　内螺纹膜式水冷壁

2. 水冷壁布置

水冷壁的布置应保证水循环回路工作的可靠性，某 300MW 亚临界锅炉水冷壁布置如下：

（1）前墙水冷壁由 4 个管屏组成，两边的两个管屏各有 39 根水冷壁管，中间的两个管屏各有 37 根水冷壁管，均向上进入上联箱。这四个上联箱上各接 6 根汽水导管，共 24 根，这些汽水导管把汽水混合物送入汽包。

（2）两侧墙水冷壁各由 4 个管屏组成，各管屏依次有 39、21、22、39 根水冷壁管。除最后一个管屏外，其余的管屏都是垂直向上，进入各自的上联箱。最后面的一个管屏延伸到折焰角时，靠后面的 24 根水冷壁管间隔地抽出 12 根，引入到每侧两个的水平烟道侧包墙下联箱。每个下联箱引入 6 根水冷壁管；其余的 12 根引入到侧墙水冷壁中间联箱。中间联箱向上引出 24 根管，进入侧墙水冷壁的后面的上联箱。水平烟道侧墙两个下联箱分别引出 20 和 21 根包墙管，进入一个上联箱。

（3）后墙水冷壁有 4 个下联箱。水冷壁管的布置情况在折焰角以下和前墙一样，后墙水冷壁管形成折焰角以后，间隔地抽出 1/3 的管子向上形成前凝渣管，通过烟道进入 4 个前凝渣管上联箱；其余的 2/3 水冷壁管，在按原倾角继续延伸形成水平烟道的斜底包墙以后，在水平烟道出口向上引出两排纵向布置的后凝渣管，垂直通过烟道，进入后凝渣管上联箱。后凝渣管上联箱共 3 个，中间 1 个较长，和后墙水冷壁中间两个下联箱相对应。

（4）后竖井侧包墙，每侧有三个管屏，由前向后分别有 19、19、18 根水冷壁管，这些水冷壁管垂直向上进入和下联箱相对的上联箱。全炉水冷壁系统共 27 个水冷壁上联箱由 92 根汽水导管引入汽包。炉膛四壁均由 $\phi60\times6$ 节距为 80mm 的管子加扁钢焊成的膜式水冷壁遮盖。

四、过热器

过热器的作用是将饱和蒸汽加热成具有一定温度的过热蒸汽，以提高热效率。过热器是电站锅炉中一个必备的重要部件，它在很大程度上影响着锅炉的经济性和运行安全性。提高过热蒸汽的参数是提高火力发电厂热经济性的重要途径，但是过热蒸汽参数的提高受到了金属材料性能的限制，因此过热器的设计必须确保受热面管子的外壁温度低于钢材的抗氧化允许温度，并保证其机械强度和耐热性。

过热器根据传热方式可分为对流式过热器、半辐射过热器和辐射式过热器三类。

1. 对流式过热器

对流式过热器一般布置在对流烟道中，传热方式以对流为主。对流式过热器由无缝钢管弯制成蛇形管和两个或两个以上的联箱组成。蛇形管外径为 32~42mm，一般作顺列布置，蛇形管的横向节距与外径之比为 2~3；纵向节距与弯管半径有关，一般纵向与管子外径之比为 1.6~2.5。过热器管和联箱连接采用焊接。

对流式过热器根据蛇形管的布置方式可分为立式和卧式两种，水平烟道中的对流式过热器都是立式布置，尾部竖井中的对流式过热器则采用卧式布置。过热器根据烟气和蒸汽的相对流动方向可分为顺流、逆流、双逆流和混流四种，如图 2-31 所示。顺流布置，壁温最低，传热最差，受热面最多；逆流布置，壁温最高，传热最好，受热面最小；双逆流和混流布置，管壁温度和受热面大小居前两者之间。如图 2-32 所示为过热器结构图。

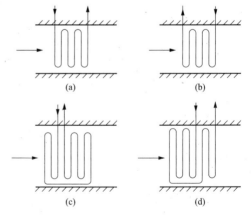

图 2-31　烟气与蒸汽的相对流向

（a）顺流；（b）逆流；（c）双逆流；（d）混合流

2. 半辐射式过热器

半辐射式过热器由外径为 32～42mm 的钢管及联箱组成，由于它制作成屏风形式因此称屏式过热器，一般吊悬在炉膛上部或炉膛出口处，既吸收对流热又吸收辐射热，吸收的对流热和辐射热的比例依布置位置而定。屏与屏之间的节距一般为 500～1000mm，屏中管数一般 15～30 根，具体根据所需蒸汽流速确定，每根管子之间的节距管径比为 1.1～1.25，如图 2-33 所示给出了屏式过热器的结构。有的锅炉装有两组屏式过热器，通常把靠近炉前的叫前屏过热器，靠炉膛出口的叫后屏过热器，前者属辐射过热器，后者属半辐射过热器。

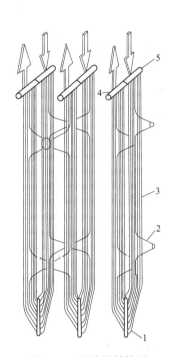

图 2-32 过热器结构图

1—包轧管；2—连接管；

3—屏式过热器管子；

4——片屏的出口联箱；

5——片屏的进口联箱

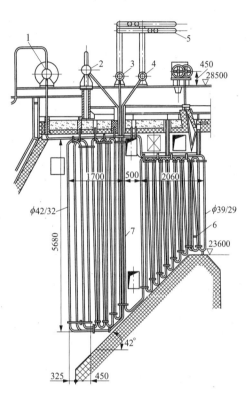

图 2-33 屏式过热器结构示意

1—饱和蒸汽联箱；2—第二级过热器出口联箱；

3—中间联箱；4—第一级过热器出口联箱；

5—交叉连通管；6—第一级过热器；7—第二组过热器

3. 辐射式过热器

直接放置在炉膛中直接吸收火焰辐射热的过热器称为辐射式过热器，在大型锅炉中布置辐射式过热器对改善汽温调节特性及节省材料有利。辐射式过热器的布置方式很多，除了布置成屏式过热器外，还可以布置在炉膛四周称为墙式过热器，墙式过热器可布置在炉墙上部，也可以自上而下布置在一面墙上。布置在炉墙上部的过热器可以不受火焰中心的强烈辐射，对工作条件有利，但这使炉下半部水冷壁管的高度缩短，不利于水循环；自上而下布置在一面墙上的过热器对水循环无影响，但靠近火焰中心的管子受热很强。炉膛热负荷高，管内蒸汽冷却差，壁温较高，工作条件差，因此对金属材质有更高的要求，同时还需解决锅炉启动和低负荷时过热器管与水冷壁管膨胀问题。

过热器按布置位置可分为顶棚过热器、包墙过热器、低温对流过热器、分隔屏过热器、后屏过热器、高温对流过热器。

(1) 顶棚过热器。顶棚过热器布置在炉膛、水平烟道顶部，它吸收炉膛火焰辐射热及烟气中的一小部分辐射热，也吸收烟气的对流热。

(2) 包墙管过热器。在大型锅炉中，为了采用悬吊结构和敷管式炉墙，在水平烟道、竖井烟道的内壁像水冷壁那样布置包墙管，其优点是可以将水平烟道和竖井烟道的炉墙直接敷设在包墙管上形成敷管炉墙，从而可以减轻炉墙质量简化炉墙结构，采用悬吊锅炉构架，但包墙管紧靠炉墙受烟气单面冲刷，而且烟气流速低，故传热效果较差。

(3) 低温对流过热器。低温对流过热器布置在竖井烟道后半部（尾部烟道），采用逆流布置对流传热，有垂直布置和水平布置两种布置形式。

(4) 分隔屏过热器。分隔屏过热器布置于炉膛出口处，主要吸收辐射热，其作用是：

1) 对炉膛出口烟气起阻尼和分割导流作用。在四角切圆燃烧锅炉内，炉膛内气流按逆时针方向旋转时，通常炉膛出口右侧烟温偏高，为了消除出口烟气的残余旋转及烟温偏斜的影响，在炉膛上部设置了分割屏过热器以扰动烟气的残余旋转，使炉膛出口的烟气沿烟道宽度方向能分布得比较均匀些。

2) 能降低炉膛出口烟温、避免结渣。

3) 在锅炉变负荷过程中，过热器出口的蒸汽温度可维持在额定数值中。

4) 可有效吸收部分炉膛辐射热量，改善高温过热器的管壁温度工况。

(5) 后屏过热器。后屏过热器布置在近炉膛出口折焰角处，同时吸收辐射热和对流热，属半辐射式过热器。后屏过热器采用顺流布置，分割屏与后屏之间可左右交叉连接，以降低屏间热偏差。

(6) 高温对流过热器。高温对流过热器布置在折焰角上方，吸收对流热。因高温对流过热器处于烟温和工质温度都相当高的工况下，故采用顺流布置。高温对流过热器为立式布置，悬吊方便，结构简单，管子外壁不易磨损，不易积灰。但管内存水不易排除，在启动初期，如处理不当，可能形成汽塞（蒸汽泡在蒸发受热面上升管中聚集，阻塞水循环的现象）而导致局部受热面过热。

五、再热器

随着蒸汽压力的提高，为了降低汽轮机尾部的蒸汽湿度以及进一步提高整个发电机组的热经济性，在大型锅炉中普遍采用中间再热系统，即将汽轮机高压缸的排汽引回到锅炉中再加热到高温，然后再送到汽轮机的中压缸中继续膨胀做功，这个加热部件称为再热器。

由于再热蒸汽压力低，蒸汽比体积大、密度小，故表面传热系数比过热蒸汽小得多，例如上海锅炉厂 1025t/h 直流锅炉的过热蒸汽表面传热系数为 $4000W/(m^2 \cdot ℃)$，而再热蒸汽为 $800W/(m^2 \cdot ℃)$，因而再热蒸汽对管壁的冷却能力差，管壁温度超过管中蒸汽温度的程度大于过热蒸汽，同时再热系统的经济性受再热系统阻力的影响很大，例如再热系统的阻力增加 0.1MPa，使汽轮机热耗增加 0.28%。因此，通常规定再热器系统总阻力不大于再热器进口压力的 10%，即一般不超过 0.2～0.3MPa，其中再热器本身阻力占 50%，因此再热器中的流速是受到限制的。另外，由于再热蒸汽压力低，其比热容值较小，因而在同样热偏差条件下，出口汽温的偏差比过热蒸汽要大，而由于受阻力的限制又不能采用过多的交叉措施。综合上述原因，再热器受热面一般应布置在烟温稍低的区域内并且采用较大管径和多管圈再热器的结构。

　　再热器根据蛇形管的布置方式可分为立式再热器和卧式再热器。立式再热器布置在锅炉的水平烟道中（结构和立式过热器相似），卧式再热器布置在尾部竖井中（和卧式过热器相似）。二级再热器布置在水平烟道中，采用顺流布置，一级再热器布置在尾部竖井小，受热面采用逆流布置和五管圈形式，由垂直管和蛇形管两部分组成。再热器的管子一般为光管，由于管内工质的表面传热系数小，为了降低管壁温度可采用纵向内肋片管。由于纵向内肋片管的内壁面积增大，传热了改善性能，可将管壁温度降低 20～30℃。

第三章　锅炉热力计算

第一节　锅炉热力计算流程

锅炉热力计算通常分为设计计算和校核计算，两种计算方法在原理上是相同的，区别在于计算的已知条件和所要求的项目不同。

设计计算一般用于新锅炉的设计或旧锅炉的改造，在给水温度和燃料特性给定的前提下，根据锅炉额定蒸发量（最大连续蒸发量）、额定蒸汽参数（压力、温度）和预定的经济指标等，确定锅炉的各部件包括炉膛、受热面等主要结构和尺寸以及燃料消耗量、风量和烟气量等。设计计算通常与结构设计同时进行，也为材料强度计算、空气和水动力计算、辅机选型等提供参考依据。

校核计算是在锅炉结构尺寸、受热面结构、布置方式、面积和燃料量特性等确定的情况下，对已知的锅炉负荷计算各级受热面的换热量、各受热面的进口、出口工质参数和烟气参数（包括温度、压力、流量和流速）、燃烧所需的空气量和产生的烟气量、燃料的消耗量等。锅炉校核计算的目的是评估机组运行的经济性，以此寻求改进锅炉结构的措施；选择辅机设备，为空气和水动力计算、受热面管壁温度及强度计算等取得所需的数据及原始资料。本章主要目的是了解锅炉特性的相关计算手段，重点介绍锅炉热力计算的校核计算。

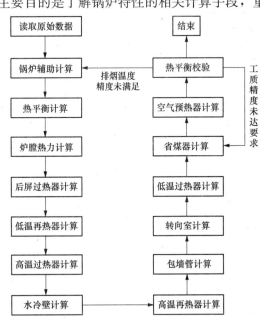

图 3-1　锅炉热力计算总体流程

目前国内同时存在着多种锅炉热力计算方法，最大的区别在于炉膛的传热计算，锅炉热力计算包括辅助计算和传热计算两部分，总体的计算过程如图 3-1 所示。

如图 3-1 所示，首先收集原始资料和数据，包括燃料特性、空气量及各受热面漏风系数、风烟流程及对于温度、过热蒸汽流程及参数、再热蒸汽流程及参数、给水流程及参数和各受热面的结构及参数等。

随后进行热力计算前的辅助计算，选定排烟温度，根据排烟温度进行辅助计算。辅助计算包括燃料和燃烧产物计算、烟气焓值的计算等，得到在不同烟温和过量空气系数下的烟气焓值。

辅助计算完成后，进行锅炉热平衡计算、炉膛传热计算和各对流受热面的传热计算，包括烟气侧和工质侧参数计算。

在所有受热面热力计算完成后，进行锅炉热平衡的校核计算。若两级省煤器或两级空气预热器间的工质温度差不满足精度要求，则返回上级省煤器重新计算；若排烟温度不满足假设条件或进入炉膛的总热量与各受热面吸热量之和的偏差不满足要求，则返回到辅助计算前，重新假设排烟温度进行重新计算，如此进行循环迭代直到满足计算精度要求停止。至此完成全部计算，计算所得结果包括燃料消耗量、锅炉各项热损失、锅炉效率、各受热面进出口烟气和工质参数（温度、压力和介质流速等）、烟气表面传热系数、管壁传热系数、灰污系数、传热温压、各受热面吸热量等。

第二节　传热单元计算

大容量锅炉的热力计算对象包含传热单元、燃料和工质，本章中的燃料特指燃煤。锅炉中主要的受热面根据传热特性可分为辐射受热面、半辐射受热面和对流受热面。

一、辐射受热面计算

辐射受热面一般指的是布置在炉膛内的受热面，主要传热方式为辐射传热。布置在炉膛四周的水冷壁、炉膛顶部的顶棚过热器和炉膛上部的大屏过热器、分隔屏过热器等都属于辐射受热面。

炉内传热计算的核心问题是辐射换热量计算，先进行炉膛出口烟温的计算，对炉膛出口烟温校准后再进行炉膛内辐射受热面的换热计算。锅炉炉内辐射传热是一个十分复杂的过程，其中包含着燃料煤粉的燃烧、空气和烟气的流动等，这些过程的同时进行给炉内传热计算带来了困难。

炉内传热计算通过求解炉膛出口烟温来计算炉内的辐射传热量，炉膛出口烟气温度一般采用的是杜-朴提出的计算大容量锅炉炉膛出口烟温的半经验公式，随着国内外学者的进一步研究，对公式加入了炉膛形状系数的修正影响，提出的公式为：

$$\theta'' = \frac{T_a}{fM\left(\dfrac{864.2\sigma_o a_1 \psi_{pj} F_L T_a^3}{\varphi B_j \overline{VC}}\right)^{0.6}+1} - 273 \tag{3-1}$$

式中　　θ'' ——炉膛出口烟温，℃；

T_a ——理论燃烧温度，K；

M ——炉膛火焰中心位置系数；

σ_o ——玻尔兹曼常数，值为 $5.7\times10^{-11}\,kW/(m^2 \cdot K^4)$；

a_1 ——炉膛黑度；

ψ_{pj} ——炉膛平均热有效系数；

F_L ——炉墙内水冷壁换热面积，m^2；

φ ——保热系数；

B_j ——计算燃料消耗量，kg/s；

$\overline{VC}$ ——表示在炉膛燃烧温度水平下的平均热容量；

f ——炉膛的形状系数。

炉膛的形状系数有几种定义方法：①定义为炉内敷设的辐射受热面积 F_1 与炉膛容积 V_1 之比 $f = F_1/V_1$；②定义为炉膛高度与 h_1 炉膛断面当量直径 d_1 之比 $f = \dfrac{h_1}{d_1}$；③定义为炉膛有效辐射层厚度的无量纲值 $f = \dfrac{s_0}{s_{0t}}$，s_0 为炉膛有效辐射层厚度，s_{0t} 为炉膛有效辐射层厚度的最大值，$s_{0t} = 3.6V_1/F_1$。

为保证炉膛出口烟温的计算准确性，各国家的锅炉厂商和公司对自己生产的锅炉炉内传热计算提出了不同的修正方法，比如美国燃烧公司 CE、巴威公司 B&W、福斯特-惠勒 FW 等都形成了自己的传热计算方法，但这些方法都是基于经验数据的拟合，大多只适合于自己生产的锅炉型号和燃烧方式。

综合来讲，国内外公司或研究机构在对锅炉炉内传热计算各有优势，对于该方向的研究还在不断深入，包括对传热计算公式的修正、传热区域的精细化划分和传热特性的研究等。目前，得到国内外专家广泛认可并应用的计算公式为式（3-2），它尤其适合于大容量锅炉的炉内传热计算：

$$\theta'' = T_a\left[1 - M\left(\frac{a_1\psi_{pj}T_a^2}{10\ 800q_H}\right)^{0.6}\right] - 273 \tag{3-2}$$

式（3-2）中字符含义与式（3-1）一致，包含了大量大容量机组的试验数据拟合结果。

炉膛分区段进行计算的方法将炉膛人为地分为几个区段，在稳态情况下计算每一区段内的燃料放热、烟气焓及辐射传热量，从而确定该区段的出口烟气温度。

对于最大放热区的传热量计算公式为：

$$\theta'' = \frac{\frac{100}{100-q_4}\beta_{rj}Q_d^y + Q_k + h_r + rh_{yz} - Q_{pz}}{\overline{VC}} - \frac{\sigma_0 a_1 T_a^4}{B_j\overline{VC}}\psi F \tag{3-3}$$

对于最大放热区以上的区段传热量计算公式为：

$$\theta'' = \frac{\Delta\beta Q_d^y}{\overline{VC}} + \frac{C'}{C''}\theta' - \sigma_0 a_1\left[1 + \left(\frac{T''}{T'}\right)^4\right]\frac{[F_{qd,pj}(\psi'' - \psi') + \psi_{pj}F_{qd}]}{2B_jVC}T'^4 \tag{3-4}$$

式中　　　　　　β_{rj}——燃料在最大放热区的燃尽程度；

Q_k、h_r、rh_{yz}、Q_{pz}——空气带入的热量、燃料自身的热量、烟气再循环带入的热量、排除灰渣带出的热损失，kJ/kg；

　　　　　　ψF——热有效系数和区段内包覆面积的乘积，m^2；

　　　　$\psi_{pj}F_{qd}$——区段中炉墙平均热有效系数和区段中炉墙表面积乘积，m^2；

　　　　ψ'、ψ''——区段下部和上部的辐射传热系数；

　　　　$F_{qd,pj}$——区段中进出口截面的平均值，m^2。

式（3-1）～式（3-4）中的炉膛黑度计算公式为：

$$a_1 = \frac{a_{hy}}{a_{hy} + (1 - a_{hy})\psi_{pj}} \tag{3-5}$$

$$a_{hy} = 1 - e^{-kps} \tag{3-6}$$

式中　　a_{hy}——火焰黑度；

　　　　p——炉膛压力，MPa；

　　　　s——辐射层有效厚度，m；

　　　　k——火焰辐射衰减系数，$1/(MPa \cdot m)$。

k 的计算公式为：

$$k = k_q r + k_{fh}\mu_{fh} + 10.2x_1x_2 \tag{3-7}$$

式中　　x_1、x_2——焦炭颗粒在火焰中浓度的影响系数；

μ_{fh} ——烟气中的飞灰质量浓度；

r ——三原子气体的总容积份额；

k_q ——三原子气体的辐射衰减系数，计算公式为：

$$k_q = 10.2 \left[\frac{0.78 + 1.6\gamma_{H_2O}}{\sqrt{10.2prs}} - 0.1 \right] \left(1 - 0.37 \frac{T_1''^2}{1000}\right) \tag{3-8}$$

$$k_{fh} = \frac{43\,850 \frac{G_y}{V_y}}{\sqrt[3]{T_1''^2 d_{fh}^2}} \tag{3-9}$$

式中　γ_{H_2O} ——烟气中的水蒸气容积份额；

T_1'' ——炉膛出口烟温，K；

k_{fh} ——灰粒热辐射衰减系数；

G_y ——烟气质量，kg；

V_y ——烟气的总容积，m^3/kg；

d_{fh} ——灰粒平均直径，μm。

因此，可以给出炉内平均热负荷的计算公式为：

$$q_H = \frac{B_j Q_a}{F_L} \tag{3-10}$$

式中　B_j ——计算燃料量，kg/s；

Q_a ——燃烧产物的热量，kJ/kg；

F_L ——炉内炉墙面积，m^2；

二、对流受热面计算

大容量锅炉的对流受热面主要包括布置在水平烟道中的高温过热器和再热器、垂直烟道中的低温过热器和再热器、水平烟道和尾部烟道四周的包覆过热器、省煤器和空气预热器。

对流受热面的传热过程计算包括三个基本方程：烟气侧放热方程、工质侧吸热方程和对流传热方程。

烟气侧放热方程：

$$Q_{fr} = \varphi(h_y'' - h_y' + \Delta\alpha h_{lk}^0) \tag{3-11}$$

式中　φ ——烟气侧保热系数；

h_y' ——入口烟气焓，kJ/kg；

h_y'' ——出口烟气焓，kJ/kg；

$\Delta\alpha$ ——受热面所在的烟道漏风系数；

h_{lk}^0 ——理论空气量在环境温度下的焓，kJ/kg；

工质侧吸热方程：

$$Q_{xr} = \frac{D(h_s'' - h_s')}{B_j} - Q_f \tag{3-12}$$

式中　D ——工质流量，kg/s；

h_s' ——入口工质焓，kJ/kg；

h_s'' ——出口工质焓，kJ/kg；

B_j ——计算燃料消耗量，kg/s；

Q_f ——受热面吸收的炉膛辐射吸热量，kJ/kg。

对流传热方程：

$$Q_{cr} = \frac{k \Delta t H}{B_j} \tag{3-13}$$

式中　k ——对流传热系数，W/(m²·K)；

　　　Δt ——传热温压，℃；

　　　H ——对流传热面积，m²；

对流传热系数 k 的数值与管束排列、换热器形式等有关，几种典型形式的计算公式为：

（1）受热面为错列布置的光滑管束：

$$k = \frac{\alpha_1}{1 + \left(\varepsilon + \dfrac{1}{\alpha_2}\right)\alpha_1} \tag{3-14}$$

（2）受热面为顺列布置的光滑管束：

$$k = \frac{\psi \alpha_1}{1 + \dfrac{\alpha_1}{\alpha_2}} \tag{3-15}$$

（3）管式空气预热器：

$$k = \frac{\psi \alpha_1}{\varepsilon + \dfrac{\alpha_1}{\alpha_2}} \tag{3-16}$$

（4）回转式空气预热器：

$$k = \frac{\xi C}{\dfrac{1}{x_1 \alpha_1} + \dfrac{1}{x_2 \alpha_2}} \tag{3-17}$$

式中　ε ——灰污系数；

　　　ψ ——热有效系数；

　　　ξ ——利用系数；

　　　C ——非稳定导热影响系数；

　　　x_1 ——烟气份额；

　　　x_2 ——空气份额；

　　　α_1 ——烟气对受热面的表面传热系数；

　　　α_2 ——管壁对管内工质的表面传热系数。

$$\alpha_1 = \omega(\alpha_d + \alpha_f) \tag{3-18}$$

式中　ω ——烟气冲刷受热面不均系数；

　　　α_d ——烟气的对流换热表面传热系数，W/(m²·K)；

　　　α_f ——管间烟气容积的辐射表面传热系数，W/(m²·K)。

α_d 的计算分为三种情况：

（1）横向冲刷顺列布置管束的情况：

$$\alpha_d = 0.2 C_z C_s C_w \frac{\lambda}{d} \left(\frac{wd}{v}\right)^{0.65} Pr^{0.33} \tag{3-19}$$

$$C_z = 0.91 + 0.0125(Z_2 - 2) \tag{3-20}$$

$$C_s = \left[1 + (2\sigma_1 - 3) \left(1 - \frac{\sigma_2}{2} \right)^3 \right]^{-2} \tag{3-21}$$

$$C_w = 0.92 + 0.726\gamma_{H_2O} \tag{3-22}$$

式中 λ ——烟气侧平均温度下的导热系数，$W/(m^2 \cdot K)$；

$\quad\quad d$ ——管束管径，m；

$\quad\quad w$ ——烟气流速，m/s；

$\quad\quad v$ ——烟气在平均温度下的运动黏度，m^2/s；

$\quad\quad Pr$ ——烟气在平均温度下的普朗特准则数；

$\quad\quad C_z$ ——管束排数的修正值，取决于纵向排数 Z_2，当 $Z_2 \geqslant 10$ 时取 1，小于 10 时用式（3-20）计算；

$\quad\quad C_s$ ——管束横向与纵向管节距 s_1、s_2 的修正系数，通过式（3-21）计算。其中 $\sigma_1 = s_1/d$，$\sigma_2 = s_2/d$，当 $\sigma_1 \leqslant 1.5$ 且 $\sigma_2 \geqslant 2$ 时，$C_s = 1$；当 $\sigma_1 \geqslant 3$ 且 $\sigma_2 \leqslant 2$ 时，$\sigma_1 = 3$ 带入计算；

$\quad\quad C_w$ ——烟气温度及成分的修正系数，通过式（3-22）计算。

（2）横向冲刷错列布置的管束 α_d 通过式（3-23）计算：

$$\alpha_d = 0.358 C_z C_s C_w \frac{\lambda}{d} \left(\frac{wd}{\nu} \right)^{0.6} Pr^{0.33} \tag{3-23}$$

式中 C_z ——管束排数的修正系数，取决于纵向排数 Z_2 和横向相对节距 σ_1：

$\quad\quad$ 1）当 $\sigma_1 \leqslant 3.0$ 且 $Z_2 < 10$ 时，计算公式为：

$$C_z = 3.12 Z_2^{0.05} - 2.5 \tag{3-24}$$

$\quad\quad$ 2）当 $\sigma_1 \geqslant 3.0$ 且 $Z_2 < 10$ 时，计算公式为：

$$C_z = 4 Z_2^{0.02} - 3.2 \tag{3-25}$$

$\quad\quad$ 3）当 $Z_2 \geqslant 10$ 时，$C_z = 1$；

$\quad\quad C_s$ ——管束横向与纵向节距 s_1、s_2 的修正系数，$\sigma_1 = s_1/d$，$\sigma_2 = s_2/d$，$\sigma_2' = \sqrt{\left(\frac{\sigma_1}{4} \right) + \sigma_2^2}$，$\varphi_\sigma = \frac{(\sigma_1 - 1)}{(\sigma_2' - 1)}$；

$\quad\quad$ 1）当 $0.1 < \varphi_\sigma \leqslant 1.7$ 时的计算公式为：

$$C_s = 0.95 \varphi_\sigma^{0.1} \tag{3-26}$$

$\quad\quad$ 2）当 $1.7 < \varphi_\sigma \leqslant 4.5$ 且 $\sigma_1 < 3$ 时的计算公式为：

$$C_s = 0.768 \varphi_\sigma^{0.5} \tag{3-27}$$

$\quad\quad$ 3）当 $1.7 < \varphi_\sigma \leqslant 4.5$ 且 $\sigma_1 \geqslant 3$ 时的计算公式为：

$$C_s = 0.95 \varphi_\sigma^{0.1} \tag{3-28}$$

（3）纵向冲刷受热面的 α_d 计算公式为：

$$\alpha_d = 0.023 C_t C_l C_w \frac{\lambda}{d_{dl}} \left(\frac{wd_{dl}}{\nu} \right)^{0.8} Pr^{0.4} \tag{3-29}$$

式中 C_t ——烟气温度与受热面壁温的修正系数；

$\quad\quad C_l$ ——受热面相对长度的修正系数；

d_{dl}——受热面通道的当量直径，m；

C_w——烟气温度及成分的修正系数，根据 γ_{H_2O} 的值确定。

1）当 $\gamma_{H_2O} \leqslant 0.11$ 时：

$$C_w = 0.91 + 0.819\gamma_{H_2O} \tag{3-30}$$

2）当 $\gamma_{H_2O} > 0.11$ 时：

$$C_w = 0.94 + 0.545\gamma_{H_2O} \tag{3-31}$$

α_f 计算公式为：

$$\alpha_f = 5.7 \times 10^{-8} \frac{a_b + 1}{2} a T^3 \frac{1 - \left(\frac{T_b}{T}\right)^4}{1 - \left(\frac{T_b}{T}\right)} \tag{3-32}$$

式中　a——烟气黑度；

$\quad a_b$——管壁灰污系数，0.8～1 之间；

$\quad T$——烟气的平均温度，K；

$\quad T_b$——管壁灰污层的温度，K。

当烟气辐射换热份额较大时，考虑加大辐射传热系数来表示其影响：

$$\alpha_f' = \alpha_f \left[1 + A \left(\frac{T_{kj}}{1000}\right)^{0.25} \left(\frac{l_{kj}}{l_{gz}}\right)^{0.07} \right] \tag{3-33}$$

式中　A——系数，无烟煤、贫煤、烟煤时取 0.4，褐煤取 0.5；

$\quad T_{kj}$——辐射的温度，K；

$\quad l_{kj}, l_{gz}$——烟气流动方向有辐射传热的深度，m；

在传热方程中还有一个传热系数 α_2 需要确定，介质包括空气和蒸汽在管中纵流时可通过式（3-29）计算，计算过程代入介质的物性值即可。

传热温压的计算公式为：

$$\Delta t = \frac{\Delta t_d - \Delta t_x}{\ln\left(\frac{\Delta t_d}{\Delta t_s}\right)} \tag{3-34}$$

逆流情况下式（3-34）中的 Δt_d 和 Δt_s 的确定方法为：

$$\Delta t_d = \max\{\theta' - t'', \theta'' - t'\};$$
$$\Delta t_x = \min\{\theta' - t'', \theta'' - t'\}。$$

顺流情况下式（3-34）中的 Δt_d 和 Δt_s 的确定方法为：$\Delta t_d = \theta' - t'$；$\Delta t_x = \theta'' - t''$。

在部分顺流部分逆流或烟气与工质交叉流动的情况下，传热温压的计算公式为：

$$\Delta t = \psi \Delta t_{nl} \tag{3-35}$$

式中　ψ——根据烟气和工质流动特性确定的修正系数；

$\quad \Delta t_{nl}$——逆流情况下的温压。

传热系、温压等参数确定后，根据能量平衡原理，在稳态运行过程中，烟气放热量、工质吸热量和对流传热量是平衡的，即：

$$\varphi(h_y'' - h_y' + \Delta\alpha h_{lk}^0) = \frac{D(h_s'' - h_s')}{B_j} - Q_f = \frac{k\Delta t H}{B_j} \tag{3-36}$$

由该平衡方程进行校核计算。

三、半辐射受热面计算

屏式过热器一般分为前屏过热器和后屏过热器。

前屏过热器布置在炉膛上部,前屏区间的烟气流速非常低,对流换热在整体传热总量中的份额很低,与辐射换热量相比几乎可以忽略不计,所以前屏过热器一般作为辐射式过热器进行传热计算。

后屏过热器一般布置在炉膛出口截面,具有一定的横向节距,通常管内的工质吸热既包括炉膛的辐射传热又包括烟气流动的对流换热,因此它的传热规律不同于辐射受热面和对流受热面,属于半辐射半对流的受热面,其传热计算形式与对流受热面相似。

类比于对流受热面,半辐射受热面的传热计算也包含烟气侧放热方程、工质侧吸热方程和对流传热方程三个基本方程,在具体的计算上有自身的方法。

(1)烟气侧放热方程:

$$Q_d = \varphi(h''_y - h'_y) - Q_{fh} \tag{3-37}$$

$$Q_{fh} = \frac{5.7 \times 10^{-11} a H''_f T^4 \xi_r}{B_j} \tag{3-38}$$

式中 φ ——保温系数;

     h'_y ——烟气入口焓;

     h''_y ——烟气出口焓;

     Q_{fh} ——后屏受热面热量;

     a ——烟气黑度;

     H''_f ——屏受热面的出口面积,m^2;

     T ——烟气平均温度,K;

     ξ_r ——燃料的发热量修正系数。

(2)工质侧吸热方程:

$$Q_d = \frac{D(h''_s - h'_s)}{B_j} - Q_f \tag{3-39}$$

$$Q_f = Q'_f - Q''_f \tag{3-40}$$

$$Q''_f = \frac{q_{fp} II'_f}{B_j} \tag{3-41}$$

$$Q''_f = \frac{Q'_f}{\beta}(1 - \alpha)\varphi_h \tag{3-42}$$

$$q_{fp} = \beta q_f \tag{3-43}$$

式中 Q_f ——工质吸收的炉膛辐射热,kJ/kg;

     Q'_f ——进入屏区的炉膛辐射放热量,kJ/kg;

     Q''_f ——屏区烟气带出的辐射热,kJ/kg;

     q_{fp} ——炉膛对屏的有效辐射强度,kW/m^2;

    β ——炉膛与屏分界面灰污的修正系数；

    q_f ——某高度上的热负荷，kW/m^2；

    φ_h ——屏入口面对出口面的角系数。

$$q_f = \eta_{gd} \frac{\varphi B_j (Q_a - I_1'')}{\sum H_f} \tag{3-44}$$

式中 η_{gd} ——辐射热负荷分配不均系数；

    $\sum H_f$ ——炉膛受热面的总面积，m^2。

    对流传热方程：

$$Q_d = \frac{k \Delta t H}{B_j} \tag{3-45}$$

$$k = \frac{1}{\frac{1}{\alpha_1} + \left(1 + \frac{Q_f}{Q_d}\right)\left(\varepsilon + \frac{1}{\alpha_2}\right)} \tag{3-46}$$

式中 Δt ——平均温压，计算方法同对流受热面；

    H ——受热面积，m^2；

    k ——传热系数，计算公式为：

    α_1 ——烟气对受热面的表面传热系数，计算方法等同于对流受热面；

    α_2 ——管壁对管内工质的表面传热系数，计算方法等同于对流受热面。

    此外，温水减温器属于烟气与工质混合换热的情况，是一个混合式换热器，其计算方程为：

$$(D - G)h_1 + Gh_{js} = Dh_2 \tag{3-47}$$

式中 D ——减温器出口蒸汽流量，kg/h；

    G ——减温水量，kg/h；

  h_1、h_2 ——减温前、后的蒸汽焓，kJ/kg；

    h_{js} ——减温水的焓，kJ/kg。

第三节　燃料燃烧及热平衡计算

    燃料燃烧计算也是锅炉热力计算的重要方面，本章所指的燃料特指煤，根据火力发电厂燃用煤的特点，总体可分为无烟煤、烟煤和褐煤三大类，西安热工研究院有限公司和煤炭科学研究总院北京煤化学研究所共同提出了我国电厂用煤的分类标准，见表3-1。

表 3-1   发电用煤国家分类标准

分类指标	煤种名称	分级标准	辅助分类指标
挥发分 V_{daf}	无烟煤	$\leqslant 9\%$	$Q_{net} > 20\,930 kJ/kg$
	贫煤	$9\% \sim 19\%$	$Q_{net} > 18\,418 kJ/kg$
	烟煤	$19\% \sim 40\%$	$Q_{net} > 15\,488 kJ/kg$
	褐煤	$\geqslant 40\%$	$Q_{net} > 11\,721 kJ/kg$

续表

分类指标	煤种名称	分级标准	辅助分类指标
灰分 A_d	低灰分煤	≤34%	
	中等灰分煤	34%～45%	
	高灰分煤	>45%	
外在水分 M_r	常水分煤	≤8%	V_{daf}≤40%
	高水分煤	8%～12%	
	超高水分煤	>12%	
全水分 M_t	常水分煤	≤22%	V_{daf}>40%
	高水分煤	22%～40%	
	超高水分煤	>40%	
硫分 $S_{d,t}$	低硫煤	≤1%	
	中硫煤	1%～2.8%	
	高硫煤	>2.8%	
煤灰熔融性 ST	不结渣煤	>1350℃	Q_{net}>12 558kJ/kg
	易结渣煤	≤1350℃	Q_{net}≤12 558kJ/kg

该标准以煤的干燥基挥发分、干燥基灰分、收到基水分、干燥基全硫和灰软化温度 ST 作为主要分类指标，以收到基低位发热量 Q_{net} 作为 V_{daf} 和 ST 的辅助分类指标。表 3-1 中各特征分类指标等级的界限通过大量实际燃烧工况参数结合经验确定。

一、燃料燃烧计算

锅炉热力计算时，均根据实际进入锅炉的煤收到基进行计算，并且一般以煤的低位发热量作为燃料带入炉膛的热量。

燃料燃烧计算的内容包括燃烧产物容积、成分、空气量和烟气量等。空气和燃料燃烧产物的容积和焓是按照单位千克计算。

（1）当过量空气系数 $\alpha=1$ 时，理论空气容积 V_k^0（m³/kg）的计算公式为：

$$V_k^0 = 0.088\ 9(C_{ar} + 0.375S_{ar}) + 0.265H_{ar} - 0.0333O_{ar} \tag{3-48}$$

（2）燃烧产物的理论容积由下列计算公式确定：

1）三原子气体容积 V_{RO_2}（m³/kg）的计算公式为：

$$V_{RO_2} = 1.866\ \frac{C_{ar} + 0.375S_{ar}}{100} \tag{3-49}$$

2）双原子气体容积 $V_{N_2}^0$（m³/kg）的计算公式为：

$$V_{N_2}^0 = 0.79V_k^0 + 0.008N_{ar} \tag{3-50}$$

3）水蒸气理论容积 $V_{H_2O}^0$（m³/kg）的计算公式为：

$$V_{H_2O}^0 = 0.111H_{ar} + 0.012\ 4M_{ar} + 0.016\ 1V_k^0 \tag{3-51}$$

4）理论烟气容积 V_y^0（m³/kg）的计算公式为：

$$V_y^0 = V_{RO_2} + V_{N_2}^0 + V_{H_2O}^0 \tag{3-52}$$

5）水蒸气容积 V_{H_2O}（m³/kg）的计算公式为：

$$V_{H_2O} = V_{H_2O}^0 + 0.016\ 1(\alpha' - 1)V_k^0 \tag{3-53}$$

式中　α'——烟道过量空气系数。

6）烟气总容积 $V_y(\mathrm{m^3/kg})'$ 的计算公式为：

$$V_y = V_y^0 + 1.016\ 1(\alpha' - 1)V_k^0 \tag{3-54}$$

7）水蒸气容积份额 γ_{H_2O} 的计算公式为：

$$\gamma_{H_2O} = V_{H_2O}/V_y \tag{3-55}$$

8）三原子气体容积份额 γ_{R_2O} 的计算公式为：

$$\gamma_{R_2O} = V_{R_2O}/V_y \tag{3-56}$$

9）三原子气体总容积份额的计算公式为：

$$\gamma = \gamma_{R_2O} + \gamma_{H_2O} \tag{3-57}$$

10）烟气的质量计算公式为：

$$G_y = 1 - \frac{A_{ar}}{100} + 1.306\alpha'V_k^0 \tag{3-58}$$

11）飞灰浓度的计算公式为：

$$\mu_{fh} = \frac{a_{fh}A_{ar}}{100G_y} \tag{3-59}$$

式中　μ_{fh}——烟气中飞灰分额。

空气与燃烧产物理论的容积焓指的是在温度为 $\theta℃$ 时，单位质量或容积燃料燃烧的焓值，其计算公式为：

$$I_B = V^0(c\vartheta)_B \tag{3-60}$$

式中　$(c\vartheta)_B$——空气的容积焓，kJ/m^3；

$$I_\Gamma = V_{RO_2}(c\vartheta)_{RO_2} + V_{N_2}^0(c\vartheta)_{N_2} + V_{H_2O}^0(c\vartheta)_{H_2O} \tag{3-61}$$

式中　$(c\vartheta)_{RO_2}$——三原子气体的容积焓，kJ/m^3；

　　　$(c\vartheta)_{N_2}$——氮气的容积焓，kJ/m^3；

　　　$(c\vartheta)_{H_2O}$——水蒸气的容积焓，kJ/m^3；

空气与燃烧产物的比焓可以通过查表求得，三原子气体的比焓可以看作为二氧化碳的比焓 $(c\vartheta)_{CO_2}$，由此可得空气与燃烧产物的焓值。

二、过量空气系数计算

由于炉膛和各烟道处于负压的运行状态，在进行锅炉热力计算时，必须考虑炉膛出口处的过量空气系数 α'' 及各烟道的漏风系数，该系数一般根据数据拟合结合经验综合选取。

锅炉烟道某一截面的过量空气系数的值，应等于炉膛出口处的过量空气系数加上炉膛出口至该截面之间的烟道过量空气系数之和，计算公式为：

$$\alpha = \alpha'' + \sum \Delta\alpha \tag{3-62}$$

式中　α——所求截面的过量空气系数；

　　$\sum \Delta\alpha$——炉膛出口至所求截面间烟道漏风系数之和。

锅炉某烟道处的过量空气系数 α 一般是大于1的，因此燃烧产物的容积和焓值计算需考虑它的影响，当 $\alpha > 1$ 时的空气容积为：

$$V = \alpha V^0 \tag{3-63}$$

由式（3-63）可知，燃烧产物的容积与理论值相差一部分漏入的过量空气和水蒸气的理论容积值。由于空气中基本不含有三原子气体，过量空气系数对其不产生影响，在锅炉的任一烟道截面处的值等于理论计算值。

双原子气体和水蒸气容积的计算公式为：

$$V_{R2} = V_{N_2}^0 + (\alpha - 1)V^0 \qquad (3\text{-}64)$$

$$V_{H2O} = V_{H_2O}^0 + 0.016\,1(\alpha - 1)V^0 \qquad (3\text{-}65)$$

当 $\alpha > 1$ 时烟气的总容积为：

$$V_{\Gamma} = V_{RO2} + V_{R2} + V_{H2O} \qquad (3\text{-}66)$$

当 $\alpha > 1$ 时单位质量或容积燃料燃烧产物焓的计算公式为：

$$h_{\Gamma} = h_{\Gamma}^0 + (\alpha - 1)h_{B}^0 \qquad (3\text{-}67)$$

式（3-63）~式（3-67）中各变量的意义与不考虑过量空气系数时的计算公式中相同。

三、锅炉热平衡计算

锅炉热平衡表示为进入锅炉的总热量 Q_p^p 与有效利用热 Q_1 及各热损失 Q_2、Q_3、Q_4、Q_5、Q_6 总和之间的数量关系，根据能量守恒定律可得：

$$Q_p^p = Q_1 + Q_2 + Q_3 + Q_4 + Q_5 + Q_6 \qquad (3\text{-}68)$$

也可使用热平衡的相对形式：

$$100 = q_1 + q_2 + q_3 + q_4 + q_5 + q_6 \qquad (3\text{-}69)$$

由于电厂对燃料量及发热量缺乏有效的测量手段，有效利用热 q_1 无法通过直接法求得（正平衡法），因此一般通过确定其他热损失后再利用热平衡求得 q_1，而 q_3、q_4 和 q_5 可以根据炉膛计算特性或曲线确定，实质只需确定 q_2 和 q_6 即可。

排烟热损失 q_2 是通过锅炉排出的烟气焓和进入的冷空气焓之差：

$$q_2 = \frac{(h_{yx} - \alpha_{yx}h_{lk}^0)(100 - q_4)}{Q_p^p} \qquad (3\text{-}70)$$

式中　h_{yx} ——对应过量空气系数和排烟温度下排出的烟气焓，kJ/kg；

h_{lk}^0 ——需要的理论冷空气量的焓，kJ/kg。

对于燃烧固体燃料的液态除渣煤粉炉，热力平衡计算需要考虑灰渣热物理损失 q_6，根据下公式进行计算：

$$q_6 = \frac{a_{hz}(c\vartheta)_{hz}}{Q_p^p} \qquad (3\text{-}71)$$

$$a_{hz} = 1 - a_{yh}$$

式中　a_{hz} ——灰渣中可燃物份额；

$(c\vartheta)_{hz}$ ——灰渣可燃物比焓。

通常情况下，固态除渣的灰渣温度在 600℃ 左右，液态除渣的灰渣温度可用灰渣熔化温度加上 100℃ 进行估算。

锅炉热损失总和的计算公式为：

$$\sum q = q_2 + q_3 + q_4 + q_5 + q_6 \qquad (3\text{-}72)$$

锅炉效率的计算公式为：

$$\eta = q_1 = 100\% - \sum q \qquad (3\text{-}73)$$

将锅炉散热损失 q_5 合理地分配到锅炉各烟道中，并将该项热损失对锅炉所有部件看作一样，可定义热量保存系数 φ，其计算公式为：

$$\varphi = 1 - \frac{q_5}{\eta + q_5} \tag{3-74}$$

锅炉燃烧燃料消耗量的计算公式为：

$$B = \frac{D(h_{gr} - h_{gs}) + D_{pw}(h_{qb} - h_{gs})}{Q_p^p} \times 100\% \tag{3-75}$$

$$D_{pw} = \rho D / 100\% \tag{3-76}$$

式中　　D——锅炉蒸发量，kg/s；

$\qquad h_{gr}$——额定温度压力下的过热蒸汽焓，kJ/kg；

$\qquad h_{gs}$——给水焓，kJ/kg；

$\qquad h_{qb}$——汽包压力下的饱和水焓，kJ/kg；

$\qquad D_{pw}$——锅炉排污量，kg/s；

$\qquad \rho$——排污率，%。

一般当 $\rho < 2$ 时，锅炉的排污热量计算可以不予考虑。

当需要考虑燃料固体未完全燃烧热损失时，计算燃料量的公式为：

$$B_j = B\left(1 - \frac{q_4}{100}\right) \tag{3-77}$$

对于制粉系统和燃料供应系统的计算，应根据燃料实际消耗量 B 进行，而对于送风和引风系统的计算应根据计算燃料量 B_j 进行。

第四节　锅炉工质物理性质

锅炉工质的物理性质确定及计算也是锅炉热力计算中必不可少的内容，根据锅炉的燃烧过程和机理，锅炉工质主要包括空气、烟气和水蒸气。

一、空气的热物性

空气的比热容、运动黏度及导热系数等一般通过大量的试验数据拟合确定，工程上最常见的拟合方法为高次多项式拟合。

（1）比热容计算选温度 t 为自变量，选定 5 次多项式，拟合结果为：

$$c = A + Bt + Ct^2 + Dt^3 + Et^4 + Ft^5 \tag{3-78}$$

式中　　c——标准状态下空气的比热容，kJ/(m³·K)；

$\qquad A$——常数，$A = 1.318\ 833\ 916$；

$\qquad B$——常数，$B = 3.013\ 033\ 538 \times 10^{-5}$；

$\qquad C$——常数，$C = 2.118\ 193\ 603 \times 10^{-7}$；

$\qquad D$——常数，$D = -1.746\ 100\ 764 \times 10^{-10}$；

$\qquad E$——常数，$E = 5.863\ 147\ 549 \times 10^{-14}$；

$\qquad F$——常数，$F = -7.336\ 922\ 936 \times 10^{-18}$。

（2）运动黏度计算选温度 t 为自变量，选定 4 次多项式，拟合结果为：

$$\nu = A_1 + B_1 t + C_1 t^2 + D_1 t^3 + E_1 t^4 \tag{3-79}$$

式中　　ν——运动黏度，m²/s；

A_1——常数，$A_1=0.132\ 872\ 531\times10^{-4}$；

B_1——常数，$B_1=0.875\ 664\ 673\times10^{-7}$；

C_1——常数，$C_1=1.067\ 885\ 772\times10^{-10}$；

D_1——常数，$D_1=-4.148\ 182\ 718\times10^{-14}$；

E_1——常数，$E_1=1.085\ 095\ 757\times10^{-17}$。

（3）导热系数计算选温度 t 为自变量，选定 3 次多项式，拟合结果为：

$$\lambda=A_2+B_2t+C_2t^2+D_2t^3 \tag{3-80}$$

式中　λ——导热系数，$W/(m^2\cdot K)$；

A_2——常数，$A_2=0.245\ 734\ 481\ 9\times10^{-1}$；

B_2——常数，$B_2=0.800\ 199\ 757\ 6\times10^{-4}$；

C_2——常数，$C_2=0.346\ 357\ 430\ 9\times10^{-7}$；

D_2——常数，$D_2=1.085\ 777\ 838\times10^{-10}$。

（4）普朗特数 Pr 根据温度区间确定：

$$Pr=\begin{cases}0.69 & t<400℃\\0.70 & t\geqslant400℃\end{cases} \tag{3-81}$$

二、烟气的热物性

烟气的比热容、运动黏度及导热系数等一般也通过大量的试验数据拟合确定，也采用工程上最常见的高次多项式拟合方法。

（1）运动黏度计算选温度 θ 为自变量，选定 4 次多项式，拟合结果为：

$$\nu=A_3+B_3\theta+C_3\theta^2+D_3\theta^3+E_3\theta^4 \tag{3-82}$$

式中　ν——运动黏度，m^2/s；

A_3——常数，$A_3=0.119\ 432\ 404\ 54\times10^{-4}$；

B_3——常数，$B_3=0.892\ 572\ 041\ 0\times10^{-7}$；

C_3——常数，$C_3=0.830\ 554\ 894\ 0\times10^{-10}$；

D_3——常数，$D_3=-0.861\ 911\ 566\ 3\times10^{-14}$；

E_3——常数，$E_3=0.132\ 968\ 167\ 0\times10^{-17}$。

（2）导热系数计算选温度 θ 为自变量，选定 2 次多项式，拟合结果为：

$$\lambda=A_4+B_4\theta+C_4\theta^2 \tag{3-83}$$

式中　λ——导热系数，$W/(m^2\cdot K)$；

A_4——常数，$A_4=0.230\ 953\ 316\ 8\times10^{-1}$；

B_4——常数，$B_4=0.835\ 378\ 159\ 2\times10^{-4}$；

C_4——常数，$C_4=0.217\ 097\ 332\ 3\times10^{-8}$。

（3）普朗特数 Pr 根据温度区间确定：

$$Pr=\begin{cases}0.71-0.000\ 2\theta & 100℃\leqslant\theta\leqslant400℃\\0.67-0.000\ 1\theta & 400℃\leqslant\theta\leqslant1000℃\\0.68-0.000\ 1\theta & 1000℃\leqslant\theta\leqslant2000℃\end{cases} \tag{3-84}$$

三、水蒸气的热物性

水蒸气的热物性在早期已经有了国际标准，诞生于 20 世纪 60 年代的 IFC-67 公式被工业计算广泛应用，它的基本原理可以这样描述：水和水蒸气的热力学参数不是相对独立的，各种热力学参数间的关系可以通过热力学原理关系式导出。如已知温度 T 和压力 p，将它们作为自变量，熵、比体积、焓及其他热力学参数可以由吉布斯函数 $g = g(p, T)$ 的偏微分直接导出；已知比体积 V 和温度 T 时，将它们作为自变量，压力、熵、焓等热力学参数可以由亥姆霍兹函数 $f = f(V, T)$ 的偏微分导出。

鉴于 IFC-67 存在着精度不够、计算时间过长、存在非连续的情况等缺陷，经过不断的开发研究，水和水蒸气性质国际协会（IAPWS）于 1997 年公布了"水和水蒸气热力学性质的工业公式 1997"（IAPWS-IF97），作为取代 IFC-67 的新工业计算标准。与 IFC-67 相比，IAPWS-IF97 显著地提高了水和水蒸气热力学性质的计算精度和速度，尤其是饱和区的计算，它也是目前国际公认最为可靠和精确的标准，非常适合于工程计算。

最初始 IFC-67 将水和水蒸气在温度 $0 \sim 800℃$ 的区间和压力 $\sim 100MPa$ 区间划分为 6 个子区域，各子区域的具体划分为：

（1）子区域 1：过冷水区。

$$\begin{cases} p_s < p \leqslant 100MPa \\ 0.001℃ \leqslant t \leqslant 350℃ \end{cases} \tag{3-85}$$

式中　　p_s——饱和压力，MPa。

（2）子区域 2：过热蒸汽区。

$$\begin{cases} 0MPa \leqslant p \leqslant p_s \\ 0.01℃ \leqslant t \leqslant 350℃ \end{cases} \tag{3-86}$$

$$\begin{cases} 0MPa \leqslant p \leqslant p_1 \\ 350℃ \leqslant t \leqslant 590℃ \end{cases} \tag{3-87}$$

$$\begin{cases} 0MPa \leqslant p \leqslant 100MPa \\ 590℃ \leqslant t \leqslant 800℃ \end{cases} \tag{3-88}$$

（3）子区域 3：过热蒸汽区。

$$\begin{cases} p_1 < p < p_s \\ 350℃ < t < 590℃ \end{cases} \tag{3-89}$$

（4）子区域 4：过冷水区。

$$\begin{cases} p_s < p < 100MPa \\ 350℃ < t < 374.15℃ \end{cases} \tag{3-90}$$

（5）子区域 5：饱和区。

$$\begin{cases} p = p_s \\ 350℃ < t < 374.15℃ \end{cases} \tag{3-91}$$

（6）子区域 6：饱和区。

$$\begin{cases} p = p_s \\ 0.01℃ \leqslant t \leqslant 350℃ \end{cases} \tag{3-92}$$

与 IFC-67 相比，IAPWS-IF97 公式将 6 个子区域简化为 4 个子区域，并增加了一个高温区，计算子区域的划分如图 3-2 所示。

子区域 1 为单相液态区，子区域 2 为单相汽态区，在这两个区域内的热力学参数均可由吉布斯函数 $g = g(p, T)$ 的偏微分直接导出，即 $g = g(p, T)$ 可以描述该区域内的热力学性质；子区域 3 为临界点区，该区域内的热力学参数均可由比亥姆霍兹函数 $f = f(p, T)$

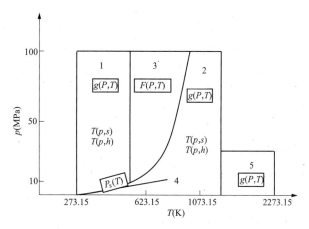

图 3-2　IAPWS-IF97 公式的分区

的偏微分导出，即 $f = f(p, T)$ 可以描述该区域内的热力学性质；子区域 4 是两相区（汽液共存状态，湿蒸汽区），通过饱和压力-温度对应关系 $p_s(T)$ 描述；子区域 5 是 IAPWS-IF97 公式新加的一个高温区，也通过函数 $g = g(p, T)$ 进行描述。

除了区域内的基本公式，IAPWS-IF97 还给出一些反推公式，如区域 1 和区域 2 给出了 $T(p, h)$ 和 $T(p, s)$ 的反推公式；区域 4 给出了饱和公式 $T_s(p)$ 的反推公式。因此，区域 1、2 中表以 p、s 或 p、h 为因变量的方程和区域 4 中以 p 为因变量的方程均可直接用正向和反向的公式组合得到，省去了烦琐的迭代过程。

在整个区域内，IAPWS-IF97 计算比体积的精度为 0.2%，计算比定压热容的精度为 6%，所有的饱和压力值均落在 IAPWS-IF97 的认可范围内，与 IFC-67 相比，整体精度提高了不止一个数量级。同时，IAPWS-IF97 弥补了部分区域不连续的缺点，尤其是 2 区和 3 区的不连续性得到显著改善，基本满足了区域间边界计算的连续性条件。此外，IAPWS-IF97 在计算速度方面有了质的飞跃，根据大量应用数据统计，1、2、4 区的计算速度提高达到原 IFC-67 的 5 倍，3 区达到 3 倍以上，而 5 区甚至超过 12 倍。

根据热力学状态定理，水和水蒸气的热力学参数不是全部互相独立的，只要确定其中两个独立的状态参数，其余参数均可由它们得出。假设密度 ρ 和温度 T 为已知的独立状态参数，其他热力学状态参数可以通过下面正则函数的偏微分得到：

$$f = f(\rho, T) \tag{3-93}$$

式中　f——比自由能（比亥姆霍兹函数）。

根据具体的区域划分和函数形式，可以得到各区域的热力学参数计算公式：

（1）子区域 1：

$$g(p, T)/RT = \gamma(\pi, \tau) = \sum_{i=1}^{34} n_i \times (7.1 - \pi)^{I_i} (\tau - 1.222)^{J_i} \tag{3-94}$$

其中：$\pi = p/p^*$，$p^* = 16.53\text{MPa}$；

$\quad\quad \tau = T^*/T$，$T^* = 1386\text{K}$。

（2）子区域 2：

$$g(p, T)/RT = \gamma^0(\pi, \tau) + \gamma^1(\pi, \tau) \tag{3-95}$$

其中：$\pi = p/p^*$，$p^* = 1\text{MPa}$；

$\tau = T^* / T$，$T^* = 540\text{K}$。

(3) 子区域 3：

$$f(\rho, T)/RT = \varphi(\delta, \tau) = n_1 \ln\delta + \sum_{i=2}^{40} n_i \delta^{I_i} \tau^{J_i} \tag{3-96}$$

其中：$\delta = \rho/\rho^*$，$\rho^* = \rho_c$；

$\tau = T^* / T$，$T^* = T_c$。

(4) 子区域 4：

$$\beta^2 \vartheta^2 + n_1 \beta^2 \vartheta + n_2 \beta^2 + n_3 \beta \vartheta^2 + n_4 \beta \vartheta + n_5 \beta + n_6 \vartheta^2 + n_7 \vartheta + n_8 = 0 \tag{3-97}$$

其中：$\beta = (p_s/p^*)^{0.25}$，$p^* = 1\text{MPa}$；

$$\vartheta = \frac{T_s}{T^*} + \frac{n_9}{(T_s/T^*)}，\quad T^* = 1\text{K}。$$

(5) 子区域 5：

$$g(p, T)/RT = \gamma(\pi, \tau) = \gamma^0(\pi, \tau) + \gamma^r(\pi, \tau) \tag{3-98}$$

其中：$\gamma^0 = \ln\pi + \sum_1^6 n_i^0 \tau^{J_i^0}$，$\pi = p/p^*$，$p^* = 1\text{MPa}$；

$\gamma^r = \sum n_i \pi^{I_i} \tau^{J_i}$，$\tau = T^* / T$，$T^* = 1000\text{K}$。

式中 γ^0、γ^r ——分别表示理想部分和剩余部分。

IAPWS-IF97 给出的区域 2 和区域 3 的边界方程为：

$$\pi = n_1 + n_2 \theta + n_3 \theta^2 \tag{3-99}$$

$$\theta = n_4 + \left[(\pi - n_5)/n_3\right]^{\frac{1}{2}} \tag{3-100}$$

式中 n_1、n_2、n_3、n_4、n_5 ——常数系数。根据工质热力学参数确定的区域，采用对应的
公式计算出其余的热力学参数。

第四章　大型燃煤锅炉系统分析

为了更好地结合大型锅炉的运行实际，本书选取典型 1000MW 超超临界压力机组配套超超临界压力直流锅炉为例，对该锅炉设备及其主要系统进行分析，用于指导与该系统配套的仿真系统的操作实习。

第一节　锅　炉　概　况

一、锅炉概述

锅炉本体是由东方锅炉（集团）股份有限责任公司制造的超超临界变压运行本生直流锅炉，锅炉形式为单炉膛、一次再热、平衡通风、固态排渣、全钢构架、全悬吊结构、前后墙对冲燃烧方式、半露天布置燃煤 II 型锅炉。锅炉型号：DG3000/27.46-II1 型。设计煤种为晋北烟煤 1，校核煤种 1 为晋北烟煤 2，校核煤种 2 为神华东胜煤。锅炉额定出力（boiler rating，boiler rated load，BRL）工况时保证设计热效率为 93.8%。在锅炉最大连续出力（boiler maximum continuous rating，BMCR）工况下，锅炉设计参数为：主蒸汽流量为 2996.31t/h，主汽出口温度为 605℃，压力为 27.46MPa，再热汽出口温度为 603℃，出口压力为 5.922MPa，进口温度为 378℃，进口压力为 6.242MPa，再热器流量为 2479.8t/h。

锅炉启动系统为带循环泵的启动系统，设计容量 25% BMCR，炉水循环泵采用英国海沃德·泰勒（hayward tyle）公司产品。锅炉采用 HT-NR3 型低氮燃烧器。锅炉点火采用高能电弧点火装置，二级点火系统，油枪采用机械雾化，油燃烧器的总输入热量按 20% BMCR 设计。锅炉还配备有炉膛安全监控系统（furnace safety supervision system，FSSS）、燃烧管理系统（burner management system，BMS）、协调控制系统（coordination control system，CCS）等，以对整个生产过程实行保护和自动调节。制粉系统采用北京电力设备总厂生产的 ZGM133G 型中速辊式磨煤机。风烟系统中的引风机采用成都电力机械厂静叶可调子午加速轴流风机 AN＋X37e6（V13＋4°）；送风机采用上海鼓风机厂有限公司生产的动叶可调轴流风机 FAF28-14-1；一次风机采用上海鼓风机厂有限公司生产的动叶可调轴流风机 FAF21.1-15-2。

同步建设烟气脱硫和脱硝采用选择性催化还原法（selective catalytic reduction，SCR）系统，其中脱硝系统引进德国 FBE 公司技术，采用美国某公司蜂窝式钒基催化剂；脱硫系统未设烟气-烟气再热器（gas gas heater，GGH），烟囱内筒采用轻质泡沫玻化陶瓷砖防腐。

二、锅炉技术特点

（1）锅炉性能设计中充分考虑炉内结渣、低 NO_x 排放、低负荷稳燃和效率等方面的问题，在扩大对煤种变化和煤质变差的适应能力、变负荷调节能力、水冷壁高温腐蚀等方面，采取了切实有效的措施；同时在性能设计过程中重视飞灰对尾部对流受热面的磨损问题，因此锅炉具有可靠性高、制造精良、利用率高、性能优异、高参数、高效率以及环保措施好等特点。

（2）在炉膛设计时采用合理的炉膛断面、较高的炉膛高度和较大的炉膛容积、较低的炉膛容积热负荷等指标，选取较低的炉膛出口烟气温度，以防止炉膛结渣。炉膛出口管屏采用合理的横向节距和结构形式，防止炉膛出口受热面结渣。

（3）锅炉采用成熟安全可靠的超临界本生直流水循环系统，水冷壁为螺旋盘绕上升和垂直上升膜式结构。螺旋盘绕区布置内螺纹管，水冷壁传热性能好。选用合理的质量流速，确保水冷壁安全可靠，回路进口不必装设节流孔。管间吸热偏差小，煤种适应性强，利于变压运行。采用相对较大的水冷壁管，水冷壁管屏刚性较好。与垂直布置水冷壁比较，水冷壁压降有所上升，制造安装难度相对较大，螺旋水冷壁刚性梁结构相对复杂。

（4）锅炉燃烧系统采用前后墙对冲燃烧方式，48 只巴布科克-日立公司 HT-NR3 型低 NO_x 燃烧器分三层布置在炉膛前后墙上，沿炉膛宽度方向热负荷及烟气温度分布均匀。与 600MW 等级锅炉对比，炉膛深度基本不变，在宽度上相应增加。在主燃烧器上设置燃尽风喷口［燃尽风（after air port，AAP）及侧燃尽风（side air port，SAP）］共 20 个，燃尽风采用优化的双气流结构，在全炉膛实现分级燃烧。BMCR 工况下，NO_x 排放浓度不超过 $300mg/m^3$（标准状态下，$O_2=6\%$）。

（5）过热器为辐射-对流型受热面，共分为三级。过热汽温调节采用燃水比和二级喷水减温，过热蒸汽管道在屏式过热器与高温过热器之间进行一次左右交叉，以减小两侧汽温偏差。屏式受热面采用横向节距较宽的屏式受热面，防止管屏挂渣。

（6）再热器为对流型受热面。高温再热器布置在水平烟道，后竖井前烟道内全部布置低温再热器，一次左右交叉，共二级。再热汽温主要通过尾部烟气挡板调节，在低温再热器出口至高温再热器进口管道上设置事故喷水减温器。

（7）在锅炉受热面材料选取上，屏式过热器、末级过热器、高温再热器炉内外三圈管子使用了超超临界压力锅炉目前应用较成熟的 HR3C 奥氏体不锈钢（ASME Code case 2115-1）；屏式过热器、末级过热器、高温再热器其他炉内管子选用 SUPER304H 奥氏体不锈钢（ASME Code case 2328-1）；主蒸汽管道和高温再热器管道及有关联箱使用了 P92 材料。

（8）前墙最底层（B 层）8 只燃烧器改为等离子点火燃烧器，用于锅炉各种状态下启动、调试，以及低负荷稳燃，以节约燃油。

（9）烟气脱硝 SCR 系统，采用引进德国 FBE 公司技术，为高温高尘布置，在设计煤种及校核煤种、BMCR 工况、处理 100% 烟气量条件下，脱硝效率不小于 60%，脱硝层数按 2+1 设置，未设旁路。

第二节　锅炉汽水系统

一、汽水流程

自给水管路出来的水，由炉前右侧进入位于尾部竖井后烟道下部的省煤器入口联箱，水流经水平布置的省煤器蛇形管后，由叉型管引出省煤器吊挂管，至顶棚以上的省煤器出口联箱。由省煤器出口联箱两端引出的水，经集中下水管进入位于锅炉左、右两侧的集中下降管分配头，再通过下水连接管进入螺旋水冷壁入口联箱。工质经螺旋水冷壁管、螺旋水冷壁出口联箱、混合联箱、垂直水冷壁入口联箱、垂直水冷壁管、垂直水冷壁出口联箱后进入水冷壁出口混合联箱汇集，经引入管引入汽水分离器进行汽水分离。

循环运行时，从分离器分离出来的水从下部排进储水箱，蒸汽则依次经过顶棚管、后竖井/水平烟道包墙、低温过热器、屏式过热器和高温过热器，转直流运行后水冷壁出口工质已全部汽化，汽水分离器仅作为蒸汽通道用。调节过热蒸汽温度的两级喷水减温器，分别装于低温过热器与屏式过热器之间和屏式过热器与高温过热器之间。

汽轮机高压缸排汽进入位于后竖井前烟道的低温再热器和水平烟道内的高温再热器后，从再热器出口联箱引出至汽轮机中压缸。再热蒸汽温度的调节通过位于省煤器和低温再热器后方的烟气调节挡板进行控制，并在低温再热器出口管道上布置再热器微调喷水减温器作为事故状态下的调节手段。

二、主要部件规范

1. 省煤器

该锅炉的省煤器布置于尾部竖井后烟道的下部，分水平段、垂直段，其中水平段分为上、下两组。

2. 下降管

预热后的水由省煤器出口联箱两端引出集中下水管，进入位于锅炉左、右两侧的集中下降管分配头，再通过下水连接管进入螺旋水冷壁。

3. 水冷壁

该超超临界压力锅炉水冷壁采用螺旋盘绕、垂直上升管屏，采用内螺纹管，分为前墙、侧墙、后墙、水平烟道侧墙等管屏组。

4. 启动分离器

循环运行时，水冷壁出口混合联箱来的工质，经引入管引入汽水分离器，依靠离心力的作用进行汽水分离。分离出来的蒸汽向上引出送往过热器，水则向下引出经连通汇集到启动分离器的储水箱，启动期间启动分离器的功能相当于锅筒。转直流运行后水冷壁出口工质已全部汽化，汽水分离器仅作为蒸汽通道用。

该锅炉配有 2 个 $\phi 1076 \times 128mm$ 启动分离器，启动分离器长度为 4.7m，水容积为 $2m^3$。

5. 储水箱

循环运行时，从启动分离器分离出来的水从下部排进储水箱，储水箱起到炉水的中间储藏作用。启动分离器下部的水空间及两根通往储水箱的水连通管均包括在储水系统的容量内，必须保证其容量能储藏在打开通往凝汽器的疏水调节阀（也就是水位调节阀）前的全部工质，尤其是水冷壁汽水膨胀期间，以保证过热器无水进入。

该锅炉储水箱的容积 $12.5m^3$，长度 24.1m。锅炉上水至储水箱的水位达到 +11.5m 以上，方可启动锅炉启动循环泵。

6. 过热器

该锅炉过热器系统采用多级布置，以降低每级过热器的焓增。过热器设置两级喷水减温器，且能左右分别调节。对于超临界压力锅炉来说，燃水比的变化是过热蒸汽温度变化的基本原因，保持燃水比基本不变，则可维持过热器出口蒸汽温度不变。当过热蒸汽温度改变时，首先应该改变燃料量或者改变给水量，使蒸汽温度大致恢复给定值，然后用喷水减温的方法较快速精确地保持蒸汽温度。

7. 再热器

该锅炉再热器分为低温再热器和末级再热器二级，其中低温再热器分为水平段、垂直段两部分。再热蒸汽温度的调节通过位于省煤器和低温再热器后方的烟气调节挡板进行控制，在低温再热器出口管道上布置再热器微调喷水减温器作为事故状态下的调节手段。

8. 安全阀

锅炉安全阀的总排放量一般均要求大于或等于锅炉的最大蒸发量。按载荷控制方法和加载方式分类，安全阀一般分为重锤式和弹簧式。该锅炉安全阀分别设置在屏式过热器进口 6 只、高温过热器进出口各 2 只、再热器进口 8 只、再热器出口 2 只。

第三节　锅炉启动系统

一、系统组成

该锅炉配有容量为 25%BMCR 的内置式锅炉启动系统，以与锅炉水冷壁最低直流负荷的质量流量相匹配。锅炉启动系统包括启动分离器、储水箱、启动循环泵、疏水扩容器、疏水箱、水位控制阀、截止阀、管道及附件等。

两只汽水分离器及其引入、引出管系统：每只汽水分离器上部切向引入两根由水冷壁出口混合联箱联出来的管道，在锅炉处于再循环运行方式时，进行汽水分离。

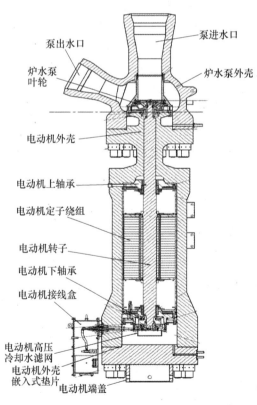

图 4-1　锅炉启动循环泵剖面示意

一只汽水分离器储水箱：由分离器来的两根水连通管自储水箱下部引入，去再循环泵的疏水管由储水箱底部引出，储水箱筒身上装有水位控制用管接头，其顶部装有放汽管。储水箱容积较大，作为分离器排水的临时储存空间。通过控制储水箱水位，为分离器提供一个较为稳定的工作条件，并且不让蒸汽进入疏水启动循环系统。

由储水箱底部引出的疏水管道（循环泵入口管道）：此管道上装有再循环泵入口电动截止阀及化学清洗用管接头。

一台立式离心式循环泵（如图 4-1 所示）：立式离心式循环泵配有转子浸入炉水中的湿式马达，利用送往立式离心式循环泵冷却器的低压冷却水冷却湿式马达腔体内的炉水，其结构和形式与控制循环锅炉的循环泵相似，泵进出口管上装有孔板以测量泵的压头。在启动过程中借助于循环泵完成分离器疏水的再循环过程，循环泵提供的再循环水与给水混合后在整个启动过程中使省煤器-水冷壁系统保持 25%BMCR 的流量，保持恒定的质量流速以冷却省煤器和水冷壁系统，并保证水冷壁系统水动力的稳定性。锅炉启动前的给水管道-省煤器-水冷壁系统的水清洗和启动初期的汽水膨胀阶段中分离器系统分离出来的大量炉水排放过程也是依靠循环泵完成。循环泵和驱动电动机形成一个封闭的偶联装置，该装置垂直安装，电动机在泵壳的正下方。

再循环泵出口管道：再循环泵出口管道装有泵出口调节阀门、止回阀门、流量计。再循环泵出口管道用于将再循环泵送出的再循环炉水送到给水管道进行混合后再送往省煤器和水冷壁系统完成再循环运行模式，循环泵出口管道上装有再循环流量调节阀用来调节再循环流量。启动期间，再循环流量调节阀容量的选择要满足最低直流负荷为 25％以及初期锅炉负荷为 5％以及冷态冲洗时的流量。

自分离器储水箱去凝汽器的疏水管道：由分离器储水箱去再循环泵入口的管道上引出去凝汽器的疏水总管，疏水管上装有一只调节阀门、电动截止阀门、节流孔板和压力计。疏水总管的作用是启动初期锅炉给水量为 5％，且锅炉负荷达到 5％BMCR 之前向凝汽器疏水回收工质，以及在水冷壁产生汽水膨胀阶段向凝汽器疏水回收工质。由疏水总管上引出的支管上均装有分离器疏水调节阀门，在启动初期可用于控制分离器水位。

加热管道（暖管）：自省煤器出口管道引出，一路送往再循环泵出口管道，一路送往去凝汽器的三根疏水管道，每根加热水的总管上装有一只可调节水量的针型阀门。加热管道的作用是将省煤器出口的热水在启动期间和在锅炉热备用状态下，加热循环泵和去凝汽器的疏水调节阀门（361 阀）及其管道。

去再循环泵进口管道的冷却水管：冷却水管的管道上装有调节阀门、闸阀门。冷却水管在启动期间将高压加热器引出的给水送到再循环泵入口管道，使再循环泵入口保持一定的过冷度以防止泵产生"汽蚀"，去再循环泵进口管道的冷却水管的管道上装有调节阀门可以控制冷却水量。

再循坏泵的最小流量管道：此管道装在再循环泵的出口管道和泵的冷却水管道之间，最小流量管道上装有截止阀，用于在启动再循环时建立再循环泵的最小流量。

水位控制阀门（361 阀）去扩容器的疏水管道：该疏水管道共三根，每根上均装有止回阀门，以与每一个水位控制阀门相匹配，每根疏水管的直径与水位控制阀管的直径相同，三根支管汇成一根后再将水质不合格的清洗水送往疏水。

二、启动系统的功能

（1）进行锅炉给水系统、水冷壁和省煤器以及高低压辅机的冷态和热态清洗，将冲洗水排往扩容器，并根据水质情况进行回收或排掉。

（2）满足锅炉的冷态、温态、热态和极热态启动的需要，直到锅炉达到 25％BMCR 最低直流负荷，由再循环模式转入直流方式运行为止。

（3）只要水质合格，启动系统即可完全回收工质及其所含热量，包括水冷壁汽水膨胀阶段在内的启动阶段工质回收。

（4）锅炉从启动开始，经锅炉点火直至汽轮机进汽前，给水泵供给相当于 5％BMCR 的给水，而再循环泵则一直提供 20％BMCR 的再循环水量，二者相加使启动阶段在水冷壁中维持 25％的流量作再循环运行，以冷却水冷壁和省煤器系统不致超温。循环运行时，分离器储水箱水位由分离器疏水调节阀控制，再循环流量由循环泵出口再循环阀调节。当锅炉产汽量达到 5％BMCR 时，分离器水位调节阀全关，随着负荷继续上升，再循环流量逐渐关小，给水流量逐步增大，以与锅炉产汽量匹配；当负荷达到 25％（最低直流负荷）时，再循环阀全关，锅炉转入直流运行。

锅炉转入直流运行时，启动系统处于热备用状态。启动分离器也能起到在水冷壁系统与过热器之间的温度补偿作用，均匀分配进入过热器的蒸汽流量。

三、带循环泵的启动系统的优点

带循环泵的启动系统有以下优点：

（1）在启动过程中回收更多的工质和热量。启动过程中水冷壁的最低流量为25%BMCR，因此锅炉的热负荷为加热25%BMCR的流量达到饱和温度并产生相应负荷下的过热蒸汽。如采用不带循环泵的简易系统，则由分离器分离下来的饱和水将被排入除氧器或冷凝器，在负荷极低时，除氧器和冷凝器不可能接收如此多的工质和热量，只有排入大气扩容器，造成大量工质的损失；而采用再循环泵的系统可以用再循环泵将分离出来的这部分饱和水再返回到给水管道，与给水混合重新进入到省煤器-水冷壁系统进行再循环后，将这部分流量在省煤器-水冷壁系统中作再循环，因而不会导致工质和热量的损失，只有在水清洗阶段因水质不合格才排往大气扩容系统。

（2）能节约冲洗水量。采用再循环泵，可以采用较少的补水与再循环流量混合得到足够的冲洗水流量，获得较高的水速，以达到冲洗的目的，因此与不带循环泵的简易系统相比，节省了补水量。

（3）节省了工质与热量。在锅炉启动初期，渡过汽水膨胀期后，由于采用了再循环泵，锅炉不需排水，节省了工质与热量。循环泵的压头可以保证启动期间水冷壁系统水动力的稳定性和较小的温度偏差。对于经常启停的机组，采用再循环泵可避免在热态或极热态启动时因进水温度较低而造成对水冷壁系统的热冲击而降低锅炉寿命。

（4）在启动过程中主蒸汽温度容易得到控制。在锅炉启动时，进入省煤器的给水有一部分是由温度较高的再循环流量组成，给水温度高，进入水冷壁的工质温度也相应提高，炉膛吸热量减少，炉膛的热输入也相应减少，此时虽然过热蒸汽流量很低，但由于炉膛的输入热量较少，故过热蒸汽温度容易得到控制，并与汽轮机入口要求相匹配。

四、启动系统的各种主要运行模式

（1）初次启动或长期停炉后启动前进行冷态和热态水冲洗。总清洗水量可达25%～30%BMCR，除由给水泵提供一小部分外，其余由循环泵提供，水冲洗的目的是清除给水系统、省煤器系统和水冷壁系统中的杂质，只要停炉时间在一个星期以上，启动前必须进行水冲洗。采用再循环泵后，由于再循环水也可利用作为冲洗水，因此节省了冲洗水的耗量。

在冷态启动前，锅炉必须进行冷态冲洗。当储水箱出口水质满足表4-1的要求，则认为锅炉冷态开式冲洗完成。

表 4-1　　　　　　　　　　锅炉冷态冲洗（开式）储水箱出口水质要求

项目	单位	允许值
Fe	μg/L	＜500
浑浊度	mg/L	＜3
油脂	mg/L	1
pH 值	—	≤9.5

冷态开式冲洗完成后，启动 BCP 循环泵进行冷态冲洗再循环。储水箱排水水质满足表 4-2 要求，再循环系统冲洗结束。

表 4-2　　　　　　　　　　锅炉冷态冲洗（再循环回路）储水箱排水水质

锅炉循环系统冲洗		
项目	单位	允许值
Fe	μg/L	<100
SiO_2	μg/L	<200
电导率	μS/cm	<1

冷态冲洗完成后，电动给水泵启动，锅炉点火，当水冷壁出口温度在 150℃ 左右时对锅炉进行热态冲洗；通过控制油量和疏水阀开度将水冷壁出口温度控制在 150℃ 左右，不允许超过 170℃；保持上述状态和给水量直到储水箱出口水质满足表 4-3 的要求，锅炉热态冲洗完成。

表 4-3　　　　　　　　　　锅炉热态冲洗储水箱出口水质要求

锅炉热态冲洗			
项目	单位	允许值	备注
pH 值	—	9.3~9.5	目标
Fe	μg/L	<100	目标 小于 50
溶氧	μg/L	<10	
SiO_2	μg/L	<30	
N_2H_4	μg/L	>200	
导电度	μS/cm	<0.5	

（2）启动初期（从启动给水泵到锅炉出力达到 5%BMCR）：锅炉点火前，给水泵以相当于 5%BMCR 的流量向锅炉给水以维持启动系统 25%BMCR 的流量流过省煤器和水冷壁，保证有必要的质量流速冷却省煤器和水冷壁不致超温，并保证水冷壁系统的水动力稳定性。在这阶段，再循环泵提供了 20%BMCR 的流量，在此期间利用分离器疏水调节阀来控制分离器储水箱内的水位并将多余的水排入冷凝器回收，疏水调节阀的管道设计容量除考虑 5%BMCR 的疏水量外，还要考虑启动初期水冷壁内出现的汽水膨胀（它由于蒸发过程中比体积的突然增大所导致），这种汽水膨胀能导致储水箱内水位的波动。

从分离器储水箱建立稳定的正常水位到锅炉达到 25%BMCR 的最小直流负荷：当分离器储水箱，已建立稳定水位后，分离器疏水调节阀开始逐步关小，当锅炉出力达到 5%BMCR 的出力时，分离器疏水调节阀门应完全关闭。此后，再循环流量由装于再循环泵出口管道上的再循环水量调节阀门来调节，并随着锅炉蒸发量的逐渐增加而关小。

主蒸汽的压力与温度由燃料量来控制，并采用过热器喷水作为主蒸汽温度的辅助调节手段。对于冷态启动，一旦主蒸汽压力达到 8.3MPa（即汽轮机冲转压力），主蒸汽压力将由汽轮机旁路系统（turbine bypass system，TB）控制以与汽轮机进汽要求相匹配。

当锅炉出力达到 25%BMCR 后，泵出口再循环流量调节阀应完全关闭，此时通过汽水分离器的工质已达到完全过热的单相汽态，因此锅炉的运行模式从原来汽水二相的湿态运

行（也即再循环模式）转为干态运行即直流运行模式，此时锅炉达到最小直流负荷 25%
BMCR。从此，主蒸汽的压力与温度分别由给水泵和燃水比来控制，锅炉的出力也逐步
提高。

（3）锅炉的热备用：当锅炉达到 25%BMCR 最低直流负荷后，应将启动系统解列，启
动系统转入热备用状态，此时通往冷凝器的分离器疏水支管上的两只疏水调节阀门［水位调
节阀（water separator drain tank level control valve，WDC 阀）］和电动截止阀门已全部关
闭。随着直流工况运行时间的增加，为使管道保持在热备用状态，省煤器出口到 WDC 阀门
的加热管道上的截止阀门始终开启着，因此可以用来加热 WDC 阀门并有一路进入再循环泵
出口管道以加热再循环泵及其管道和再循环泵出口调节阀。另外，在锅炉转入直流运行时，
启动分离器及储水箱已转入干态运行，考虑到时间一长，启动分离器和储水箱因冷凝作用可
能积聚少量冷凝水，同时由于再循环泵加热水系统在启动系统解列时还保持开启状态，因此
分离器中的水位缓慢上升，此时可通过分离疏水管道上的支管上的热备用泄放阀门，将启动
分离器储水箱内的积水送往过热器喷水减温器。

启动系统的设计，也考虑了再循环泵解列后保证锅炉的顺利启动。原因是通往冷凝器的
启动分离器疏水的管道尺寸和管道上两只水位调节阀（WDC 阀）的设计通流能力，可以满
足汽水膨胀阶段以及因再循环泵事故运行时全部冲洗水量均可排入疏水扩容器。因此，当再
循环泵解列时，锅炉仍可正常启动包括极热态、热态、温态和冷态启动直到锅炉达到 25%
BMCR 最低直流负荷，完成锅炉由湿态运行模式转换成干态运行模式。在锅炉的上水和冷
态水冲洗阶段，此时，给水泵的给水量增大至疏水管道排入扩容器的水量；而在汽水膨胀阶
段，给水量和排入扩容器水量相等；在渡过膨胀后的阶段以及热态冲洗阶段，其给水量为蒸
汽产量与排入冷凝器水量之和。另外，在整个启动过程中由于再循环泵的解列，水冷壁系统
的水循环动力（循环压头）改由给水泵提供所需压头。

第四节　锅炉风烟系统

一、系统概述

锅炉风烟系统是指连续不断地给锅炉燃料燃烧提供所需的空气量，并按燃烧的要求分配
风量送到与燃烧相连接的地点，同时使燃烧生成的含尘烟气流经各受热面和烟气净化装置
后，最终由烟囱及时排至大气的系统。

锅炉风烟系统按平衡通风设计，系统的平衡点发生在炉膛中，因此所有燃烧空气侧的系
统部件设计正压运行，烟气侧所有部件设计负压运行。平衡通风不仅使炉膛和风道的漏风量
不会太大，而且保证了较高的经济性，又能防止炉内高温烟气外冒，对运行人员的安全和锅
炉房的环境均有一定的好处。

一次风系统的作用是用来输送和干燥煤粉，并供给燃料燃烧初期所需的空气。大气经滤
网、消音器垂直进入两台轴流式一次风机，经一次风机提压后分成两路：一路进入磨煤机前
的冷一次风管；另一路经空气预热器的一次风分仓加热后，进入磨煤机前的热一次风管。热
风和冷风在磨煤机前混合，在冷一次风管和热一次风管的出口处都设有调节挡板和电动挡板
来控制冷热风的风量，保证磨煤机的总风量要求和出口温度要求。合格的煤粉经煤粉管道由
一次风送至炉膛燃烧。密封风机的进风由一次风提供，最终进入磨煤机构成一次风的一部

分。一次风机的流量主要取决于燃烧系统所需的一次风量和空气预热器的漏风量。一次风的压头主要取决于煤粉流的阻力及风道、空气预热器、挡板、磨煤机的流动阻力。其压头是随锅炉需粉量的变化而变化，可以通过调节动叶的倾角来改变风量，维持风道一次风的压力，适应不同负荷的变化。

二次风系统供给燃烧所需的空气，该锅炉设有 2 台 50％容量（锅炉额定容量，即单台风机可以满足 50％锅炉额定容量时的风量需求）的动叶可调轴流式送风机，为使两台送风机的出口风压平衡，在风机出口挡板后设有联络风管。在送风机的入口风道上设有热风再循环，当环境温度较低时，可以投入热风再循环，以提高进入空气预热器的空气温度，从而防止空气预热器冷端积灰和低温腐蚀。二次风的主要流程：

（1）环境空气经滤网、消声器与热风再循环汇合后垂直进入两台轴流式送风机，由送风机提压后，经冷二次风道进入两台容克式三分仓空气预热器的二次风分仓中预热，在锅炉 MCR 工况燃用设计煤种时，空气预热器出口热风温度为 352℃。

（2）受热的二次风进入燃烧器风箱，并通过各调节挡板进入每个燃烧器二次风、旋流二次风通道，同时部分二次风进入燃烧器上部的燃尽风喷口，另外有少量的二次风通过专门的中心风通道进入燃烧器中心。送风机出口冷二次风均流经空气预热器的二次风分仓加热，锅炉二次风量（或烟气中的含氧量），是通过调节二次风机的动叶角度来实现。

烟气系统是将炉膛中的烟气抽出，经尾部受热面、空气预热器、除尘器和烟囱排向大气。在除尘器后设有两台 50％容量的静叶可调轴流式引风机，为使除尘器前后的烟气压力平衡，使进入除尘器的烟气分配均匀，在两台除尘器进口烟道处设有联络管。为防止烟气倒流入引风机，在引风机出口处装有严密的烟气挡板。烟气系统流程：①由燃料燃烧产生的热烟气将热传递给炉膛水冷壁和屏式过热器，继而穿过高温过热器、高温再热器进入后竖井包墙，后竖井包墙内的中隔墙将后竖井分成前、后两个平行烟道，前烟道内布置低温再热器，后烟道内布置低温过热器和省煤器；②烟气调节挡板布置在低温再热器和省煤器后，烟气流经调节挡板后分成两个烟道通过脱硝装置进入空气预热器，在预热器进口烟道上设有烟气关断挡板，可实现单台空气预热器运行；③最后烟气进入除尘器，经脱硫系统流向烟囱，排向大气。炉膛的负压控制是通过调节引风机静叶实现的。

二、主要部件规范

1. 空气预热器

该锅炉的两台空气预热器为三分仓转子回转再生式，每台空气预热器均配有主、辅两台电动机，主电动机运行时辅助电动机投入备用。导向轴承润滑油系统为空气预热器的轴承提供润滑、冷却的润滑油，每台空气预热器还有 1 套密封间隙自动调节装置、2 支吹灰器。

2. 引风机

该锅炉配有两台引风机，是成都风机厂在引进德国 KKK 公司的 AN 系列技术的基础上制造生产的。引风机的形式：静叶可调轴流式；运行方式：两台风机并联运行；调节方式：静叶调节；布置方式：水平对称布置，垂直进风，水平出风（风机的可调前导叶执行机构安装位置，从电动机向风机看均在风机右侧），每台引风机配有 2 台冷却风机。

AN 系列轴流风机由进气箱、D1 集流器、D2 集流器、可调前导叶、机壳装配（叶轮外壳和后导叶组件）、转动组（传扭中间轴、联轴器、叶轮、主轴承装配）、扩压器、冷风管路

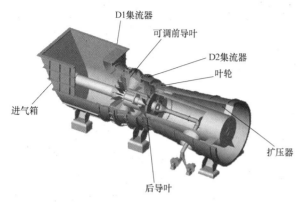

图 4-2　AN 静叶调节引风机结构

和润滑管路等组成，如图 4-2 所示。AN 系列轴流风机工作时，气流由风道进入风机进气箱，经过收敛和预旋后，叶轮对气流做功，后导叶又将气流的螺旋运动转化为轴向运动，并在扩压器内将气体的大部分动能转化成系统所需的静压能，从而完成风机的工作过程。

AN 系列轴流风机主要部件工作原理如下：

（1）进气箱：进气箱的主要作用是改变气流方向，同时收敛进气室，改变气流流动状况，使气流在进入集流器之前更为均匀。

（2）D1 集流器：D1 集流器的主要作用是使气流加速，降低流动损失，使气流能均匀地充满可调前导叶。

（3）可调前导叶：可调前导叶的主要作用是使气流在进入叶轮前产生负预旋，可调节风量、风压、改善风机性能和提高风机调节效率。

（4）D2 集流器：D2 集流器的主要作用是使气流进一步加速，降低流动损失，使气流能均匀地充满叶轮。

（5）叶轮：叶轮的主要作用将机械能转化为动能，通过叶轮对气体做功获得所需的动能和静压能。与可调前导叶配合，可进一步改善风机性能和提高风机效率，其效率可达到 0.78～0.86。

（6）扩压器：扩压器的主要作用是随着通流面积的增大，气体逐渐减速，将气体的动能转变为所需的静压能。

（7）后导叶：后导叶的主要作用是改变经叶轮流出的气流方向，克服气体流动损失。气体经过后导叶扩压整流后，使气体轴向流出，提高了局部负荷效率。

轴流风机的运行范围受失速线的限制，如果超过此极限，首先就必然使叶片处的气流出现局部分离，当风机内存在一定量涡流时，就可能产生"喘振"。

当系统的阻力线位于性能曲线图中的失速线的上方时，由于不稳定性的出现，则通风机就不可能在相应的压力、流量范围的工况点运行，如果风机在非稳定区运行，将使叶片产生激振，会导致疲劳断裂。

3. 送风机、一次风机

该锅炉配置两台送风机，型式：动叶可调轴流式（FAF 28-14-1）；运行方式：两台风机并联运行；调节方式：动叶调节；布置方式：水平对称布置、垂直进风、水平出风。每台送风机配有一套液压润滑油系统，两台齿轮油泵一台运行，一台备用，液压润滑油系统为风机提供动叶调节液压油以及轴承润滑油。

锅炉配置两台一次风机，型式：动叶可调轴流式（PAF 21.1-15-2）；运行方式：两台风机并联运行；调节方式：动叶调节；布置方式：水平对称布置、垂直进风、水平出风。

送风机、一次风机由以下部件组成：驱动电动机、联轴器、主轴承、轴承润滑油系统、消音器、进气箱以及连接管道、风机轴、轴流叶片、液压供油系统、确定叶片角度的液压缸、调节杆和失速探钊等。每台送风机均有润滑油系统，主轴承的润滑油是由位于轴承座上的油槽提供。当送风机的主轴承温度超过 90℃时，将会报警，运行人员需监视该温度并分析产生的原因，其原因可能为润滑油中断、冷却水系统故障等；如温度继续升，高达 110℃时必须立即停机。

送风机、一次风机均采用挠性联轴承器，即在电动机与风机之间装有一段中间轴，在它们的连接处装有数片弹簧片，其具有尺寸小、自动对中和适应性强的特点。一次风机主轴承采用滚柱轴承并带有一个焊接轴承箱，可承受转子全部的载荷。主轴、焊接轴承箱和动叶调节的液压缸全部位于风机的芯筒内。

每台风机均有扩压器，将动能转变成静压能，降低涡流损失，提高风机的效率，同时使空气流更加均匀，风机的出口过渡段允许扩压器和风道相连接。扩压器的出口和过渡段进口的连接均为挠性连接，可以减少风机传给风道的振动。

下面介绍一下风机主要部件。

（1）叶轮。叶轮是轴流风机的主要部件之一，气流通过旋转的叶轮，才能得到能量，并沿轴做螺旋的轴向流动。叶轮由动叶、轮毂、叶柄、叶柄轴承、平衡重等组成。叶轮为焊接结构，重量轻，惯性矩小。叶轮呃呃叶片和叶柄等组装件的离心力通过推力球轴承传递至承载环上。

（2）液压润滑装置。液压油站由油箱、油泵装置、滤油器、冷却器、仪表、管道和阀门等组成，其结构为整体式。工作时，一路油通过齿轮泵从油箱中吸出，经单向阀，双筒过滤器送给叶片调节装置，由于其压力较高，故称为压力油；另一路油经压力调节阀、单向阀、冷却器、节流阀、流量继电器等供轴承润滑。

为了风机的运行可靠，液压油站中的大部分器件均为两套，设两台齿轮油泵，一台运行，一台备用，正常时工作油泵运行，遇有意外时，压力开关发信启动备用油泵，保证继续供油。齿轮油泵的出口压力由安全阀来调定，一般在 3.5MPa。滤油器为双套结构，一只工作，一只备用，当工作滤芯需要清洗或更换时，只要扳动三通阀即可实现滤油器的切换。当冷油器发生意外需清洗或调换时，可以切换三通阀来进行旁路。电加热器用于加热油液，使得油保持一定的黏度。

（3）中间轴和联轴器。风机的转子通过风机侧的半联轴器、电动机侧的半联轴器和中间轴同电动机相连。

第五节　锅炉燃烧、配风系统

一、系统概述

该锅炉炉膛宽为 33 973.4mm，深度为 15 558.4mm，高度为 64 000mm，与 600MW 等级锅炉对比，炉膛深度基本不变，在宽度上相应增加。整个炉膛四周为全焊式膜式水冷壁，炉膛由下部螺旋盘绕上升水冷壁和上部垂直上升水冷壁两个不同的结构组成。该锅炉燃烧系统采用前后墙对冲燃烧方式，48 只巴布科克-日立公司 HT-NR3 型低 NO_x 燃烧器分三层布置在炉膛前后墙上，热负荷及烟气温度沿炉膛宽度方向均匀分布。在主燃烧器上设置燃尽风喷口（AAP 及 SAP）共 20 个，其中每层 2 只侧燃尽风（SAP）喷口，8 只燃尽风（AAP）喷口，燃尽风采用优化的双气流结构，在全炉膛实现分级燃烧。锅炉最大连续出力

（BMCR）工况下，NO_x 排放浓度不超过 $300mg/m^3$（标准状态下，$O_2=6\%$）。

另外，锅炉 B 层（前墙最下层）8 只燃烧器为配有烟台龙源电力技术有限公司设计生产的等离子点火装置的 HT-NR3 型燃烧器，该排燃烧器斜插一支机械雾化助燃油枪。其他燃烧器均配中心点火油枪，采用机械雾化，油燃烧器的总输入热量按 20%BMCR 设计。

二、主要部件规范

1. 燃烧器

HT-NR3 型燃烧器主要由一次风弯头、文丘里管、煤粉浓缩器、燃烧器喷嘴、稳焰环、稳焰齿、导流筒、内二次风装置、外二次风装置（含调风器、执行器）及燃烧器壳体等零部件组成。燃烧器将燃烧用空气分为一次风、内二次风、外二次风和中心风四 4 个部分，如图 4-3 所示。

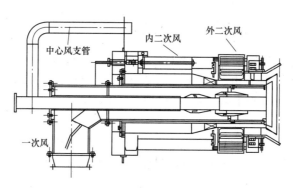

图 4-3　主燃烧器结构

一次风粉混合物经煤粉管道、燃烧器一次风管、文丘里管、煤粉浓缩器（形成外浓内淡的径向分布）、燃烧器喷嘴后喷入炉膛；二次风经二次风大风箱、燃烧器内、外二次风通道喷入炉膛，在燃烧的不同阶段喷入炉内，实现燃烧器的分级送风，其中内二次风（内二次风兼作停运燃烧器的冷却风）为直流，内二次风的旋流器为固定式，叶片倾角为 60°，其风量通过手柄调节套筒位置来进行调节；外二次风为旋流，外二次风量通过切向布置的叶轮式风挡板调节，其转动角度范围为 0°～75°；内、外二次风导流筒的扩锥角均设计为 30°。燃烧器内设有中心风管，其中布置有油枪、高能点火器等设备。各层燃烧器总风量通过风箱入口风门执行器来调节，锅炉总风量通过送风机来调节。

HT-NR3 型燃烧器作用及特点：

（1）向炉内输送燃料和空气。

（2）组织燃料和空气及时、充分的混合。

（3）送入炉内的煤粉气流能迅速、稳定的着火，迅速、完全的燃尽。

（4）供应合理的二次风，使它与一次风能及时良好的混合，确保较高的燃烧效率。

（5）火焰在炉膛的充满程度较好，且不会冲墙贴壁，避免结渣。

（6）有较好的燃料适应性和负荷调节范围。

（7）流动阻力较小。

（8）能降低 NO_x 的生成。

该锅炉共配有 48 只 HT-NR3 型低 NO_x 燃烧器，分三层前后墙布置。

2. 主燃尽风及侧燃尽风

在煤粉燃烧器的上方布置有主燃尽风（AAP）及侧燃尽风（SAP）燃烧器，其调风器将燃尽风分为 2 股独立的气流送入炉膛，中心为直流，外圈为旋流，外旋流风喷口的扩锥角设计为 25°，旋流叶片角度固定为 60°；外圈气流的旋流强度和 2 股气流之间的风量分配可调。主燃尽风及侧燃尽风结构如图 4-4 所示。

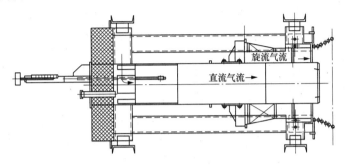

图 4-4　主燃尽风及侧燃尽风结构

3. 油枪

锅炉点火采用高能电弧点火装置，二级点火系统，燃油采用 0 号轻柴油，油枪采用机械雾化，燃油工作压力为 3.5MPa，吹扫气源为压缩空气，油燃烧器的总输入热量按 20% BMCR 设计。

4. 等离子点火装置

该锅炉 B 层（前墙最下层）的 8 只燃烧器配有等离子点火装置。等离子点火装置配有 8 台等离子点火器、2 台等离子装置冷却水泵、2 台等离子装置火检冷却风机、隔离变压器以及整流柜等设备。

5. 火检装置

火焰装置是锅炉燃烧器自动装置中的重要组成之一，它的作用是对火焰进行检测和监视，在锅炉点火、低负荷运行或有异常情况时防止锅炉灭火和炉内爆炸事故，确保锅炉安全运行。现代大容量锅炉燃烧器及炉膛内装设此设备，以便对点火器的点火工况、单只主燃烧器的着火工况以及全炉膛的燃烧稳定性进行自动检测。

火焰检测装置的核心配置是火焰监测器即火焰检测开关，常见的火焰监测器有火焰棒、红外线检测器和紫外线检测器。该锅炉的油、煤火焰检测器类型是紫外线检测器。

第六节　锅炉制粉系统

一、磨煤机

该锅炉配有 6 台中速辊式磨煤机（ZGM133G），磨辊加载方式为液压蓄能变加载，BMCR 工况下 5 台运行，1 台备用。ZGM133G 型磨煤机的碾磨部分由转动的磨环和 3 个沿磨环滚动的固定且可自转的磨辊组成。其中，磨辊在磨盘上有一定的倾斜度，内倾 12°~15°，在水平方向具有一定的自由度，可以摆动，对铁块、木块、石块适应能力强；3 个磨辊加载压力根据磨煤机的出力由磨煤机高压油站和控制系统实现自动调整。锅炉制粉系统的流程是：①原煤从磨煤机的中央落煤管落到磨环上，磨环旋转借助于离心力将原煤运动至碾磨滚道上，通过磨辊进行碾磨；②原煤的碾磨和干燥同时进行，一次风通过喷嘴环均匀进入磨环周围，将经过碾磨从磨环上切向甩出的煤粉混合物烘干并输送至磨煤机上部的分离器；③经动静态组合旋转分离器分离后，合格的细粉被一次风带出分离器送至炉膛。

二、给煤机

锅炉制粉系统所配给煤机为 CS2036HP 型电子称重式给煤机。每台磨煤机配一台给煤机，每台炉制粉系统共配 6 台给煤机。CS2036HP 型电子称重式给煤机是一种带有电子称量及调速装置的皮带式给煤机，具有自动调节和控制功能，可根据磨煤机筒体内煤位的要求，将原煤精确地从煤斗仓输送到磨煤机。

给煤机由机体、输煤皮带及其电动机驱动装置、清扫装置、控制箱、称重装置、皮带堵煤及断煤报警装置、取样装置和工作灯等部件组成。给煤机皮带由滚筒驱动，具有正转、反转两种功能，原煤从煤斗到磨煤机的流程是：煤仓中的原煤→煤流检测器→煤斗闸门→落煤管→给煤机进口→给煤机输送皮带→称重传感组件→断煤信号组件→给煤机出口→磨煤机。

由于该制粉系统采用正压的运行方式，磨煤机内处于正压下工作。为防止磨煤机中的热风倒流入给煤机中，给煤机设置有专门的密封风，密封风的压力应略高于磨煤机进口处的热风压力。如果密封风的压力过低，会导致热风从磨煤机流入给煤机，害处有以下三点：

（1）风的高温加速给煤皮带橡胶老化。

（2）风的高温易造成给煤机内的原煤着火。

（3）磨煤机内的热风的流失造成制粉系统效率下降。

三、原煤仓

该锅炉布置有 6 只原煤斗，每只原煤斗有效容积 713m³。6 只原煤斗的总储煤量可满足单台炉 BMCR 工况 12.28h（设计煤种）或 10.8h（校核煤种 1）的出力要求。

煤斗虽貌似简单，但在锅炉运行中因原煤斗的影响而使整台锅炉的生产运行受到影响的事例是并不少见的。随着原煤斗容量和高度的增加，下部煤炭所受到的压力不断增大，导致流动性差，因此滞流或堵煤的情况时有发生，尤其是在煤炭含水分高时。煤斗中的煤会在下落到煤堆面时产生偏析，块煤相对集中于落煤点的周围，使落入给煤机的粒度随着煤斗的煤位而变，煤斗的容积越大，其程度越严重。煤斗的棚煤、粘煤、积煤都会造成出口落煤不畅，造成煤斗的有效容积减小、给煤机和磨煤机断煤等不利影响，这些因素对于制粉系统的安全稳定运行都是很不利的。

为避免以上问题的发生，可采用许多有效方法，如采用电动的原煤斗振动疏松机、原煤斗外悬挂重锤、在煤斗棚煤时用人工敲击原煤斗等方法使煤疏松被振落，还有的电厂在煤斗的内层加装了一层极为光滑而耐磨的特种树脂板材，加装这种板材后减少了煤斗粘煤的可能性。更常规的方法是在原煤斗上安装压缩空气储罐（空气炮）以电磁阀来控制放炮，在原煤斗堵煤时放炮使"搭桥"的煤被振落，但这种方法的弊端是有时原煤斗内的原煤会越被轰而黏结的越紧。该锅炉采用的是自动疏松装置。

第七节　锅炉助燃系统

锅炉配置助燃系统的目的，主要是在锅炉启动时，利用它来点燃主燃烧器的煤粉气流。另外，当锅炉机组需要在低负荷下运行，或当燃煤质量变差时，由于炉膛温度降低危及煤粉着火的稳定性、炉内火焰发生脉动以至有熄火危险，利用锅炉助燃系统以稳定燃烧或作为辅助燃烧设备。一般，锅炉助燃系统采用轻油枪、微油点火枪、等离子点火装置等模式，在达到锅炉点火助燃目的同时，适应更高的节油要求以取得更好的经济效益。

该锅炉助燃系统，包括为前墙下层（B层）8只煤粉燃烧器配置的等离子点火燃烧装置，以及为48只煤粉燃烧器配置的油枪。锅炉点火采用高能电弧点火装置，二级点火系统，油枪采用机械雾化，燃油采用0号轻柴油，油燃烧器的总输入热量按20%BMCR设计。

锅炉配置助燃系统的主要作用是：

（1）燃煤锅炉在启动阶段采用油枪点火启动或等离子点火启动，该锅炉优先采用等离子装置点火，并直接投运磨煤机B方式。

（2）在锅炉低负荷以及燃用劣质煤种时用燃油或等离子稳定燃烧，改善炉内燃烧工况，防止发生锅炉非正常灭火。

第八节　锅炉吹灰系统

一、系统概述

对于燃煤锅炉来说，水冷壁、过热器、再热器、省煤器、空气预热器等受热面积灰或结渣是锅炉常见的问题。

（1）水冷壁受热面积积灰或结渣，使炉膛受热面吸热量减少，而且，由于炉膛出口烟温的升高，引起过热汽温与再热汽温的升高，过热器及再热器管壁温度也升高；水冷壁受热面积严重结渣，将影响锅炉工作安全；此外，当水冷壁管屏各管或各管屏受热面积吸热严重不均时，还会导致水冷壁超温爆管。

（2）对流受热面积灰，不但会降低传热效果，使过热汽温、再热汽温降低，并使排烟温度升高、排烟损失增大。如果对流受热面积产生局部积灰，会使过热器、再热器的热偏差增大，影响过热器、再热器的安全。积灰还会增加管束的通风阻力，使引风机电耗增加，严重时还会限制锅炉出力。

为保持锅炉受热面的外壁清洁，清除积灰，防止结渣、结焦，使之具有良好的传热性能，提高锅炉安全经济运行水平，锅炉均配有一定数量的吹灰器，从机组开始投入运行就须定期对受热面进行吹灰。

吹灰器的种类很多，按结构特征的不同，有简单喷嘴式、固定回转式、伸缩式（又分短伸缩和长收缩型）以及摆动式等。常见的吹灰介质有：过热蒸汽、饱和蒸汽、压缩空气、排污水等。各种吹灰器的吹灰工作机理基本是相似的，都是利用吹灰介质在吹灰器喷嘴出口处形成的高速射流，冲刷受热面上的积灰和焦砟。当汽流（或气、水流）的冲击力大于灰粒与灰粒之间，或灰粒（焦渣）与受热面之间的黏着力时，灰粒（或焦渣）便脱落，其中小颗粒被烟气带走，大块渣、灰则落至灰斗或烟道。

锅炉吹灰系统一般由吹灰管道系统、吹灰器、程控装置等设备组成。

二、主要部件规范

该锅炉共布置有82只炉膛吹灰器、34只长伸缩式吹灰器、18只半伸缩式吹灰器，分别安装在炉膛区域，屏式过热器、高温过热器、高温再热器、低温再热器及低温过热器区域，省煤器和低温再热器区域。尾部烟道和空气预热器区域安装激波式蒸汽吹灰器，蒸汽吹灰器的汽源来自屏式过热器后抽汽，该蒸汽减压后送往吹灰器，吹灰器采用程序控制。

每个减压站配置一只减压阀、安全阀、压力开关和流量开关。

吹灰管路和疏水系统为温控式热力疏水，热力疏水阀由气动温度控制器自控启闭，当管道内的蒸汽具有设定的过热度时疏水阀自动关闭。

第九节　压缩空气系统

一、系统概述

随着电厂利用压缩空气作为驱动介质的阀门和设备越来越多，电厂压缩空气系统的地位越来越重要。

电厂用压缩空气分仪用压缩空气和杂用压缩空气两种：①一般阀门用气、仪表用气以及驱动用气所要求的压缩空气品质较高，对压缩空气中的水分、油分以及杂质很敏感，所以这部分设备需求的压缩空气必须经过净化处理，经净化处理后的压缩空气称为仪用压缩空气；②电厂中另外需要用一部分压缩空气进行管道吹扫、强制冷却、卫生清扫等，对压缩空气的品质要求不高，经空气压缩装置压缩后就可以直接使用，这部分压缩空气称为杂用压缩空气。

大型电厂的压缩空气系统一般都设计为公用系统，即用冗余配置的空气压缩机联合工作，集中控制，并设置公用的压缩空气储罐，在压缩空气用户较集中的区域设置压力缓冲储罐。这种解决方案可以用较小的投资获取最大的经济效益，同时将危险分散，可以保证不因为压缩空气丧失而导致全厂机组停运的事故发生。

二、主要设备规范

该电厂 2 台机组共配置 7 台 44.6m^3/min（标准状态下）喷油螺杆式空气压缩机，供厂用和仪表用压缩空气，配用电动机额定电压为 6kV。正常运行时，5 台运行，2 台备用。空气压缩机出口配 7 套组合式空气干燥净化装置，正常运行时 5 台运行，2 台备用。压缩空气干燥净化设备安装在压缩空气储气罐后，随着系统用气量的变化，空气压缩机将自动进行卸载、加载以适应输送系统用气量的变化。

1. 空气压缩机

空气压缩机的基本结构部件主要包括电动机部分和机械部分。空气压缩机的电动机部分采用 6kV 厂用动力电源，电动机本体绕组采用空气冷却的方式，每台电动机装设电阻式温度监测器；空气压缩机的机械部分包括阴阳转子、空气滤清器、油气分离器、汽水分离器、油过滤器、后冷却器、以及油位指示计、泄油阀、压力释放阀、压力表等常规配置。

空气压缩机的工作原理：空气压缩机的主要工作元件是两对等直径 4 齿对 6 齿阴阳转子，通过阴阳转子密封咬合将空气进行压缩，再沿着转子齿轮螺旋方向将经过压缩的空气送到阴阳转子排气口，与此同时在阴阳转子入口也同时形成了负压，这样在大气压作用下，外界空气又重新送到阴阳转子的入口进行下一轮做功。阴阳转子进行工作时的冷却介质是空气压缩机的专用油，空气压缩机的机油用工业水进行冷却。由阴阳转子出口送出的空气中携带有大量的冷却密封油，把这些混有密封油的压缩空气送到油气分离器，利用油气之间的密度差，将油气切向送入油气分离器中，利用重力和离心力原理，对油气进行分离；分离出来的空气送到后冷却器中进行冷却，使其温度降低后，再把空气中的水蒸气进行凝结，然后送到滤芯式气水分离器中滤除液态水；从气水分离器中分离出来的空气直接送到压缩空气干燥净化系统，生成高品质的压缩空气。

2. 组合式空气干燥装置

经空气压缩机压缩后的空气中含有相当数量的杂质，杂质主要有：吸气过滤器无力消除的大气固体微粒；空气压缩机系统内部产生的磨屑、锈渣和油的碳化物；经压缩冷凝后的液态水滴，它们是设备、管道和阀门锈蚀的根本原因；从空气压缩机带到系统中的油分，经过多次高温氧化和冷凝乳化，性能已大幅降低，且呈酸性，对后续设备不仅起不到润滑作用，反而会破坏正常润滑。

因此，为向仪表和其他气动设备提供符合系统用气品质要求的压缩空气，在 3 台仪用空气压缩机出口安装对应容量的压缩空气干燥净化设备，随着系统用气量的变化，空气压缩机将自动进行卸载、加载，以适应输送系统用气量的变化。压缩空气干燥净化设备能相应自动匹配空气压缩机的运行状态，最终保证经压缩空气干燥净化设备处理后的压缩空气品质符合技术参数要求。

压缩空气干燥净化设备为冷冻干燥器＋再生式干燥器的组合式空气干燥器，压缩空气干燥净化设备至少包括以下组成部分：制冷压缩机、蒸发器、气液分离器、吸附干燥塔、干冷器、油过滤器、除尘过滤器等部套。

压缩空气储气罐，共有 7 个，分别为：4 个仪表用；1 个检修用；2 个汽轮机房用。

第十节　脱硝系统（SCR）

一、系统概述

1. 概述

常见的脱硝技术中，根据氮氧化物的形成机理，降氮减排的技术措施可以分为两大类：一类是从源头上治理，控制煅烧中生成的 NO_x；另一类是从末端治理。具体可以分为：

（1）燃烧前脱硝：

1）加氢脱硝。

2）洗选。

（2）燃烧中脱硝：

1）低温燃烧。

2）低氧燃烧。

3）循环流化床燃烧技术。

4）采用低 NO_x 燃烧器。

5）煤粉浓淡分离。

6）烟气再循环技术。

（3）燃烧后脱硝：

1）选择性非催化还原脱硝（selective non-catalytic reduction，SNCR）。

2）选择性催化还原脱硝（selective catalytic reduction，SCR）。

3）活性炭吸附。

4）电子束脱硝技术。

各种设计工艺技术路线和装备设施是否科学合理、运行是否可靠，应考虑脱硝效率、运行成本、能耗、二次污染物排放等指标。目前，选择性催化还原技术（SCR）是最成熟、应用最广泛的烟气脱硝技术。

2. 选择性催化还原技术（SCR）

选择性催化还原技术（SCR）是目前最成熟的烟气脱硝技术，它是一种炉后脱硝方法，最早由日本于 20 世纪 60～70 年代后期完成商业运行，是利用还原剂（NH_3，尿素）在金属催化剂作用下，选择性地与 NO_x 反应生成 N_2 和 H_2O，而不是被 O_2 氧化，故称为"选择性"。

SCR 脱硝工艺是利用催化剂，在一定温度下（270～400℃），使烟气中的 NO_x 与来自还原剂供应系统的氨气混合后发生选择性催化还原反应，生成氮气和水，从而减少 NO_x 的排放量，减轻烟气对环境的污染。目前世界上流行的 SCR 工艺主要分为 2 种：氨法 SCR 和尿素法 SCR。

SCR 反应过程中使用的还原剂可以为液氨、氨水（25％NH_3）或者尿素。

合适的催化剂和还原剂应具有特点如下：

（1）还原剂应具有高的反应性。

（2）还原剂可选择性地与 NO_x 反应，而不与烟气中大量存在的氧化性物质反应。

（3）还原剂必须价格低廉，以使脱除过程的低成本运作。

（4）催化剂应大大降低 NO_x 还原温度。

（5）催化剂应具有高的催化活性，以利于烟气中低浓度 NO_x 的有效还原。

（6）催化剂选择性的与还原剂与 NO_x 的反应形成 N_2，而对还原剂与烟气中其他氧化性物质的反应表现惰性。

（7）催化剂应具有结构稳定。

SCR 脱硝系统由氨供应系统、氨气/空气喷射系统、催化反应系统以及控制系统等组成，为避免烟气再加热消耗能量，一般将 SCR 反应器置于省煤器后、空气预热器之前。

二、主要设备规范

1. 催化剂

目前，在 SCR 中使用的催化剂大多以 TiO_2 为载体，以 V_2O_5 或 V_2O_5-WO_3 或 V_2O_5-MoO_3 为活性成分，制成蜂窝式、板式或波纹式三种类型。

应用于烟气脱硝中的 SCR 催化剂可分为高温催化剂（345～590℃）、中温催化剂（260～380℃）和低温催化剂（80～300℃），不同的催化剂适宜的反应温度不同。如果反应温度偏低，催化剂的活性会降低，导致脱硝效率下降，且如果催化剂持续在低温下运行会使催化剂发生永久性损坏；如果反应温度过高，NH_3 容易被氧化，NO_x 生成量增加，还会引起催化剂材料的相变，使催化剂的活性退化。目前，国内外 SCR 系统大多采用高温催化剂，由于 SCR 反应器布置在省煤器和空气预热器之间，从省煤器来的烟气温度一般在 315～400℃区间，这个温度范围内多数催化剂具有足够的活性，烟气在进入催化反应器之前不需要再热就可获得好的脱硝效果。高温催化剂方法在实际应用中的优缺点如下：

优点：高温催化剂法的脱硝效率高，价格相对低廉，目前广泛应用在国内外工程中，成为电站烟气脱硝的主流技术。

缺点：燃料中含有硫分，燃烧过程中可生成一定量的 SO_3。添加高温催化剂后，在有氧条件下，SO_3 的生成量大幅增加，并与过量的 NH_3 生成 NH_4HSO_4。NH_4HSO_4 具有腐蚀性和黏性，可导致尾部烟道设备损坏，虽然 SO_3 的生成量有限，但其造成的影响不可低估。另外，催化剂中毒现象也不容忽视。

2. 稀释风机

稀释风机的作用是鼓入大量空气将氨气稀释到一定比例后喷入反应器管道，防止氨气与空气混合达到爆炸比例，从而避免造成危险。稀释风机一般选用专用高压离心风机，确保氨空气稀释比例不大于 5%。机组设有两台稀释风机，一台运行，一台备用。

3. 吹灰器

为保证脱硝效果，SCR 反应器布置在省煤器和空气预热器之间，使得进入 SCR 反应器内的烟气灰分含量特别高。这样，在 SCR 反应器的进口、出口，催化剂表面，内部钢结构表面会产生不同程度的积灰。积灰的危害主要表现在降低催化剂效能，阻滞烟气流通，增加反应器重量以及系统阻力等。因此，为解决上述问题，系统配置了吹灰器定期进行吹灰。

吹灰器气源取自厂用压缩空气（杂用），压缩空气参数：流量 2.28m/min/台（标准状态下），压力 0.62MPa。每次工作 2 台。

4. 烟气取样风机

为监督脱硝系统烟气中 NO_x 等参数，保证系统脱硝质量，及时调整喷氨系统运行工况，系统配置了原、净烟气取样装置各 2 套，每套装置设有 2 台烟气取样风机，1 台运行，1 台备用。

第五章　大型燃煤锅炉运行

第一节　大型燃煤锅炉启动

一、概述

对于单元机组来说，大型燃煤锅炉启动共有四种启动模式：冷态启动、温态启动、热态启动和极热态启动。每种启动方式受汽水分离器壁温和汽轮机高压转子平均温度的限制。

1. 机组状态划分

（1）锅炉状态：

1）冷态：停炉超过72h（汽水分离器金属温度小于或等于120℃）。

2）温态：停炉32h内（汽水分离器金属温度120~260℃）。

3）热态：停炉8h内（汽水分离器金属温度260~340℃）。

4）极热态：停炉小于1h（汽水分离器金属温度大于或等于340℃）。

（2）汽轮机状态：

1）全冷态：高压转子平均温度小于50℃。

2）冷态：停机一周或一周以上，高压转子平均温度小于150℃。

3）温态：停机48h，高压转子平均温度150~400℃。

4）热态：汽轮机停机8h内，高压转子平均温度大于400℃。

5）极热态：汽轮机停机2h内。

2. 启动条件及时间

启动条件及时间见表5-1。

表 5-1　　　　　　　　　　　　启动条件及时间

启动状态	单位	全冷态	温态	热态	极热态
冲转至额定转速时间	min	80	5	5	8h内，该工况时间不取决于汽轮机
高速暖机时间	min	50	0	0	
并网至额定负荷时间	min	195	50	25	
冲转至额定负荷时间	min	325	55	29	
主蒸汽压力	MPa	8.5	8.5	10	
主蒸汽温度	℃	380	440	510	
高压缸金属温度	℃	50	400	540	
中压缸第一级金属温度	℃	50	260	410	
再热汽压力	MPa	1.2	1.4	1.7	
再热汽温度	℃	360~380	440	510	
凝汽器背压	kPa	13	13	13	

注　1. 本机组冲转方式均为先高压、后高中压的冲转方式。

　　2. 启动时间偏差±15%，34%MCR后的升负荷时间由锅炉确定。

3. 启动要点

（1）当主蒸汽压力低于需要的值时，根据启动模式调节给煤量。

（2）主蒸汽压力达到需要的值时，给煤量的控制依赖于汽轮机的启动模式。另外，根据汽轮机的启动模式关闭用于控制主蒸汽压力的对空排汽阀门。

（3）按照煤种启动程序要求投煤直到对空排汽阀关闭。这时再循环期间的主蒸汽压力靠燃料量来控制。

（4）当负荷达到 20%MCR 时给水从电动泵切换到汽动泵。

（5）对于超超临界压力直流锅炉有两种运行模式，即带再循环泵运行的强制循环方式"湿态运行"和直流方式"干态运行"。当产生的蒸汽量大于最小的主给水量时成为干态运行，此时再循环泵退出运行，把这个运行转换点称为本生点。

（6）油枪出力达到最大前，机组运行将从油转换到煤；当锅炉高于一定的热负荷时，磨煤机将逐台投入运行。若锅炉采用等离子点火模式，当风温等条件满足即可投入制粉系统。

二、启动的几个关键问题

1. 锅炉的水冲洗

锅炉水冲洗就是在启动前用除盐水冲洗系统的管道及锅炉本体，通过冲洗的水不断排放，以除去杂质和锈蚀；直至经化验，锅炉水质达到要求规定值，锅炉水冲洗暂告结束，允许锅炉点火。

通常情况下，都是将整个系统分成几个部分按流程逐一进行冲洗，即先进行凝汽器及凝结水管道冲洗，再进行锅炉本体冲洗。这种方法比整个系统一起冲洗更省时、经济。

（1）凝汽器冲洗。凝汽器冲洗流程：凝结水输送泵→凝汽器→凝结水泵→精除盐装置→轴封加热器→凝结水再循环门→凝汽器→地沟。

纯水循环一段时间后，将水从凝汽器放水门排入地沟。如果凝汽器本身比较脏，可以向凝汽器补水后直接放掉，第二次进水后再进行冲洗。如果初次启动凝结水泵，水质较差的话，可使精除盐装置走旁路。

（2）低压加热器系统冲洗。低压加热器系统冲洗流程：凝结水泵→精除盐装置→轴封加热器→低压加热器→地沟排放。

低压加热器先冲洗旁路，水质合格后，再进入低压加热器内冲洗，冲洗时应注意流量大小，流量太小，冲洗效果不好；流量太大，则凝汽器水位不易控制。

（3）除氧器冲洗。除氧器冲洗流程：低压加热器冲洗合格后，凝结水可进入除氧器，冲洗后从放水门排入地沟。

（4）给水管道冲洗。给水管道冲洗流程：除氧器→给水泵→高压加热器→地沟。

冲洗前，电动给水泵必须具备启动条件；冲洗时，开启电动给水泵向高压加热器进水，先冲洗高压加热器旁路，待水质合格后，进入高压加热器水侧，然后从高压加热器出口放水，流速不得低于 8m/s，如果考虑铜的情况，则水流速不得低于 10m/s。因为高压加热器出口为开式排放，故冲洗时应特别注意除氧器水位。

（5）锅炉本体冲洗。锅炉本体的冲洗分为冷态冲洗和热态冲洗，详见第四章第三节锅炉启动系统。

2. 汽水膨胀问题及其控制

超临界参数直流锅炉在变压运行时的工质热膨胀是启动过程中的一个突出问题。工质热膨胀现象出现在压力较低（0.5~0.7MPa），锅水温度达到饱和温度的状态下。工质热膨胀时，汽水分离器的水位将发生较大的变化，为了控制汽水分离器的水位，一方面，可将分离器水位控制阀自动调节量的设定值适当调大一些；另一方面，控制燃料量的投入速度，以使汽水系统平稳度过膨胀阶段，减小分离器的水位波动。

直流锅炉汽水膨胀量过大时，不仅会引起汽水分离器水位波动，而且可能导致过热器进水甚至汽轮机进水，造成汽轮机运行故障。必须引起高度重视。

直流锅炉启动过程中除氧器水位的控制十分重要。当机组由低负荷运行状态到分离器切除的运行阶段中，分离器水位的上升会引起分离器疏水量的增加，从而影响到除氧器水位。而除氧器水位的剧烈波动会使凝结水泵瞬时流量过大，导致凝结水泵进口滤网差压超限，并进一步导致凝结水泵出口压力降低，低压旁路关闭等问题。

3. 干湿态和湿干态切换

（1）启动方式。在锅炉启动过程中，锅炉本体的冷态清洗或热态清洗阶段，进入汽水分离器的给水经锅炉启动循环泵控制分离器的水位，与不带再循环泵的启动系统类似，控制干湿态的切换。

如图 5-1 所示，启动-水位控制到温度控制的切换运行方式，是负荷增加，从启动运行方式切换到纯直流锅炉方式，由水位控制切换到温度控制的过程。

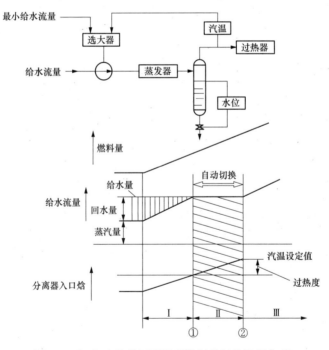

图 5-1   启动-水位控制到温度控制的切换运行方式

Ⅰ阶段：当燃料量逐渐增加时，产生的蒸汽量也增加，从汽水分离器下降管返回的水量逐渐减小，锅炉给水流量逐渐增加，以保证省煤器入口的给水流量保持在某个最小常数值，分离器入口湿蒸汽的焓值增加。

①点：分离器入口蒸汽干度达到1，饱和蒸汽流入汽水分离器，此时没有水可分离，锅炉给水流量等于省煤器入口的给水流量，但仍保持在某个最小常数值（25%BMCR）。

Ⅱ阶段：给水流量仍不变，燃料量继续增加，在汽水分离器中的蒸汽慢慢地过热。汽水分离器出口实际温度仍低于设定值，温度控制还未起作用，所以此时增加的燃料量不是用来产生新的蒸汽，而是用来提高直流锅炉运行方式所需的蒸汽蓄热。

②点：汽水分离器出口的蒸汽温度达到设定值，进一步增加燃料量，使温度超过设定值。

Ⅲ阶段：进一步增加燃料量，给水量也相应增加，锅炉开始由定压运行转入滑压运行。主汽温信号通过选大器，温度控制系统投入运行，汽水分离器出口的蒸汽温度由"燃水比"控制。当锅炉主蒸汽流量增加至 30%BMCR 左右，锅炉正式转入干态运行。

（2）停运方式。停运方式与启动方式类似。

如图 5-2 所示，停运-温度控制到水位控制的切换是指负荷降低，从纯直流锅炉方式切换到启动运行方式，由温度控制切换到水位控制的过程。

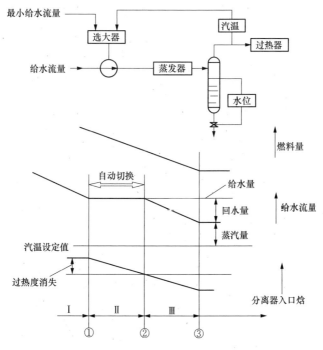

图 5-2　停运-温度控制到水位控制的切换

Ⅰ阶段：锅炉负荷指令同时减少燃料量和给水流量，主汽温控制系统投入自动；当锅炉主蒸汽流量降至 30%BMCR 以下，干态信号消失，湿态信号还没有满足（注：满足条件为炉膛有火且给水母管给水量小于 25%BMCR）。

①点：给水流量达到最低直流负荷流量（25%BMCR）。

Ⅱ阶段：给水流量仍不变，燃料量继续减小，在汽水分离器中的蒸汽过热度降低，开始有水分离出。

②点：汽过热度完全消失，流入汽水分离器的蒸汽呈饱和状态。

三、冷态启动的主要过程

1. 机组启动准备

机组总体检查及准备工作如下：

（1）机组各专业所属设备的检修工作全部结束，所有缺陷消除，所有工作票已严格按有关规定终结。

（2）楼梯、栏杆、平台完整，通道畅通无杂物，各种临时设施已拆除。

（3）管道及设备保温完好，各支吊架、支承弹簧等完好，膨胀间隙正常，保证各部件能自由膨胀。

（4）主厂房及相关区域照明良好，事故照明正常可随时投运。

（5）通信系统及设备正常可用，计算机系统正常联网，工业电视及摄像头完好。

（6）集控室和就地各控制盘完整，内部控制电源均应送上且正常，各指示记录仪表、报警装置、操作、控制开关完好，仪表一次阀开启。

（7）机组联锁试验合格。

（8）厂区消防设施正常可用。

（9）柴油发电机正常备用状态。

2. 锅炉启动准备

（1）锅炉启动前的检查和确认。

（2）锅炉本体及有关系统无检修工作，保温完整，各人孔门、观火孔全部关闭。

（3）锅炉各部安全通道畅通，消防设施完备。

（4）锅炉各水位、温度、压力、流量变送器、开关等测量、保护仪表正常完好，有关一次阀门开启。

（5）所有安全阀门完好，疏水畅通，试验夹紧装置和水压试验堵头已拆除。

（6）吹灰器及炉膛烟温探针完好且都在退出状态，炉膛火焰监视器、锅炉泄漏监测系统完好可用。

（7）所有点火油枪已清理干净，并能顺利地伸进、退出，无卡涩，等离子点火系统正常可用。

（8）各燃烧器内二次风挡板已在设定位置，三次风、中心风、燃烧器冷却风挡板在相应位置，各火焰检测装置完好，燃尽风各喷口挡板位置已正确设定。

（9）联系检修仪控人员，确认协调控制系统（CCS）、燃烧器控制系统（BCS）、锅炉炉膛安全监控系统（FSSS）、顺序控制系统（SCS）等联锁保护完整投入，自动调节控制系统正常。

全面检查确认锅炉下列各系统和有关设备符合启动条件：

（1）汽水系统，过热器、再热器的减温水系统。

（2）锅炉启动系统。

（3）锅炉疏水放气系统、污水系统。

（4）风烟系统：一次风系统、二次风系统、烟气系统（包括空气预热器及其辅助系统）。

（5）制粉系统（包括磨煤机密封风系统、等离子点火系统）。

（6）火检系统（包括火检冷却风系统）、炉膛火焰摄像装置。

（7）辅助蒸汽系统（包括 B 磨煤机暖风器系统，该磨煤机对应燃烧器配有等离子燃烧装置）。

（8）吹灰系统、炉膛烟温探针。

（9）锅炉岛闭式水系统，压缩空气系统，服务水系统。

（10）燃油系统、油枪。

（11）SCR 喷氨及氨气蒸发系统，SCR 声波吹灰系统。

（12）通知灰硫、化学、煤控值班人员对其所属各系统进行全面检查，做好机组启动前的各项准备工作。

（13）锅炉点火前 8h 投入电除尘瓷轴、瓷套及灰斗加热器；炉底捞渣机水封系统投入，检查电除尘及灰渣系统具备投运条件；确认烟囱集水箱水位正常。

（14）除盐水量、化学用药量满足机组启动需要；脱硝系统液氨储量满足需求。

（15）输煤系统具备投运条件，燃煤及燃油储存量充足，各煤仓煤位正常。

（16）烟气脱硫系统（FGD）具备投运条件，其进出口挡板及旁路挡板动作正常。

3. 辅助设备及系统投运

（1）电气 110V、220V、6kV、400V 厂用电系统投运，具备送电条件的设备均已送电，相关保护投入。

（2）机组污水、污油排放系统投运。污水排放系统包括机组排水槽排水泵、凝结水泵坑排水泵、海水坑排水泵、循环水泵出口阀门井潜水泵、循环水泵联络阀门井潜水泵；污油排放系统包括机组事故油坑排油泵。

（3）联系化学向凝结水储存水箱进水至正常水位。

（4）闭式冷却水系统投运。启动凝结水输送泵向闭式水箱补水至正常水位，将补水调节阀投自动，确认闭式冷却水水质合格。

（5）压缩空气系统投运。确认系统各设备运行正常，仪用气、检修用气系统各参数符合要求，压力 0.7～0.76MPa，干燥机后露点温度小于或等于—40℃。

（6）循环水系统投运。系统投运过程中，向凝汽器及循环水管道系统注水，排空气。

（7）开式冷却水系统投运。系统投运后，向相关系统中各设备冷却器提供冷却水。

（8）汽轮机润滑油、顶轴油、抗燃油系统投运，盘车装置投运；密封油系统投运，发电机气体置换及充氢，发电机定子冷却水系统投运。

（9）凝结水系统投运。确认凝结水储存水箱水位正常，启动凝结水输送泵向热井及凝结水系统注水，调节凝汽器水位主、辅调节阀至热井正常水位；启动一台凝结水泵，清洗凝汽器和除氧器之间的低压管路及除氧器；凝结水精除盐装置、凝结水用户投运。

（10）辅助蒸汽系统、轴封蒸汽系统和抽真空系统投运。

（11）除氧器加热、给水系统投运。调节辅助蒸汽至除氧器压力调节阀，使除氧器水温缓慢升高，尽量接近汽水分离器壁温，溶解氧合格；水温合格后，逐步调节除氧器水位至正常水位。

（12）高、低压旁路系统投运。当凝汽器压力低于 40kPa，可投入高、低压旁路系统运行。

4. 锅炉上水

（1）检查锅炉汽水系统及有关辅助系统满足上水条件：

1）所有锅炉本体疏水阀门处于开启状态。

2）所有锅炉本体放气阀门处于开启状态，充氮阀门关闭。

3）锅炉所有试验测点一、二次阀门关闭，取样一、二次阀门开启，有关测量仪表一、二次阀门开启。

4）检查过热器、再热器减温水系统符合投运条件，管道疏水阀门、放气阀门、减温水隔离阀门关闭。

5）锅炉启动系统阀门状态正确，361 阀门处于自动状态，开启储水箱至 361 阀门管道电动隔离阀门，360 阀门处于关闭状态。

6）确认锅炉启动循环泵注水完毕且保持连续注水（注意：只能通过电机底部的注水管向电机注水，直到水从泵进口的放气管道流出），电机绝缘合格。锅炉启动循环泵各闭式冷却水阀门开启，冷却水流量正常，关闭锅炉启动循环泵进、出口阀门及再循环阀门，关闭锅炉启动循环泵过冷水管道气动阀门、启动系统暖管电动总阀门。

7）锅炉疏水扩容器、冷凝水箱和疏水泵及其管路系统均处于备用状态。

8）关闭锅炉冷凝水箱疏水泵至凝汽器管路的电动隔离阀门。

9）机组排水槽处于低水位，两台排水泵出口阀门开启，并投入备用；排水槽冷却水系统备用。

（2）进入锅炉的给水必须是除盐水，确认凝汽器至除氧器间低压管路冲洗结束，水质合格，浑浊度低于 3mg/L，pH 值为 9.2～9.6。

（3）检查除氧器水温 80℃左右，启动电动给水泵上水，上水流量为 5%BMCR（150t/h）左右，控制分离器内外壁温差小于 25℃。

（4）锅炉上水时间控制：夏季不少于 2h，冬季不少于 4h。

（5）锅炉上水后，根据上水流程，各疏水放气阀门出水后依次关闭：锅炉省煤器进口疏水阀门、省煤器出口联箱放气阀门、集中下降管分配联箱疏水阀门、水冷壁过渡段混合联箱疏水及放气阀门、水冷壁水平烟道底部出口联箱疏水阀门、垂直水冷壁出口混合联箱疏水及放气阀门、启动系统有关疏水阀门。

（6）储水箱水位达 12m，锅炉上水完成。

5. 锅炉冷态清洗

锅炉冷态清洗过程分为开式清洗和循环清洗两个阶段，详见第四章第三节锅炉启动系统。

（1）冷态开式清洗阶段：

1）确认 361 阀门开启。

2）确认清洗过程中除氧器水温在 80℃左右。

3）启动电动给水泵向锅炉上水，提供锅炉清洗用水，可根据水质情况调整给水流量。

4）锅炉冷态开式清洗过程中，锅炉疏水泵出口至凝汽器电动阀门关闭，疏水泵出口至排水槽管路电动阀门开启，361 阀门后清洗水流经疏水扩容器、冷凝水箱后由此管路排出，直至储水箱下部出口水质优于下列指标值后，冷态开式清洗结束。

水质指标：铁含量小于 500μg/L 或混浊度小于或等于 3mg/L，油脂含量小于或等于 1mg/L，pH 值小于或等于 9.5。

（2）冷态循环清洗阶段：

1）冷态开式清洗结束，水质指标符合要求，进行冷态循环清洗。

2）启动锅炉启动循环泵，检查锅炉启动循环泵过冷水管路自动投入，调整 360 阀开度，使锅炉给水再循环流量为 20%BMCR（600t/h）左右。

3）一般控制给水流量为 5%BMCR（150t/h），省煤器进口流量约 25%BMCR（750t/h）。

视水质情况可适当调整清洗水量。

（4）361 阀门投入自动，储水箱水位变化时，依靠 361 阀门调节储水箱水位。

（5）一般储水箱出口取样水质含铁量小于 $500\mu g/L$、$SiO_2 < 200\mu g/L$，水质合格。开启疏水泵出口至凝汽器管路电动阀门，同时关闭疏水泵出口至排水槽电动阀门，工质回收至凝汽器。

（6）维持 25%BMCR（750t/h）清洗流量进行循环清洗，直至省煤器进口水质优于下列指标，冷态循环清洗结束。

水质指标：铁含量小于 $100\mu g/L$，pH 值为 9.3～9.5，电导率小于或等于 $1\mu S/cm$。

6. 锅炉风烟系统启动

（1）检查确认锅炉本体、各风烟道人孔门、看火孔均已关闭严密，捞渣机炉底水封投运正常，确认烟囱集水箱水位正常，确认 FGD 系统具备投运条件。

（2）启动空气预热器 A、B 主电机，检查空气预热器主电机运转正常，确认空气预热器二次风进、出口挡板，烟气进口挡板，一次风进、出口挡板已开启；投入空气预热器辅助电动机、导向轴承油泵联锁。解除空气预热器密封间隙自动调节装置（漏风控制系统 LCS）自动并手动提升至最大位，密封间隙调整装置可在锅炉负荷 30% 左右投入自动。

（3）投运等离子火检冷却风机，确认系统运行正常，开启各等离子点火器吹扫风手动隔离阀，开启各等离子点火器吹扫气动阀；投入火检冷却风系统运行，确认火检冷却风压力正常，将另一台火检冷却风机和直流火检冷却风机投备用；确认电除尘各出口挡板开启，挡板密封风机处于备用状态。

（4）启动第一组引、送风机，调整炉膛压力在 −0.1kPa，投入炉膛负压控制自动。烟道挡板开启或第一台引风机启动后，可能会引起其他风机转动，为防止停止状态的风机轴承损坏，规定在第一台引风机启动前，必须确认两台送风机及其电动机、两台引风机及其电动机各轴承的润滑、液压和冷却系统投运正常，或者采取可靠的防止风机转动的措施。

（5）开启二次风联络母管到燃烧器密封风隔离挡板 A、B。

（6）启动第二组引、送风机，调整两组风机出力平衡，维持总风量在 30%～40%。送风机出口联络母管隔离挡板正常情况下，处于开启状态。

（7）投运燃油泵和吹扫空气系统，确认系统运行正常，锅炉进油跳闸阀前燃油压力满足要求（>3.5MPa），油枪吹扫空气压力大于 0.6MPa。

（8）确认 SCR 系统完成启动前检查，系统具备投运条件。

（9）做好制粉系统、一次风机、磨煤机密封风机、等离子点火系统启动前的检查准备工作。

7. 燃油泄漏试验

（1）进行炉前燃油系统启动前检查，确认所有油枪进油手动隔离阀开启，进、回油流量计及燃油调节阀前、后隔离阀开启，旁路阀关闭；联系值长启动供油泵，确认运行正常。

（2）燃油泄漏试验条件：

1）锅炉进油跳闸阀关闭。

2）所有油枪油角阀关闭。

3）锅炉回油快关阀关闭。

4）锅炉总风量大于 30%。

5）锅炉进油跳闸阀前油压满足（＞3.5MPa）。

（3）燃油泄漏试验步骤：

1）在CRT上发"燃油泄漏试验"启动指令，确认"燃油泄漏试验进行中"灯亮，同时燃油泄漏试验阀打开，开始充油。

2）60s内，若燃油母管压力大于3.5MPa，则充油成功，关闭燃油泄漏试验阀；反之，若油母管压力未建立，则充油失败。

3）充油结束后90s内，燃油母管压力下跌小于0.3MPa且锅炉进油跳闸阀前后差压大于0.15MPa，则锅炉回油快关阀及油角阀泄漏试验通过，并在CRT上显示"锅炉回油快关阀及油角阀泄漏试验通过"；否则燃油泄漏试验失败，并在CRT上显示"锅炉回油快关阀及油角阀泄漏试验失败"。

4）打开回油快关阀，8s后关闭。90s内，油压上升小于0.2MPa，锅炉进油跳闸阀泄漏试验通过，在CRT上显示"泄漏试验成功"；否则锅炉进油跳闸阀泄漏试验失败，在CRT上显示"泄漏试验失败"。

8. 炉膛吹扫

（1）一次吹扫条件：

1）所有油枪油角阀全关。

2）进油跳闸阀全关。

3）所有给煤机和磨煤机停运。

4）所有磨煤机出口挡板已全关。

5）一次风机均停。

6）所有火检探头均探测不到火焰。

7）任一引风机运行且进出口挡板全开。

8）任一送风机运行且出口挡板全开。

9）任一空气预热器运行，二次风进出口挡板、烟气进口挡板全开及对应电除尘出口挡板全开。

10）任一火检冷却风机运行。

11）任一等离子火检冷却风机运行。

12）无MFT跳闸条件。

13）燃油泄漏试验成功。

14）尾部烟道过热器和再热器侧烟气挡板均在吹扫位。

当以上一次吹扫条件满足，"锅炉吹扫请求"指示灯亮，CRT上可以发"启动炉膛吹扫"指令，启动指令发出后，FSSS向CCS发出一个信号将所有燃烧器二次风挡板置于吹扫位。

（2）二次吹扫条件：

1）燃烧器层二次风挡板在吹扫位置（大于80%）。

2）锅炉总风量大于30%且小于＜40%。

3）所有三次风挡板在燃油位置。

4）FGD烟道畅通。

5）炉膛压力正常。

6）火检冷却风机出口压力正常。

7）等离子火检冷却风机出口压力正常。

当满足以上二次吹扫条件后，"锅炉吹扫许可"指示灯亮，吹扫计时器开始 5min 计时，"锅炉吹扫进行中"指示灯亮。如果 5min 吹扫顺利结束，则炉膛吹扫成功，"锅炉吹扫完成"指示灯亮，MFT 复归。

（3）吹扫注意事项：

1）一次吹扫条件被破坏，则吹扫失败、逻辑退出吹扫模式，此时需要重新发指令来启动炉膛吹扫程序。

2）二次吹扫条件被破坏，吹扫计时器停止计时，同时"锅炉吹扫中断"指示灯点亮。二次吹扫条件恢复后，5min 的吹扫过程就会自动重新开始计时，无须干预。

9. 锅炉点火

（1）对机组各系统状态做全面检查，做好锅炉点火准备。

1）汽轮机检查及准备：

a. 确认汽轮机在跳闸状态，高中压主汽门、调门在关闭状态，补汽阀关闭，汽轮机盘车投运正常。

b. 汽轮机高压缸排汽止回阀门关闭，高压缸通风阀控制已投自动（处于关闭状态）。

c. 凝汽器压力不高于 13.0kPa（a），辅助蒸汽系统及轴封运行正常。

d. 汽轮机侧有关疏水阀开启。

e. 确认循环水系统运行正常，后缸喷水投入"自动"且动作正常。

f. 检查汽轮机缸体绝对膨胀正常。

2）锅炉检查及准备：

a. 确认锅炉冷态清洗结束，省煤器进口水质合格，省煤器进口水质的电导率小于 $1\mu S/cm$、铁含量小于 $100\mu g/L$、pH 值为 9.3～9.5 时，储水箱水位正常。

b. 在就地及 CRT 开启汽水分离器、各段过热器、再热器出口联箱疏水、放气一二次阀门。

c. 开启燃油跳闸阀、回油快关阀，调整炉前燃油母管压力约 3.5MPa，进行炉前油循环。

d. 确认所有二次风量调节挡板及燃尽风 AAP、SAP 调节挡板位置正确。

e. 炉膛压力在－0.1kPa 左右及锅炉总风量在 30%～40%。

f. 确认锅炉启动循环泵运行正常，投入 360 阀自动，维持储水箱水位，尽量保证锅炉给水再循环流量在 20%BMCR（600t/h）左右，省煤器进口给水流量 25%BMCR（750t/h）左右。

g. 确认火检冷却风系统运行正常。

h. 确认等离子火检冷却风机运行正常。

i. 投运炉膛烟温探针。

j. 检查辅助蒸汽至空气预热器吹灰器具备投运条件。

k. 过热器出口电磁泄压阀前手动隔离阀开启，电磁泄压阀投入自动。

（2）锅炉点火。锅炉启动点火可以采用两种方式：油枪点火启动和等离子点火启动。冷态启动应优先采用等离子装置点火直接投运磨煤机 B 方式。为防止除灰脱硫有关设备发生二次燃烧，机组采用等离子点火启磨前，应提前通知除灰脱硫运行值班人员做好准备。

1）等离子点火启动。启动一次风机、磨煤机密封风机，检查一次风机和密封风机运行正常，一次风、密封风母管风压调整至适当值。一次风机启动后，开启空气预热器中心筒密封风隔离挡板。

等离子点火启动前准备：

a. 启动一台等离子冷却水泵，检查冷却水压力正常，另一台备用。

b. 投入等离子载体风系统，确认风压正常。

c. 确认等离子火检冷却风系统运行正常。

d. 等离子图像火检装置无异常。

e. 检查等离子点火装置电源及控制系统无异常。

f. 检查辅助蒸汽系统已经投运正常，投入磨煤机 B 暖风器系统。

磨煤机 B 启动前准备：

a. 确认磨煤机润滑油、液压油系统投运正常，磨辊在提升位置。

b. 磨煤机 B 切换至"等离子方式"。

c. 应做好准备，等离子点火装置拉弧后，尽快投入磨煤机 B 的一次风，间隔时间控制在 5min 左右，不得超过 10min。

d. 各等离子点火装置拉弧，调节等离子装置的设定电流在 300A 左右，检查等离子电流在 200～375A 之间，电压在 250～400V 之间。

e. 启动动态分离器，建立磨煤机一次风量 97t/h 以上，投运磨煤机 B 暖风器，暖风器后一次风温保持在 160℃ 左右，调整各粉管一次风流速在 18～20m/s。

f. 维持磨煤机的升温率在 5℃/min 以下进行暖磨，直到磨煤机出口温度到 60～80℃。确认启动条件满足后启动磨煤机。

g. 启动给煤机 B，煤量指令 25% 左右，稳定后适当提高指令值，煤量 30～35t/h。冷态时投运等离子点火初期，磨煤机出力一般不要超过 50t/h。

h. 密切注意锅炉燃烧情况及炉膛压力变化，确认火检正常。注意升温、升压率符合启动曲线，控制汽水分离器进口工质的升温率小于 2℃/min。

i 等离子点火初期应通过等离子图像火检系统观察煤粉着火情况，并有专人就地观察等离子燃烧器的煤粉燃烧情况，记录各喷嘴从投煤至点燃的时间，当发现任何一个燃烧器超过 120s 未点燃时应立即停止磨煤机。

j. 等离子点火启动后，应加强监视和就地检查，防止尾部烟道、SCR 装置、空气预热器发生二次燃烧。及时通知除灰脱值班人员，注意防止烟道、灰斗（库）等有关设备发生二次燃烧。

k. 通知灰硫值班员，磨煤机已投运，注意石子煤、底渣等排放；按规定投入电除尘有关电场。

2）油枪点火启动。

a. 确认油枪点火许可条件满足，启动第一组（支）点火油枪。

b. 油枪的启动可以单支、成对或成排启动。

c. 启动油枪时，应注意油枪的启动顺序和时间间隔，就地检查点火油枪投运正常，无泄漏，燃烧工况良好，不冒黑烟。

d. 油枪投运的顺序按推制造厂推荐顺序进行。

e. 注意油枪点火时燃油母管压力和炉膛压力的变化。

f. 通过调节点火油枪燃油调节阀门来保持点火油枪燃油母管压力正常，适时关闭回油快关阀门。

g. 确认炉膛火检正常。

10. 锅炉升温升压

锅炉点火后，即可按照冷态启动曲线进行升温升压。

（1）调整油枪投运数量，控制燃油压力，或调整磨煤机的出力，控制汽水分离器进口工质的升温率小于 2℃/min。

（2）严格控制炉膛出口烟温，在再热器无蒸汽流通时，炉膛出口烟温应小于 540℃。

（3）锅炉点火后须投入空气预热器连续吹灰、SCR 吹灰。

（4）空气预热器冷端平均温度小于 68.3℃时，根据情况投入送风机热风再循环。

（5）锅炉点火后，确认高、低压旁路方式正确，高、低压旁路减温水均正常投入运行：

1）确认高压旁路设定最大阀位（约 60%）、最小阀位（15%）及压旁路出口温度（300℃）

2）在 CRT 的高压旁路画面上选择高压旁路的启动方式。

3）锅炉点火前低压旁路必须投入自动，当高压旁路的开度大于 2%，低压旁路立即从自动方式切换到压力控制方式，低压旁路将调节热再蒸汽的压力。

（6）当主蒸汽压力升至 0.4MPa，检查关闭锅炉侧汽水分离器、各段过热器、再热器出口联箱放气、疏水电动阀。

（7）主蒸汽压力达到 0.7MPa 时，确认高压旁路逐渐开启。

（8）锅炉热态冲洗：

1）顶棚出口温度达 190℃，锅炉开始热态冲洗，控制燃料量稳定，维持顶棚出口温度在 190℃。

2）热态清洗过程中维持锅炉给水再循环流量在 600t/h，锅炉启动循环泵出口调节阀门（360 阀门）全开。

3）通知汽水品质监督人员化验水质。

4）热态清洗时，一般疏水通过锅炉疏水泵排至凝汽器回收，进行循环清洗。

5）当启动分离器储水箱出口 Fe≤50μg/L，SiO₂≤30μg/L 热态冲洗结束，锅炉继续升温升压。

（9）冷再蒸汽压力大于 1.6MPa 时，将辅助蒸汽汽源切至冷段再热蒸汽。

（10）逐渐增加锅炉燃料量，通过尾部烟道挡板调节再热蒸汽温度。

（11）烟温大于 580℃，确认烟温探针自动退出。

（12）热态冲洗结束后，停止锅炉启动再循环泵注水。继续增加锅炉燃烧量，根据冷态启动曲线控制升温升压速度，锅炉升温升压直至达到冲转参数。

（13）随着锅炉负荷增加，360 阀门逐渐关小，给水流量逐渐增加，维持省煤器进口给水流量在 25%BMCR（750t/h）左右。

（14）当过热蒸汽压力达 2.5MPa 时，开启过热器电磁泄压阀门 60s，进行排汽试验。

（15）锅炉本体检修后初次启动，锅炉点火后应加强对本体各主要膨胀点的监视，记录膨胀值。若膨胀值异常，应停止升压，待消除原因后，继续升压。在下列时间应记录膨胀值：锅炉上水前、上水后和过热器出口压力分别为 0.40、1.50、15、27.24MPa 时。

（16）锅炉点火及升温升压期间的注意事项：

1）锅炉停用时间超过 150h，一般应进行锅炉清洗。

2）当炉水接近沸腾时，应特别注意启动分离器储水箱的水膨胀现象，利用 361 阀门控制启动分离器储水箱水位，必要时调整燃烧。

3）为控制炉膛出口烟温，除限制锅炉燃料量外，亦可开大停运燃烧器二次风调节挡板及 AAP、SAP 调节挡板，增加进入炉膛的冷风量，从而降低炉膛出口烟温。

4）严格控制炉膛出口烟温，在再热器无蒸汽流通时，炉膛出口烟温必须小于 540℃。

5）注意锅炉燃料量控制，控制汽水分离器进口的工质升温率小于 2℃/min。

6）启动过程中注意凝结水、给水、蒸汽品质的监视。

7）锅炉启动过程中，尤其是等离子点火期间，要注意监视空气预热器、SCR 各参数的变化，防止发生二次燃烧。

8）仔细监视所有再热器和过热器的金属管壁温度，防止其超限。

9）锅炉点火后，应开启顶棚出口联箱及包墙出口联箱疏水阀门进行短时疏水，确保该处无积水。

10）为防止省煤器内汽化，应维持省煤器出口水温低于对应压力下的饱和温度 10℃以上。

11）启动过程中，注意保证省煤器入口给水流量在 25%BMCR（750t/h）左右，避免低流量保护动作。

12）当储水箱压力大于或等于 981kPa，联锁关闭锅炉所有疏水阀门、放汽阀门，防止出现阀门漏关的现象。

13）汽轮机冲转参数到后，应维持锅炉燃料量及蒸汽参数稳定，保证高、低压旁路有一定的开度。

11. 汽轮机冲转及升速、并网

（1）汽轮机冲转前，检查确认：

1）机组所有投运的辅助设备及系统运行正常，满足汽轮机冲转需要。

2）用作汽轮机冲转的蒸汽至少有 50℃ 以上的过热度，且蒸汽品质合格。

3）高压缸、中压缸、低压缸排汽温度，轴向位移，高压缸、中压缸上、下缸温差，凝汽器压力等参数正常，并应充分考虑汽轮机冲转后的变化趋势。

4）汽轮机冲转前须连续盘车至少 4h，且转子偏心度偏离原始值低于 0.05mm。

5）轴封蒸汽母管压力为 3.5kPa，轴封蒸汽温度与汽轮机金属温度相匹配。

6）汽轮机润滑油压力为 0.55MPa，温度为 38~50℃。

7）EHC 油压为 16.0MPa，油温为 45℃ 左右。

8）汽轮机冲转升速及升负荷期间重点监视参数能正常显示。

（2）发电机并网前，检查确认：

1）检查确认发电机-变压器组一次设备及辅助设备符合启动投运要求，且二次设备系统完好。

2）检查励磁机本体及引出线各部完好。

3）确认发电机封闭母线微正压装置已经正常投运。

4）确认发电机 TV、四段母线工作电源进线 TV 正常投运。

5）确认发电机中性点接地闸刀已合上。

6）确认发电机-变压器组保护正常投运。

7）励磁系统改热备用。

8）检查主变压器、厂总变压器冷却器及控制系统正常。

9）检查发电机密封油系统、氢气系统、定子冷却水系统运行正常。

10）检查发电机-变压器组出口开关、隔离闸刀的操作机构正常，就地控制屏上无异常报警。

11）对发电机-变压器组系统进行一次详细的外部检查确认无异常，并完成相关操作。

（3）冲转参数为：冷态启动一般选择主蒸汽参数 8.5MPa/380℃，再热蒸汽参数 1.2MPa/360℃。

（4）汽轮机启动子组（sub group control，SGC）程序控制操作步序：

第 1 步：启动初始化。

第 2 步：SLC（sub loop control，子环回路控制）汽轮机抽汽止回阀门子程序投入。

第 3 步：汽轮机限制控制器投入。

第 4 步：汽轮机疏水子程序投入。

第 5 步：汽轮机高、中压调门前疏水投入。

第 6 步：空步。确认主蒸汽管道、热段再热管道暖管完毕。

第 7 步：空步。

第 8 步：汽轮机润滑油泵试验准备。

第 9 步：空步。

第 10 步：空步。

第 11 步：等待蒸汽品质合格。

第 12 步：空步。

第 13 步：投入低压缸喷水。

第 14 步：投入主蒸汽门前疏水。

第 15 步：汽轮机启动限制控制器指令输出（turbine startup and lift limit，TAB）大于 42％，准备开启主汽门。

第 16 步：开启主汽门。高、中压主汽门全开，高压排汽通风阀门关闭。

第 17 步：空步。

第 18 步：确认汽轮机冲转条件，选择合适的蒸汽流量。

①高压转子中心孔温度小于 400℃，选择主蒸汽流量大于 15％。

①高压转子中心孔温度大于 400℃，选择主蒸汽流量大于 10％。

①确认主蒸汽流量大于 15％。

第 19 步：空步。

第 20 步：汽轮机调门开启前等待蒸汽品质合格，确认汽轮机冲转条件。

第 21 步：开启调门，汽轮机冲转至暖机转速。汽轮机转速达到 360r/min 时暖机 60min。

第 22 步：解除蒸汽品质子程序。

第 23 步：保持暖机转速。手动释放正常转速控制，汽轮机转速为 2850～2940r/min。

第 24 步：空步。

第 25 步：汽轮机升至额定转速。增加转速至额定转速 3000r/min。

第 26 步：关闭汽轮机高、中压主汽门疏水阀门。

第 27 步：解除正常转速（手动），汽轮机转速控制器停止工作，汽轮机启动限制控制器指令输出 TAB 小于或等于 62%，限制调门开度。

第 28 步：启动自动电压调节器（automatic voltage regulator，AVR）装置。汽轮机转速大于 2950r/min，发电机 AVR 投入自动。

第 29 步：AVR 已投入自动，汽轮机额定转速暖机结束（冷态需暖机 60min）。

第 30 步：发电机准备并网。投入励磁系统，选择发电机-变压器组出口开关，发电机出口电压大于 0% 额定电压。

第 31 步：准备同期并网：

1）励磁系统已投用。

2）励磁开关已合上。

3）发电机-变压器组出口开关已同期并网。

第 32 步：汽轮机启动限制控制器指令输出 TAB 至 99%，增加调门开度。汽轮机调门开度由负荷控制器设定，转速控制器退出运行。

第 33 步：完成汽轮机启动过程：主蒸汽流量大于 20%，汽轮机转速大于 2950r/min，主蒸汽压力大于 2.5MPa。

第 34 步：投入主蒸汽压力控制器。

第 35 步：启动步骤结束。

（5）汽轮机冲转、升速及并网过程中的注意事项：

1）汽轮机冲转前，转子连续盘车时间应满足要求，尽可能避免中间停盘车，如发生盘车短时间中断，则要延长盘车时间。

2）汽轮机升速过程中为避免汽轮机较大的热应力产生，应保持合适、稳定的主蒸汽温度，考虑高压汽轮机叶片的承受能力，因此汽缸壁温升应严格按准则进行，否则机组升速将受到限制，机组在暖机过程中应保持蒸汽参数的稳定。

3）汽轮机要充分暖机，疏水子回路控制必须投入，尽可能保持疏水畅通。

4）注意汽轮机组的振动、各轴承温度、汽轮机高/中压缸上、下温差、轴向位移及各汽缸膨胀的变化，必要时加强暖机。

5）机组升速过程中要注意主机润滑油温及发电机氢气温度的变化，并保持在正常范围内。并注意观察各轴承回油温度不超过 70℃，低压缸排汽温度不超过 90℃。

6）汽轮机转速必须在 360r/min 以下才允许复归。

7）在汽轮机冲转中，若储水箱水位急剧下降，应关小锅炉启动循环泵出口调节阀门并提高给水流量。

8）旁路投运后，可以考虑投运 2 号高压加热器汽侧。

9）励磁投入后的发电机升压期间，当发电机出口电压达到 27kV 时，确认励磁系统正常。

10）检查 6kV 母线电压正常。

11）机组并网后注意保持主蒸汽压力稳定，锅炉加强燃烧调整。

12）应适当调整机组无功功率，保证机组不在进相运行。

13）机组带初负荷暖机的时间根据蒸汽参数按机组启动曲线确定。

14）发电机的相序与系统相序一致，检修后的发电机必要时，应由检修人员在机组并网前完成核相工作。

15）发电机冲转、升速及并网过程中，维持主蒸汽压力稳定，监视旁路的动作情况，注意控制储水箱水位正常。

12. 升负荷至额定负荷

（1）初负荷暖机。机组带 5％MCR 初负荷，进行暖机 30～60min（根据温度裕度控制），暖机期间，加强机组振动、润滑油温等参数检查，维持主蒸汽压力稳定，主蒸汽、再热蒸汽温度逐步上升至 500/480℃；汽轮机冲转或机组带初负荷时，启动一台汽动给水泵；机组负荷达到 50MW 后投运高压加热器。

（2）冷态启动时，最初负荷变化率为 5MW/min，500MW 以上时可以加大到 10MW/min。

（3）锅炉升负荷（采用油枪点火启动方式）：

1）汽轮机冲转或机组带初负荷时，启动第一套制粉系统。

2）全面检查待投运制粉系统状态，确认制粉系统具备投运条件。

3）确认锅炉燃烧稳定，炉膛压力及风量控制正常，二次风温度在 180℃左右；主蒸汽、再热蒸汽压力和温度稳定。

4）确认一次风机、密封风机启动条件满足，启动一次风机 A、B 和一台磨煤机密封风机，调整一次风母管、密封风母管压力至适当值。一次风机启动后，开启到空气预热器中心筒密封风隔离挡板。

5）磨组启动后应密切注意炉膛压力变化和煤粉进入炉膛后的燃烧情况。就地检查确认磨煤机、给煤机及煤粉燃烧正常，确认二次风挡板开度正常。

6）通知灰硫值班员，按规定投入电除尘有关电场，注意石子煤、灰渣系统排放。

7）控制磨煤机出力，控制主蒸汽升温率小于 0.8℃/min，再热蒸汽升温率小于 1.5℃/min。

8）磨煤机启动顺序建议按照锅炉厂的推荐顺序，即按照 A/D/F/B/E/C 的顺序。

9）机组负荷 100MW 左右，第一台汽动给水泵并入给水系统运行。

10）机组负荷 200MW 左右时，可投运第二台磨煤机，通知除灰脱硫运行值班员按规定投入电除尘有关电场。

（4）锅炉升负荷（采用等离子点火方式）：

1）在锅炉投等离子点火启动时，机组负荷在 50MW 左右，可启动第二套制粉系统。

2）确认锅炉燃烧稳定，炉膛压力及风量控制正常，二次风温度在 180℃左右，主蒸汽、再热蒸汽压力和温度、机组负荷等参数稳定；第二台磨煤机一般应启动磨煤机 F。

3）通知除灰脱硫运行值班人员按规定投运静电除尘器有关电场，注意石子煤、灰渣系统的排放。

4）控制磨煤机出力，控制主蒸汽升温率小于 0.8℃/min，再热蒸汽升温率小于

1.5℃/min。

5）机组负荷 100MW 时，第一台汽动给水泵并入给水系统运行。

6）启动第二台磨煤机后，当两台磨煤机运行正常且出力均大于 40t/h，确认锅炉燃烧稳定，炉膛压力及风量控制正常，二次风温度大于 180℃，可将磨煤机的控制方式由"等离子模式"切至"正常模式"。

（5）机组负荷大于 8%MCR 时，各抽气止回阀门的阀位大于 5%，则确认相应的疏水阀门关闭；机组负荷大于 10%MCR 时，确认防进水保护高压疏水阀门关闭；机组负荷大于 12%MCR 时，确认防进水保护低压疏水阀门关闭；机组负荷大于 15%MCR 时，高压缸本体、中压调门后疏水阀门关闭；机组负荷大于 250MW 时，投运低压加热器疏水泵。

（6）锅炉湿态转干态：

1）随着锅炉负荷增加，蒸发量增大，启动分离器储水箱水位逐渐下降，当锅炉启动循环泵出口流量小于 131t/h 时，锅炉启动循环泵再循环阀门自动开启，此时要注意启动分离器储水箱水位。

2）机组负荷在 260～290MW 时，稳定给水流量，缓慢增加燃料量，储水箱水位逐渐降低，360 阀门全关，锅炉启动循环泵停止运行，锅炉由湿态转入干态运行。

3）锅炉启动循环泵停运后，确认锅炉启动循环泵出口阀门、再循环阀门关闭，过冷水隔离阀门关闭。检查锅炉启动循环泵、361 阀门暖管管路投运正常；机组负荷大于 300MW，确认储水箱至二级过热器的减温水电动隔离阀门开启。

4）锅炉在转干态过程中，应严防给水流量和燃料量的大幅波动；干湿态转换非常重要，在干湿态转换时，要做好准备，确保转换一次成功。避免干、湿态的来回转换。

5）机组进入直流运行工况后，应严密监视分离器进口、顶棚出口温度的变化，保持合适的燃水比，控制过热汽温度稳定。

6）确认锅炉侧各自动投入，机组运行稳定，通过烟气挡板调节再热器的蒸汽温度。

7）检查水冷壁、过热器、再热器金属温度及偏差正常。

（7）机组负荷在 300～350MW，运行稳定无异常情况，进行厂用电切换。

（8）机组负荷由 300MW 升至 1000MW：

1）当机组负荷大于 300MW 时，可将空气预热器吹灰汽源切至主蒸汽供。

2）当机组负荷在 300MW 左右时，给水调节由给水旁路调节阀门切至主给水回路。

3）当机组负荷大于 300MW 时，第二台汽动给水泵冲转，停用电动给水泵。

4）当机组负荷 300MW 左右时，可启动第三台磨煤机，通知除灰脱硫运行值班员按规定投入电除尘有关电场。在启动第 3 台磨煤机之前，应优先启动第二台一次风机。

5）锅炉负荷大于 400MW，可根据情况逐步停用等离子点火装置，逐步停运所有油枪。炉前燃油系统处于炉前循环状态，空气预热器吹灰方式改为每班一次。通知除灰脱硫运行值班员，如条件满足，可投入 FGD 系统。

6）当机组负荷大于或等于 400MW 时，投入第二台给水泵，机组负荷变化率设为 15MW/min。

7）当机组负荷大于 500MW 时，可以启动第四台磨煤机，通知除灰脱硫运行值班员投运电除尘有关电场。

8）省煤器出口烟温大于 322℃，可投入烟气脱硝系统。

9）锅炉燃烧稳定条件下，机组负荷大于 500MW，允许进行炉膛吹灰。

10）当机组负荷大于 750MW 时，可以启动第五台磨煤机。

11）继续增加锅炉燃料量，增加汽轮机负荷指令，机组负荷大于 950MW 后，应缓慢增加锅炉燃料量，监视各参数正常；机组负荷达到 1000MW 时，机组由滑压运行进入定压运行，确认主蒸汽压力为 26.25MPa，主蒸汽温度和再热汽温度为 600/600℃（机侧）。

12）对机组运行工况进行一次全面检查，确认无异常情况，机组进入正常运行阶段。

13）根据省电网负荷调度中心指令加减机组负荷或投入负荷控制等方式。

（9）升负荷过程中注意事项：

1）投用磨煤机前，空气预热器出口一次风温度尽量达到 150℃。冷态采用等离子点火启动时，必须投用磨煤机 B 的暖风器，直到一次热风温度达到 160℃，方可撤出暖风器。

2）锅炉湿、干态转换点既不是一个精确的负荷点，也不是一个稳定的点，在 20%～30%BMCR 期间，禁止长时间运行。

3）当锅炉有两层及以上燃烧器投运时，应尽量避免一侧投运层数超过另一侧两层及以上。

4）检查锅炉燃烧正常，储水箱水位正常，严密监视顶棚过热器出口的蒸汽温度及其过热度、炉膛压力、燃水比等参数稳定，检查锅炉各受热面壁温正常。

5）主蒸汽、再热蒸汽两侧的温度偏差小于 17℃。

6）高、中压缸上、下缸温差小于 45℃。

7）锅炉负荷小于 10%BMCR，一般不允许投运过热蒸汽、再热蒸汽喷水减温。再热汽温调节一般使用尾部调温挡板。当减温水系统投入运行时，应监视减温器后的蒸汽过热度大于 15℃，防止减温器后蒸汽带水。

8）检查汽轮机振动、缸胀、温差、轴向位移、轴承温度等变化情况，发现异常或超越规定应停止升负荷；注意汽缸金属温度平稳变化，其温升速度不应突变。

9）注意控制油温及油压的变化在规定范围内、监视密封油压、油氢差压在允许值内。

10）凝汽器、除氧器、高压加热器、低压加热器、轴封加热器水位在正常范围内。

11）检查汽轮机本体及热力系统疏水阀门动作正确。

四、热态启动

当机组停运时间较短，锅炉、汽轮机通流部件金属温度还处于较高水平时，机组再次启动即为热态启动。与冷态启动相比，热态启动前通流部件的金属温度水平高，汽轮机的进汽参数高，启动时间短。

1. 热态启动操作要点

机组热态启动除按热态启动曲线进行升速、暖机、带负荷外，其他仍应严格执行冷态启动的有关规定及操作步骤。

温态、热态启动时若水质合格可以不进行锅炉清洗；如需清洗，按照冷态启动时要求执行；若锅炉点火后顶棚过热器的出口温度大于 190℃时则不进行热态清洗。

锅炉点火前，在各项准备工作完成以后，再启动引风机、送风机进行炉膛吹扫，尽可能地减少引风机、送风机启动后对炉膛不必要的冷却，锅炉热态启动的"炉膛吹扫"与冷态启动相同。

锅炉热态启动点火前上水和启动流量建立：

1）锅炉进水前，第一台汽动给水泵冲转升速结束（视主蒸汽压力亦可用电动给水泵）。

2）锅炉上水的水质合格，除氧器已连续加热，维持给水温度在100℃以上。

3）第一台汽动给水泵启动后，根据省煤器、水冷壁、汽水分离器的工质和金属温度的温降控制给水流量，控制汽水分离器温降速度小于2.0℃/min和水冷壁出口各金属温度的偏差不超过50℃。

4）分离器压力降到15.7MPa以下，锅炉上水到储水箱水位12m，确认锅炉启动循环泵满足启动条件后，启动锅炉启动循环泵。

5）调整锅炉启动循环泵的出口流量调节阀门，使锅炉启动循环泵出力约600t/h，利用361阀门调节储水箱水位正常，调节给水泵出力使省煤器进口流量在750t/h左右，锅炉建立启动流量。

锅炉热态启动步骤：

1）吹扫完成，MFT复归，确认锅炉启动流量建立，锅炉点火。

2）锅炉点火建议使用等离子点火系统投粉。

3）在机组冲转前做好各制粉系统投运准备工作。

4）锅炉点火后，投入汽轮机旁路控制主蒸汽压力，按锅炉热态启动曲线进行升温、升压。

5）当主蒸汽参数满足冲转要求，并且主蒸汽品质Fe含量小于或等于$20\mu g/kg$、Na含量小于或等于$20\mu g/kg$、SiO_2含量小于或等于$50\mu g/kg$、电导率小于或等于$1\mu S/cm$时，开始冲转。

6）温态、热态、极热态启动的汽轮机冲转操作与冷态冲转相同。

7）升速率和暖机时间按启动曲线进行。当转速升至180r/min后确认盘车自动脱扣，进行摩擦检查，汽轮机温态、热态、极热态启动时，不进行360r/min的低速暖机。

8）汽轮机转速达到3000r/min后进行发电机的并网，进行机组升负荷，升负荷速率按下表或启动参考曲线进行。

9）在20%～30%MCR锅炉湿、干态转换点期间，禁止长时间运行。

10）在34%MCR对机组进行全面检查，暖机15～30min。

11）升负荷过程中的其他操作同冷态启动。

2. 热态启动的注意事项

（1）汽轮机温态、热态启动过程要控制好温度裕度，满足相关温度准则，不使主机金属部件过度冷却，以延长汽轮机寿命。汽轮机冲转时，主、再热汽温度至少有50℃以上的过热度且主蒸汽、再热蒸汽温度分别比高、中压缸内壁金属温度高50℃，主蒸汽和再热汽温度左右侧温差不超过17℃。

（2）做好机组启动的各项准备工作，协调好各辅机启动时间，尽快地冲转、升速、并网并带负荷至与汽轮机转子温度相对应的负荷水平。

（3）控制各金属部件的温升率，上、下缸温差不超过限值。汽轮机冷态启动过程中，上、下缸温差一般都在允许范围内；而热态启动时，上、下缸温差可能出现较大的情况。

（4）热态启动时要加强监视高、中压缸排汽温度，严格遵照高压缸排汽温度限值曲线，并网后要尽快升负荷，以免高压缸叶片温度过高。

（5）机组升速率、暖机时间、升负荷率及主、再热蒸汽参数控制参阅机组温态、热态启动曲线及汽轮机推荐启动方案。

（6）主机润滑油温不低于38℃，避免油膜不稳，引起振动。

（7）热态启动前盘车时间不得少于4h（极热态除外），并应尽可能避免中间停盘车，如发生盘车短时间中断，则要延长盘车时间。

（8）在盘车状态下应先送轴封，后抽真空，如跳机后因轴封汽温度超过限值而使轴封/调压阀闭锁关闭，应尽快调整轴封汽温度，恢复轴封汽的供给并保证与轴温相匹配。否则破坏凝汽器真空。

（9）汽轮机冲转前，必须确认汽轮机处于盘车状态或汽轮机转速小于400r/min。

（10）在升速过程中机组发生异常振动时，特别是在中低转速区间，汽轮机振动超过规定值时，应立即打闸停机，投入连续盘车。

（11）汽轮机冲转升速时，应严密监视高压缸压比、转子轴向位移变化和机组振动情况。

（12）机组升速过程中要注意汽轮机润滑油冷油器出口油温及发电机定子冷却水、冷却器后氢气温度的变化，并保持在正常范围内，注意观察各轴承回油温度不超过70℃，低压缸排汽温度不超过90℃。

（13）汽轮机负荷达30%额定负荷左右，第二台汽动给水泵开始冲转。

五、锅炉启动的注意事项

1. 汽水品质的要求

在锅炉及机组启动期间，必须严格控制汽水品质负荷标准。严格执行"四不原则"，即"不合格给水不入炉，不合格炉水不点火，不合格蒸汽不冲转，不合格凝水不回收"。

2. 锅炉给水的要求

（1）锅炉给水要求用除盐水或冷凝水。

（2）对锅炉进行上水操作时，应特别注意上水速度以减少热应力。当省煤器进、出口水温差值超过105℃时，停止上水。

（3）在产生蒸汽阶段要保证锅炉连续给水。

（4）如果锅炉运行期间发生断水现象会对受压部件造成严重的损害。因此，无论是机组处于自动控制或手动运行状态，一旦发生断水，则必须停炉。

3. 锅炉燃烧的要求

（1）锅炉油枪点火启动时，应就地检查油角阀动作、燃油雾化、油枪着火等情况。防止因燃油雾化、油枪着火不良造成可燃物在炉内聚集，以及油层外有漏点造成火情。

（2）锅炉等离子点火启动时，应检查等离子点火装置拉弧是否正常，并有专人就地观察等离子燃烧器的煤粉燃烧情况，当任何一个燃烧器超过120s未点燃时应立即停止磨煤机。

（3）点火启动后，应加强着火情况及各受热面烟温等参数的监视和就地检查，防止尾部烟道、SCR装置、空气预热器以及烟道、灰斗（库）等有关设备发生二次燃烧。

（4）燃烧器的运行方式尽量集中，同层投入，合理配风。燃烧器的投入顺序，尽量自下向上，不要错层，从而保证燃烧工况良好，火焰分布均匀。

4. 锅炉升温的要求

（1）严格按照启动参考曲线控制升温、升压、升负荷速率。点火及升温升压期间，控制汽水分离器进口的工质升温率小于2℃/min。

（2）锅炉升温、升压及升负荷过程中，要严密监视锅炉各受热面管壁温度情况，防止因升速过快造成管壁超温；监视锅炉本体各处膨胀是否均匀，必要时调整锅炉升温、升压、升负荷速率。

5. 蒸汽温度控制

（1）锅炉及机组启动期间，根据不同阶段的要求，合理地进行水煤、风煤配合，维持稳定、良好的燃烧工况，并满足机组对锅炉热负荷的要求。

（2）锅炉负荷小于 10%BMCR，一般不允许投运过、再热蒸汽喷水减温。再热汽温调节一般使用尾部调温挡板。

（3）当减温水系统投入运行时，应监视减温器后的蒸汽过热度是否大于 15℃，防止减温器后的蒸汽带水。

（4）进入直流运行工况后，应严密监视分离器进口、顶棚出口温度的变化，保持合适的燃水比，控制过热蒸汽温度稳定。

6. 排烟温度、回转式空气预热器、吹灰器

（1）排烟温度直接影响锅炉效率，也间接反映受热面表面清洁情况、烟气阻力和过量空气系数；在锅炉启动期间，结合锅炉负荷情况，加强排烟温度监视、分析可以帮助运行人员掌握锅炉的运行状态。

（2）过量空气系数高、受热面污染程度高、燃烧延迟以及空气预热器区域未燃碳较多等情况，均会引起排烟温度异常高。

（3）在锅炉启动期间，空气预热器进口、出口烟气温度必须在限制范围内，特别是空气预热器的入口烟气温度不能超过限制的温度。

（4）如果发现空气预热器主马达的电流有异常变化或波动，或者空气预热器存在异声，应果断停炉并分析原因及时解决。

（5）酸露点温度取决于燃料中的硫含量。因此，监视空气预热器的出口烟气温度以保证排烟温度始终高于露点温度。

（6）锅炉点火后，应即投入空气预热器连续吹灰。

（7）为了保持水冷壁和各受热面的清洁需要投入吹灰器。为了避免吹灰对燃烧的影响，只有当负荷超过 50%时才允许投运吹灰器。

7. 锅炉辅助设备的控制

在锅炉启动期间，随着空气预热器、引风机、送风机、一次风机以及磨煤机等设备投入运行，应加强监视，关注设备的电机电流，设备本体与电机的轴承温度、振动，以及润滑油、冷却水等相关工质的温度、压力等参数，保证设备处于正常工作状态。

第二节　大型燃煤锅炉停运

一、概述

锅炉停运是锅炉逐渐或快速地减少直至切断燃料，直至锅炉熄火、降压冷却的过程。同时，大型燃煤锅炉停运也是单元机组从带负荷运行状态逐渐或快速减去全部负荷、发电机解列、汽轮机惰走的过程。

根据停运的目的不同，锅炉停运可分为正常停炉与异常停炉。

正常停炉一般是有计划的停炉检修或根据调度命令转入备用安排的停炉。因此，正常停

炉又分为检修停炉和热备用停炉两种。前者预期时间较长，是为大小修或冷备用而安排的停炉，要求停炉至冷态；后者停炉时间短，是根据负荷调度或紧急抢修而安排的，要求停炉后汽轮机金属温度保持较高水平，以便重新启动时，能按热态或极热态方式进行，从而缩短启动时间。

异常停炉一般是非计划性的，是在机组出现了故障或异常的情况下，为保障机组的安全，避免出现主辅设备的损坏，降低经济损失而停止锅炉的运行，也称为事故停炉。根据故障或异常的严重程度，需要立即停止锅炉运行时，称为紧急停炉；若故障或异常不甚严重，但为了设备安全又必须在限定时间内停炉时，则称为故障停炉。

根据停炉过程中机炉参数是否变化，又分为滑参数停炉和额定参数停炉两种。

滑参数停炉的特点是机-炉联合停运。停炉过程中，利用锅炉的余热发电和强制冷却机组，这样可使机组的冷却快速而均匀。对于停运后需要检修的汽轮机，滑参数停炉可缩短从停机到开缸的时间。滑参数停运的关键是主蒸汽与再热蒸汽温度的下降速度必须符合规定。滑参数停运采用低参数、大流量的蒸汽来冷却机组各受热部件，控制蒸汽温度的标准是首级蒸汽温度低于首级金属温度 $20\sim40℃$。在机组停运过程中，保持汽轮机调节汽门全开，蒸汽全周通过通流部分，汽轮机负荷或转速随锅炉蒸汽参数降低而下降，不但使锅炉、汽轮机的金属部件冷却均匀，而且可以下降到较低的水平。

额定参数停炉的特点是停炉过程中，锅炉参数不变或基本不变，通常用于紧急停炉或热备用停炉。对于转为热备用的短时停运，选择额定参数停炉，可以保持较高的金属温度水平，缩短机组再次启动时间。额定参数停炉过程中，逐渐关小汽轮机调节汽门，维持主汽阀门前的蒸汽参数不变，逐渐减负荷停机。由于关小调节阀门，仅使流量减少，不会使金属温度有大幅下降，因此能快速减负荷，大多数汽轮机都可以在 30min 内均匀减负荷停机，不会产生过大的热应力。

二、大型燃煤锅炉的正常停运

1. 正常停炉前的准备

（1）系统全面检查并统计缺陷。

（2）按照停运方案，选择是否烧空各煤仓，一般停炉十五天以上，应将所有原煤仓烧空。

（3）检查等离子点火装置是否正常备用。停炉前，宜投入相应的磨煤机 B 运行，以节约燃油。

（4）启动燃油泵，对炉前油系统进行全面检查，确认系统备用良好，保证有足够的燃油能满足停炉要求。

（5）测量炉水循环泵绝缘良好，正常备用。

（6）根据调度许可停炉时间预估上煤量，合理上煤，合理控制各煤仓煤位。

（7）停炉前应对锅炉受热面全面吹灰一次。

（8）确认汽轮机方面检修要求以确定滑参数停机参数。如汽轮机润滑油系统、发电机密封油系统、汽轮机本体等需要停盘车后方能工作的检修项目，应选择滑参数停机，停机的汽轮机高压缸内缸内上壁温度以 400℃ 为目标。

（9）确认汽轮机交流润滑油泵、顶轴油泵、直流事故润滑油泵的自启动试验正常，盘车电机空转试验正常。

（10）进行柴油发电机带负荷试验。

2. 减负荷

（1）机组负荷 1000MW 减至 500MW：

1）接停机命令后，锅炉开始降负荷，按照锅炉滑参数停炉、汽轮机滑参数停机的曲线要求，设定负荷变化率不高于 3%/min，主汽压变化率不高于 0.3MPa/min，保持主蒸汽温度和再热蒸汽温度不变。

2）在机组减负荷过程中，逐渐减少给煤机转速，减少锅炉燃料量，负荷到 800MW 左右，可停用第一台磨煤机。

3）负荷 800MW 时，开启主机轴封减温器后疏水器旁路阀门，加强疏水，确认轴封供汽温度 280~320℃，700~800MW 注意轴封汽源切换，检查主机轴封压力、温度正常。

4）负荷至 600MW 左右，可停运第二台磨煤机。

5）负荷减至 500MW 左右，将本机辅助蒸汽汽源由四抽用汽切换至冷段再热蒸汽或邻机。

6）剩下三台磨煤机运行后，通知除灰脱硫运行值班员，可撤出电除尘有关电场。

7）在减负荷过程中，根据情况对锅炉各受热面进行吹灰，尤其是尾部受热面。

8）确认锅炉燃烧工况、炉膛压力稳定、中间点（顶棚过热器出口蒸汽）温度正常，必要时手动干预。

9）停运磨煤机次序按照从上到下原则，最后停运等离子点火的磨煤机 B。如果不投等离子点火，建议按照 E/C/F/B/D/A 次序停运磨煤机。

10）通知除灰脱硫运行值班人员严密监视 FGD 运行工况。

11）根据汽缸金属温度控制要求，控制主蒸汽、再热蒸汽温度

12）根据汽缸金属温度控制要求，控制主蒸汽、再热蒸汽温度，同时严密监视高压缸金属温度、中压缸进口金属温度、转子温度裕度和轴向位移。

（2）负荷至 500MW 减至 300MW：

1）机组负荷 500MW 时，确认主蒸汽压力滑至 13.9MPa，锅炉应至少维持 15min 稳定运行，然后按 1.5%/min 继续降低负荷至 350MW 稳定，主蒸汽压力降至 8.9MPa。

2）机组负荷 500MW 左右，SCR 装置停止喷氨，通知汽水品质监督人员停运氨气蒸发系统，SCR 吹灰系统直到烟风系统停运后再停止。

3）负荷至 400MW 时，如磨煤机 B 在运行，投入等离子点火装置稳定燃烧，开始停运第三台磨煤机，逐渐投油稳定燃烧。通知除灰脱硫运行值班人员退出电除尘有关电场，FGD 退出运行。空气预热器冷端投入连续吹灰。

4）机组负荷 200~300MW，四段抽汽温度与辅助蒸汽温度匹配时（约 300℃），分别将两台汽动给水泵汽源由四段抽汽切至辅助蒸汽供汽，退出一台汽动给水泵运行。

5）负荷到 300MW 时，空气预热器吹灰汽源切换到辅助蒸汽。

6）机组负荷 300MW 左右时，将空气预热器密封间隙自动调节装置手动提升至最大位。

7）负荷降至 300MW，维持 10min 后，根据需要逐步增加油枪数量。确认等离子点火装置运行良好，将磨煤机的控制方式由"正常模式"切至"等离子模式"。

8）汽轮机继续减负荷，高压旁路自动开启，注意主蒸汽压力维持 8.5MPa。

（3）机组负荷 300MW 减至 200MW：

1）机组负荷 300MW 至 200MW 之间，机组采用定压运行方式，控制负荷变化率 10MW/min，缓慢减少锅炉燃料量，逐渐减少汽轮机负荷指令，汽轮机高压调门减小，维持主蒸汽压力 8.5MPa 左右。

2）锅炉干态转湿态运行，主要步骤如下：

a. 当锅炉负荷降到 290MW 左右，压力在 8.5MPa 左右时，维持给水量不变，缓慢减少燃料量，随着储水箱水位的上升锅炉转入湿态运行。

b. 当储水箱水位大于 3.5m 后，确认储水箱至 361 阀门管道的电动隔离阀门开启；确认泵壳温度正常后，关闭锅炉启动系统暖管总管隔离阀门，开启锅炉启动循环泵最小流量阀门、锅炉启动循环泵过冷水管路。

c. 储水箱水位达 6m 后启动锅炉启动循环泵，储水箱的水位由启动循环泵出口流量调节阀（360 阀门）门控制。

d. 维持省煤器进口给水流量 750t/h 左右，随着降低机组负荷，360 阀门开启后储水箱水位可能继续升高，361 阀门投入自动模式控制储水箱水位，确认疏水排放系统运行正常，疏水回收到凝汽器。

3）机组负荷在 300MW 左右，将给水由主回路切换到给水旁路调节阀门控制。

4）负荷小于 300MW 时，根据需要启动电动给水泵投入运行，并将第二台汽动给水泵停用。

5）当负荷降至 250MW 时，逐渐增投油枪，开始停运第四台磨煤机，停运过程中注意燃烧稳定，若有隔层磨煤机运行，应投运对应的油枪助燃。通知除灰控制人员撤出有关电场（剩下一台磨煤机运行，电除尘一般投运第一电场）。

6）检查轴封汽压力在 3.5kPa 左右，辅助蒸汽至轴封汽调节阀部分开。根据轴封汽温度与汽轮机金属温度的匹配情况，确认轴封汽温度、压力正常。

7）机组负荷在 250MW 时进行厂用电切换：

a. 发电机有功功率降低的同时，无功功率相应降低，维持发电机电压在正常范围内。

b. 当发电机负荷降至 250MW 左右时，将厂用电切至启/备用变压器运行。

（4）机组负荷 200MW 减至 50MW：

1）机组低负荷运行阶段可以视情况调节循环水的运行方式。

2）机组保持定压运行，高压缸旁路系统维持主蒸汽压力在 8.5MPa 左右。

3）当再热冷段压力小于 1.2MPa，辅助蒸汽汽源切换至由相邻正常运行机组供。

4）锅炉保留最后一层制粉系统运行直到汽轮机打闸（一般为 B 磨），随着给煤量的减少，应严密监视该层燃烧器的运行情况。如果最后一台磨煤机不是 B 磨，给煤机指令应保持在 40% 以上。

5）机组负荷 100MW，检查汽轮机低压段疏水开启正常。

6）机组负荷至 80MW，检查高、中压段疏水开启正常，注意主蒸汽温度、再热蒸汽温度，应符合停机汽温曲线。

7）注意监视低压缸排汽温度，如果低压缸排汽温度大于 80℃ 应确认后缸喷水控制阀打开。

8）确认四级抽汽电动隔离阀门联锁关闭，辅助蒸汽至除氧器加热电动隔离阀门自动开启，维持除氧器绝对压力在 0.147MPa 左右，水温在 104℃ 左右。

9）机组负荷至 50MW 时，撤出所有高、低压加热器（除 2 号高压加热器外）运行。

10）机组负荷小于 50MW 的工况运行时间尽量少于 2h。

3．汽轮机停运

汽轮机停运及发电机解列子组程序控制的允许条件：

（1）汽轮机润滑油泵功能组已投入；

（2）汽轮发电机辅助系统运行正常。

汽轮机停运及发电机解列子组程序控制操作步序：

第 1 步：高压缸排汽止回阀门释放。高压缸排汽止回阀门在汽轮机功率输出减小之前释放，这将保证汽轮机高压缸的压力能够按照要求减小。

第 2 步：设定负荷控制器降负荷。汽轮机控制器从初始压力模式转换到限值压力模式。

第 3 步：阀门泄漏试验，等待发电机出口开关跳闸。负荷控制器置零（调门关闭），励磁装置置零。在高压缸主蒸汽调节阀门关闭后，程序等待逆功率保护的响应，并检查高压缸主蒸汽调节阀门是否泄漏。如果逆功率保护没有响应，汽轮机遮断就在 60s 后执行，顺序跳转到步骤 4。

第 4 步：关闭汽轮机主汽门，继续等待发电机出口开关跳闸。速度控制器正常，发电机解列，汽轮机跳闸系统跳闸，励磁设备停运。

第 5 步：启动 SLC 汽轮机疏水子程序。

第 6 步：顶轴油泵准备完毕。汽轮机转速下降到 510r/min 时顶轴油泵自启动。

第 7 步：顶轴油泵自启动试验。顶轴油系统启动，汽轮机转速小于 120r/min 时，顶轴油泵试验子组控制启动。

第 8 步：顶轴油泵试验无故障。顶轴油泵试验已经停用，油泵试验无故障信号（上述油系统试验可切旁路）。

第 9 步：汽轮机冷却。高压缸主蒸汽调节阀门壳体温度小于 200℃。

第 10 步：开启汽轮机疏水阀门。

第 11 步：汽轮机停机程序完成。

4．发电机解列

（1）发电机停机过程中，随着有功功率负荷的逐步降低，值班人员应相应降低无功功率负荷，尽量维持机组的功率因数在允许范围内。

（2）正常解列应在发电机有功功率降至接近零，无功功率接近零，拉开发电机-变压器组出口开关。

（3）发电机的解列操作步骤：

1）调节发电机有功功率负荷接近零，无功功率负荷输出接近零。

2）汇报值长发电机可以解列。

3）拉开中间侧断路器解环，拉开母线侧断路器解列发电机-变压器组，检查定子三相电流到零。

4）将发电机出口电压降至最低值，励磁电流降至最低值，停运励磁系统，拉开磁场开关。

5）断开磁场开关的控制电源。

（4）发电机解列后检查项目：

1）检查发电机磁场开关在断开状态。

2）复归发电机-变压器组保护，有关保护压板解开。

5. 机组解列后的操作

机组解列后的操作如下：

（1）维持锅炉运行，利用高、低压旁路控制主蒸汽压力、再热蒸汽压力。

（2）逐步减少最后一台磨煤机出力，将给煤机和磨煤机内存煤走空后停运。

（3）停运一次风机和磨煤机密封风机。

（4）逐步停运油枪，停运最后一组油枪时，锅炉主燃料跳闸（main fuel trip，MFT）保护动作。

（5）确认 MFT 联锁动作正常，所有油枪油角阀门、进油跳闸阀门、回油快关阀门关闭严密，炉膛无火。注意炉膛负压调节正常。

（6）关闭高、低压旁路阀门。

（7）保持锅炉总风量大于 30%BMCR，对炉膛吹扫 5min 后停运两组送风机、引风机，关闭风烟系统挡板，锅炉闷炉。

（8）锅炉熄火后，应继续监视空气预热器、SCR 反应器进口、出口烟温，发现烟温不正常升高和炉膛压力不正常波动等现象时，应立即采取措施查找原因，避免发生尾部烟道二次燃烧。

（9）停止空气预热器吹灰、SCR 吹灰。停用 SCR 稀释风机。

（10）锅炉停炉后一般应采用自然冷却方式。一般停炉 4h 后，开启引风机进口、出口挡板进行自然通风冷却，8h 后启动一组送风机、引风机进行通风冷却。

（11）若要加快锅炉冷却，在锅炉熄火吹扫结束后，保留一组送风机、引风机运行，维持炉膛通风量 30%BMCR，在整个冷却过程中分离器、联箱、水冷壁壁温差应在允许范围内。

（12）若锅炉受热面爆破，泄漏严重，锅炉熄火吹扫后保留一组送风机、引风机运行，调节锅炉通风量以控制锅炉冷却速度。

（13）调整过热器及管道的疏水阀门开度，用于控制锅炉受热面的冷却速度和均匀性。

（14）应尽可能维持储水箱水位，可保持锅炉启动循环泵运行至锅炉放水。

（15）锅炉完全不需要上水时，停止除氧器加热，停锅炉启动循环泵、停电动给水泵，保留一台循环泵。若锅炉已放水，锅炉启动循环泵不需要清洗水源时停运凝结水泵。

（16）当启动循环泵壳体温度大于 60℃时，必须保证电机冷却器的冷却水压力和流量正常。

（17）过热器出口的蒸汽压力降至 0.8MPa 时，打开水冷壁各疏水阀门和省煤器进口疏水阀门，锅炉热炉放水。

（18）根据机组停运时间长短，实施锅炉相应的保养。

（19）若需进行空气预热器水冲洗，则宜安排在空气预热器进口烟温 130～150℃工况下进行。

（20）空气预热器进口烟气温度小于 150℃时，允许停止空气预热器运行。

（21）空气预热器进口烟气温度小于 50℃时，允许火检冷却风机、等离子火检冷却风机停止运行。

（22）汽轮机跳闸后确认高压缸、中压缸的主汽门、调节汽门、抽汽止回阀门关闭，汽轮机转速下降，高压缸排汽通风阀开启。

（23）汽轮机惰走期间注意倾听机组各部分的声音是否正常，振动、轴向位移、轴承金属温度等参数正常，确认润滑油压、油温正常。

（24）机组转速到盘车转速，记录惰走时间，确认盘车转速稳定、转子偏心度正常。

（25）机前主蒸汽压力接近零时，停运凝汽器真空泵，打开凝汽真空破坏阀。当凝汽器真空到零时，停止向主机和小汽轮机供轴封汽。

（26）视用户情况，决定是否停运循环水系统、开式冷却水系统、闭式冷却水系统、压缩空气系统。

（27）当发电机排氢结束且汽轮机盘车停运后，停止密封油系统运行。

三、大型燃煤锅炉的滑参数停运

（1）因检修工作需要，可进行滑参数停机，缩短汽缸的冷却时间，以期早日停运主机盘车。

（2）调度发令许可机组可以滑参数停机时，若机组负荷在 550MW 以上，撤出 CCS 协调控制方式。主蒸汽压力可以参照机组滑压曲线执行，主蒸汽温度逐渐降至 530℃ 运行。

（3）当机组负荷降至 500MW 时，要求机组稳定运行 120min，同时将主蒸汽压力逐渐降至 13.0MPa。主蒸汽温度逐渐降至 500℃，降温速率不大于 1℃/min，降压速率不大于 0.1MPa/min。

（4）机组负荷降至 400MW 时，根据需要投运旁路系统，缓慢降低锅炉燃料量。当机组负荷降至 350MW 时，控制滑压时间在 150min 左右，主蒸汽压力降至 8.9MPa，主蒸汽温度降至 450℃ 左右，降温速率不大于 1℃/min，降压速率不大于 0.08MPa/min。

（5）当机组负荷降至 350MW 时，要求机组稳定运行 60min，防止主蒸汽参数的回升。

（6）汽轮机高压缸内缸温度降至 430℃ 以下时，机组负荷可继续滑低。当机组负荷低于 200MW 时，应确认低压疏水阀自动开启；当机组负荷低于 150MW 时，应确认高压疏水阀门自动开启。从 350MW 滑至 150MW 左右时，控制主蒸汽压力缓慢降至 8.5MPa 左右，主蒸汽温度缓慢降至 430℃ 左右。

（7）机组负荷在 150MW 左右稳定运行 30min 左右，若高压缸内缸温度已降至 400℃ 左右，可迅速减负荷至 50MW，汇报值长进行机组解列。

（8）其余各阶段未提及的操作可参考正常停机。

四、停运的注意事项

停运的注意事项如下：

（1）锅炉燃油期间应注意保持燃油母管压力稳定。

（2）锅炉燃油期间应就地检查油枪燃烧稳定，防止漏油。磨煤机、油枪停运时应吹扫干净。

（3）锅炉在投油及低负荷等离子投运期间空气预热器应连续吹灰。

（4）锅炉负荷小于 10%BMCR，不允许投运过热蒸汽、再热蒸汽喷水减温。

（5）在减负荷过程中，应加强对燃水比、风量、中间点温度、储水箱水位及主蒸汽温度的监视和调整，避免汽温大幅波动。

（6）减负荷过程中，注意监视、控制省煤器进口流量，湿态时维持省煤器进口给水流量在 750t/h 左右，避免低流量保护动作，注意控制储水箱水位。

（7）降负荷过程中注意各加热器水位正常，及时解列加热器 2 号高压加热器在汽轮机解列后可继续运行。给水泵最小流量阀门可根据负荷情况提前手动打开。

（8）停机过程中汽轮机、锅炉要协调好，降温、降压不应有回升现象。停用磨煤机时，应密切注意主蒸汽、再热蒸汽压力、温度、炉膛压力的变化。注意汽温、汽缸壁温的下降速度，汽温下降速度应符合停机曲线要求。如发现汽温在 10min 内急剧下降 50℃，应紧急停机。

（9）控制主蒸汽、再热蒸汽始终要有 50℃ 以上的过热度。过热度接近 50℃ 时，应开启主蒸汽、再热蒸汽管道疏水阀门，并稳定汽温。

（10）停机过程中，应该保持汽轮机温度裕度稳定，因为任何在温度上的改变将降低低限值，因此需尽可能高的保持范围下限。

（11）降负荷过程中注意除氧器、凝汽器、高压加热器和低压加热器的水位变化，保持正常水位运行。

（12）停机过程中注意加强轴振、瓦振、缸体总胀的监视，振动超限时立即破坏真空停机。

（13）机组应尽量避免在低负荷下长时间运行，解列前迅速将发电机有功功率负荷减至接近 0，无功功率负荷接近为 0，用中间侧断路器解环，用母线侧断路器解列发电机-变压器组。

（14）汽轮机跳闸后确认转速下降，注意监视惰走情况，记录惰走时间。

（15）汽轮机转速下降至 510r/min，检查顶轴油泵自启动正常，否则手动启动。检查密封油系统工作正常，防止发电机进油。

（16）汽轮机转速下降全 120r/min，确认盘车液压马达启动。转速下降至 48～54r/min 时，应确认盘车自动啮合，盘车正常。

（17）当低压缸排汽温度降至 50℃ 以下，开式冷却水系统停运及其他用户停运后，停最后一台循环水泵。

第三节 大型锅炉变工况运行特性分析

一、超临界压力锅炉水冷壁系统特性

随着压力的提高，水的饱和温度相应提高，汽化潜热减小，水和汽的密度差也减小。当压力提高到 22.1MPa 时，汽化潜热为零，汽和水的密度差也等于零，22.1MPa 称之为临界压力；水在该压力下加热到 374.15℃ 时，即全部汽化成蒸汽，374.15℃ 称为临界温度（即相变点）。超临界压力与临界压力时情况相同，当水被加热到相应压力下的相变点温度时，即全部汽化。因此，超临界压力下水变成蒸汽不再存在汽水两相区。由此可知，超临界压力直流锅炉中，由水变成过热蒸汽经历了两个阶段，即加热和过热，而工质状态由未饱和的水变为干饱和蒸汽，然后变为过热蒸汽。

1. 超临界压力水蒸气的比体积、比热容和焓

超临界压力时，当水的温度加热到相变点时，即全部变为蒸汽，超临界工质不再存在两相流区，但是超临界工质在相变点附近，其工质特性仍有明显的变化，并影响其传热特性。

在超临界压力时，水的比热容随着温度升高而升高，而蒸汽的比热容却随着温度的增加而下降。在相变区工质的比热容最大，因此以最大比热容点定义为相变点，在相变点附近比热容大于 8.37kJ/(kg·℃) 的区域称为大比热容区，如图 5-3 所示。

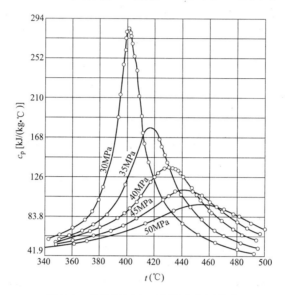

图 5-3　超临界压力工质的比定压热容

在亚临界压力下，水达到饱和温度时开始蒸发，工质的比体积和焓值迅速增加；在超临界压力时，工质达到相变点，工质的比体积和焓值仍有迅速增加的现象，但随压力的增加，其增加幅度逐渐减小。另外到达相变点，工质的动力黏度 μ、导热系数 λ 和密度 ρ 均有显著下降，而普朗特数 Pr 明显增大。

2. 超临界压力下的水动力特性

无论是亚临界压力还是超临界压力直流锅炉的蒸发受热面（即水冷壁），尤其是变压运行、带内置式分离器启动系统直流锅炉的蒸发受热面，都存在着流动稳定性、热偏差和脉动等水动力问题。

（1）流动稳定性。直流锅炉蒸发受热面出现不稳定流动的根本原因是汽和水的比体积差以及水冷壁进口有热水段存在。在一定条件下，直流锅炉蒸发受热面会发生流动不稳定的现象。

如图 5-4 所示给出了压力与水动力特性的关系曲线，由图 5-4 中曲线可以看出压力越高，其水动力特性 $\Delta p = f(G)$ 越趋于稳定。所以，单从压力角度来看，亚临界压力和超临界压力的水动力特性应该是稳定的，不会产生多值性，但是热负荷大小、运行工况及水冷壁入口水的欠焓对流动稳定性都有影响。另外，亚临界和超临界压力直流锅炉在启动和低负荷时，其压力低，因此仍有流动稳定性的问题，即使是超临界压力直流锅炉，当水平布置的蒸发受热面沿管圈长度方向热焓变化时，工质的比体积也随之发生变化，尤其在大比热容区，其变化更大，因此仍有流动多值性的问题。

超临界压力下，水平管圈工质进口热焓对水动力特性也有较大的影响。研究表明，要保持流动的足够稳定，必须使水冷壁入口工质热焓大于 1256.04kJ/kg。但在低负荷运行或高压加热器切除时，水冷壁入口工质热焓会大大下降。当水冷壁入口工质热焓小于 837.36kJ/kg，即使压力为 29.42MPa，仍会出现流动的不稳定情况。

（2）直流锅炉蒸发受热面的流体脉动。直流锅炉蒸发受热面的流体脉动是直流锅炉蒸发受热面中，另一种形式的不稳定流动现象，它有三种脉动类型，即整体脉动（全炉脉动）、屏间（屏带或管屏间）脉动和管间脉动。经常发生的是管间脉动，其特点是在蒸发管组的进、出口联箱内，在压力基本不变的情况下，并联管中某些管子的流量减少，与此同时，另一些管子中的流量增加；然后，本来流量小的管子又增大流量，而其余的管子却又减小流量，如此反复波动而形成管子间的流量脉动。在这种周期性的脉动过程中，整个管组的总给水量和总蒸发量并无变化，但对某一根管子而言，进口水量和加热段阻力以及出口蒸汽流量和蒸发段阻力的波动是反向的，这波动经一次扰动后，便能自动持续地以不变的频率振动，如图 5-5 所示。

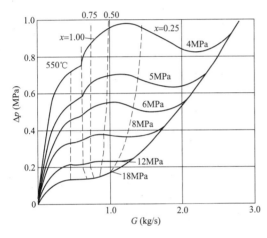

图 5-4　压力对水动力特性的影响

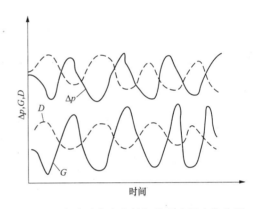

图 5-5　脉动时蒸汽流量与给水流量变化曲线
Δp—流动阻力；G—给水流量；D—蒸汽流量

一旦发生这种管间脉动，管壁水膜周期性地被撕破，相变点附近的金属壁温波动很大，严重时甚至达到 150℃，因而使管子产生疲劳损坏。另外在脉动时，并联各管会出现很大的热效流动偏差，当超过容许的热效流动偏差时，也将使管子因超温过热而损坏。

在蒸发管圈加热段加装节流圈和节流阀是消除脉动的有效措施。此外，还需保证蒸发管圈有足够大的质量流速。在低负荷，尤其是启动工况下，由于压力低仍有可能产生脉动现象。因此运行时，注意保持燃烧工况的稳定性及炉内温度尽可能均匀，在启动时保持足够的启动流量和压力。

（3）直流锅炉蒸发受热面的热效流动偏差。因并联管中各根管子吸热不同而引起的流量偏差，称为热效流动偏差。受热强的偏差管子中工质比体积大，故其摩擦阻力及重位压头都与平均管不同。当摩擦阻力起重要作用时，比体积大的偏差管中的流量必然较小，即流量不均匀系数 η_G 与吸热不均匀系数 η_q 是有联系的 $\eta_G = f(\eta_q)$。受热强的偏差管子中工质流量随吸热量增加而降低，若热负荷较高而引起膜态沸腾，则工质温度突升，壁温 t_b 有突变。

利用节流圈（阀）来减小热效流动偏差是很有效的。而对螺旋管圈，由于各管工质在炉膛内的吸热量相差较小，其热效流动偏差小，因此其水冷壁进口不需装置节流圈（阀）和中间混合联箱，使锅炉更适宜于变压运行。

3. 超临界压力下的传热特性

由于超临界压力工质的特性在相变区发生显著的变化，因此在一定条件下，仍然可能会发生传热恶化。由于这种传热恶化现象类似于亚临界压力时的膜态沸腾，因而称之为类膜态沸腾。其壁温飞升值，决定于热负荷和管内质量流速的大小。超临界压力下的传热恶化发生在相变区内。另外，在超临界压力下的水平管也会出现类似亚临界压力下的汽水分层流动，引起上下壁温差，其值也决定于热负荷和工质的质量流速。

防止传热恶化、降低管壁温度的措施，主要有：

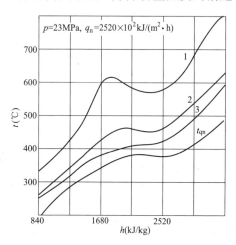

图 5-6　工质质量流速对传热恶化的影响
1—$\rho w = 400 \text{kg}/(\text{m}^2 \cdot \text{s})$；2—$\rho w = 700 \text{kg}/(\text{m}^2 \cdot \text{s})$；
3—$\rho w = 1000 \text{kg}/(\text{m}^2 \cdot \text{s})$

（1）采用内螺纹管或交叉来复线管。一般在可能发生传热恶化的区段采用内螺纹管，由于内螺纹管增加了管内工质的扰动，使传热恶化大大推迟发生。内螺纹管能显著地降低管壁温度，消除壁温峰值。

（2）提高工质质量流速。在气泡状、柱状、雾状流动时，提高质量流速 ρw 可以提高临界热负荷，防止膜态沸腾的发生。而在发生膜态沸腾后，提高 ρw 可以显著提高膜态沸腾表面传热系数，把金属壁温限制在允许范围内。因此不论是亚临界压力还是超临界压力，提高 ρw 是改善传热工况，降低管壁温度的有效方法。超临界压力下，提高质量流速对传热恶化的影响，如图 5-6 所示。在相同压力和热负荷条件下，随着 ρw 的提高，传热工况有所改善。

二、超临界压力下的汽水工况

1. 盐类的溶解和沉积

现代大容量高参数直流锅炉一般均不考虑排污，所以给水所带入的盐分或是沉积在受热面上，或是被蒸汽带入汽轮机。给水所带入的盐分沉积在受热面和被蒸汽带出的比例关系，取决于过热蒸汽对盐分的溶解度。

各种盐类在过热蒸汽中的溶解度与蒸汽参数（压力和温度）有密切关系。过热蒸汽压力低于临界压力时，盐分在过热蒸汽中溶解度随着压力的提高而增加。这是因为随着压力的提高，过热蒸汽密度增大，所以对盐分的溶解度也增大，压力对过热蒸汽溶解度的影响在微过热时为最大。温度对于溶解度的影响随着过热度的增加而降低（在离开饱和线不远处），由于过热蒸汽密度降低，盐分的溶解度有所下降，并在过热度不大的范围内存在一个最低点；进一步增加过热度时，虽然过热蒸汽密度会继续有所下降，但由于盐分在过热蒸汽中的升华作用，溶解度又开始上升；当过热度继续增加时，蒸汽接近于永久气体，此时盐分在过热蒸汽中的溶解度主要取决于温度，而压力对溶解度的影响显著减小。

易溶盐 SiO_2 和 $NaCl$ 在蒸汽中的溶解度很大，对于 SiO_2，当压力大于 5MPa；而对于 $NaCl$，当压力大于 10MPa，这两种盐几乎全部溶解于蒸汽中，而不再在受热面内沉积；对于中等溶解度的盐，$CaCl_2$ 在超临界参数范围内全部被蒸汽带走（实际上只要压力大于 14MPa 的，在受热面上不沉积）；对于难溶解度的盐 Na_2SO_4，在过热蒸汽中的溶解度很小，直至超临界压力仍大部分沉积在受热面上。

在超临界参数下，各种盐分在过热蒸汽中的溶解特性与低于临界参数时的情况一样，溶解度也是与温度和压力有关，这是因为当压力提高以后，各种盐分在过热蒸汽中的溶解度都增大。因而，在超临界压力直流锅炉中，给水所带入的易溶盐类（SiO_2、$NaCl$、KCl 等）和中等溶解度的盐类（$CaCl_2$、$MgCl_2$ 等），被过热蒸汽带入汽轮机；只有难溶解度的盐类 Na_2SiO_3、$Ca(OH)_2$ 等，可能会沉积在锅炉受热面上。

但是，因超临界压力下工质在相变区的密度急剧下降，因此盐类在过热蒸汽中的溶解度减小，而在相变前的水中溶解度则远大于过热蒸汽中的溶解度，在 25MPa 下各种盐类在相变区的溶解度均突然下降。不同的盐类在水中和过热蒸汽中的溶解度也是不同的，在相同压力下（29.4MPa），各种盐类在超临界压力的过热蒸汽中，溶解度是不相同的，溶解度大的盐 $NaCl$、$CaCl_2$ 容易被蒸汽带走，溶解度小的盐 Na_2SO_4、$Ca(OH)_2$、$CaSO_4$ 容易被沉积在受热面上。

2. 盐类的沉积区域

除了了解给水带入锅炉的各种盐类在不同参数下的溶解和沉积特性外，对于电厂运行人员和化学监督人员，还需了解各种盐类在锅炉受热面中的沉积区域，以便化学监督和定期清洗，以保证锅炉安全和经济运行。

（1）单相的加热水区。在单相的加热水区，由于水的密度大，所以溶解度也较大，所以一般说加热区段不沉积盐分。

（2）蒸发区段。由于水溶解盐类的能力大于饱和蒸汽的溶解能力。随着蒸发过程的进行，锅水的盐分含量不断增加，当于水中的含盐量超过其溶解度，超出的那一部分就会以固相析出在受热面上。当蒸发结束时，盐分在水中已达到高度浓缩，成为盐分的积聚，此时，不仅难溶盐析出，就是一些易溶的钠盐也被析出，而沉积在受热面上，所以蒸发区是盐分的沉积区。根据试验研究表明，盐分的沉积的开始点和沉积区域的大小与锅炉的工作参数有关，随着压力的上升，沉积区域开始向干度 x 减小的方向移动，沉积范围扩大。

（3）过热区段。过热区段的沉积范围取决于给水中的含盐量和各种盐类在过热蒸汽中的溶解度。超临界压力下，蒸汽的产生过程是没有蒸发过程的，是单相水直接变成蒸汽。由于沉积开始点是随着压力的升高而前移的，所以压力越高沉积区域越大。

3. 直流锅炉的给水标准

锅炉受热面内沉积和由蒸汽带入汽轮机而沉积在汽轮机喷嘴、叶片上的盐分，除了与受热面内工质的参数和物理状态有关外，还与给水中所含盐量的多少和盐分的组成有很大关系。因此在给定参数下，只有控制直流锅炉的给水品质，才能保证锅炉与汽轮机的要求。

直流锅炉的给水品质指标主要包括：硅含量（SiO_2）、铜含量（Cu）、铁含量（Fe）、硬度、钠离子含量（Na^+）（或以电导率表示）、溶解氧（O_2）pH 等，见表 5-2。

表 5-2　　　　　　　　　直流锅炉给水品质要求

序号	项目	品质要求
1	硅含量(SiO_2)	$\leqslant 20\mu g/L$
2	铜含量(Cu)	$\leqslant 2\mu g/L$
3	铁含量(Fe)	$10\sim 20\mu g/L$

序号	项目	品质要求
4	硬度	0
5	钠离子含量（Na^+）	$\leqslant 10\mu g/L$
6	溶解氧（O_2）	$5 \sim 7\mu g/L$
7	pH 值	$9.2 \sim 9.6$

（1）硅含量（SiO_2）。SiO_2 在蒸汽中溶解度最大，给水中的 SiO_2 几乎全部被蒸汽带出锅炉，绝大部分沉积在汽轮机的通流部分。随着蒸汽压力提高到超临界，这一问题更为突出。当蒸汽中 SiO_2 的浓度小于 $20\mu g/L$，汽轮机通流部分几乎未发现有 SiO_2 的沉积。但如果同时存在钠盐时，则其与硅生成硅酸钠，将在汽轮机的高压部分析出，所以一般给水中的 SiO_2 含量不超过 $20\mu g/L$。

（2）铜含量（Cu）。给水中的铜元素以铜及其氧化铜（CuO、Cu_2O）的形式存在，尤以 CuO 在蒸汽中的溶解度为最大。随着压力的升高，Cu、CuO、Cu_2O 在蒸汽中的溶解度升高，铜及其氧化物主要在汽轮机高压缸沉积，所以必须严格控制给水中 Cu 的含量。超临界压力直流锅炉给水中的铜含量不超过 $2\mu g/L$。

（3）铁含量（Fe）。Fe 在蒸汽中的溶解度随着压力升高而增加。超临界压力机组中，20%～30% 沉积在锅炉高热负荷区。为防止氧化铁在高热负荷区受热面上沉积，并造成垢下腐蚀，所以控制给水中的 Fe 含量在 $10 \sim 20\mu g/L$ 之间。

（4）硬度。给水中的总含盐量是由钙、镁盐和钠盐组成，而钙、镁盐（硬盐）、即称之硬度。由于钙、镁盐在蒸汽中的溶解度很小，所以给水中的硬度盐绝大部分沉积在锅炉高热负荷区的受热面上，所以直流锅炉给水中的硬度要求等于零。

（5）钠离子含量（Na^+）。NaCl、NaOH 在蒸汽中的溶解度也很大，而且随着参数的提高其溶解度增大，所以 NaCl、NaOH 一般不沉积在锅炉受热面中，而绝大部分被蒸汽带入汽轮机中。试验证明，当蒸汽中含 Na^+ 量大于 $10\mu g/L$ 时，开始有钠盐在锅炉受热面上沉积，所以 Na^+ 含量不超过 $10\mu g/L$。

（6）溶解氧（O_2）和联胺（N_2H_4）。引起腐蚀的重要因素是水中的溶解氧，氧含量对材料损耗有影响。为了减少给水中的溶解氧，一般采用除氧器加热除氧。在碱性介质中，N_2H_4 是一种很好的还原剂，所以在给水中加入 N_2H_4 进行辅助除氧。为了达到联氨的除氧效果，给水中的联胺含量为 $20 \sim 50\mu g/L$，直流锅炉给水中的溶解氧一般为 $5 \sim 7\mu g/L$。

（7）pH 值。pH 值是表征水溶液的性质，不同 pH 值的水溶液对各种金属的腐蚀是不同的。pH 值选择首先考虑使铁的腐蚀减小，同时兼顾到铜镍腐蚀的减少，在给水中加氨（NH_3）来提高 pH 值。GB/T 12145—2008《火力发电机组及蒸汽动力设备水汽质量》及 DL/T 912—2005《超临界压力机组锅炉水汽质量指标》均要求超临界压力机组 pH 值控制在 $9.2 \sim 9.6$ 之间。

三、直流锅炉的运行特性

对直流锅炉来说，加热段、蒸发段和过热段受热面之间是没有固定界限的。这是直流锅炉的运行特性与自然循环锅炉有较大区别的基本原因。

1. 静态特性

（1）汽温静态特性。稳定工况下，以给水为基准的过热蒸汽总焓升可按下式计算：

$$h''_{\text{gr}} - h_{\text{gs}} = \frac{\eta B Q_{\text{r}}(1 - r_{\text{zr}})}{G} \tag{5-1}$$

式中　Q_{r}——锅炉输入热量，kJ/kg；

　　　　η——锅炉效率；

　　　　h_{gs}——给水焓值，kJ/kg；

　　　　h''_{gr}——过热器出口焓值，kJ/kg；

　　　　r_{zr}——再热器相对吸热量，$r_{\text{zr}} = \dfrac{Q_{\text{zrr}}}{\eta Q_{\text{r}}}$；

　　　　Q_{zrr}——再热器吸热量，kJ/kg。

根据式（5-1）进行分析：

1）燃水比 B/G。保持式中 h_{gs}、η、Q_{r} 和 r_{zr} 不变，则当锅炉给水量从 G_0 变化到 G_1，对应的燃料量 B_0 变化到 B_1 时，过热器出口焓值的变化量可写为：

$$\Delta h''_{\text{gr}} = h''_{\text{gr1}} - h''_{\text{gr0}} = (h''_{\text{gr}} - h_{\text{gs}})\left(1 - \frac{m_0}{m_1}\right) \tag{5-2}$$

式中　h''_{gr0}、h''_{gr1}——工况变动前、后的过热器出口焓值，kJ/kg；

　　　　m_0、m_1——工况变动前、后的燃水比，$m_0 = B_0/G_0$，$m_1 = B_1/G_1$。

由式（5-2）可计算燃水比变化对气温的影响。由此可见，当直流锅炉的燃料量与给水量不相适应时，过热器出口汽温的变化是很剧烈的。实际运行中，为维持额定主蒸汽温度必须严格控制燃水比。

2）给水温度。当给水温度降低时，若保持燃水比不变，则由式（5-1）可知，过热器出口焓值（汽温）将随之降低，只有调大燃水比，使之与增大了的过热蒸汽总焓升（$h''_{\text{gr}} - h_{\text{gs}}$）相对应，才能保持汽温稳定。

3）过量空气系数。炉内过量空气系数主要是通过再热器相对吸热量 r_{zr} 的变化而影响过热汽温的。当炉内送风量增大时，对流式再热器的吸热量因烟气流量的增大而增加，而辐射式再热器的吸热量则基本不变，因此再热器总吸热量 Q_{zr} 及相对吸热量 r_{zr} 增大，在燃水比未变动的情况下，根据式（5-1）过热器出口汽温将降低。运行中也需要改变设定的燃水比。

4）锅炉效率。由式（5-1）可知，当锅炉效率降低时，过热汽温将下降。运行中炉膛结焦、过热器结焦、风量偏大，都会使排烟损失增大，效率降低；燃烧不完全也是锅炉效率下降的一个因素，上述情况出现时均会使燃水比发生变化。

5）变压运行。变压运行时的主蒸汽压力是锅炉负荷函数。当负荷降低时主蒸汽压力下降，与之相应的工质理论热量（从给水加热全额定出口汽温所必须吸收的热量）增大，如燃水比不变，则汽温将下降。如保持汽温，则燃水比按比例增加。

对于再热汽温，稳定工况下，再热器出口焓值 h''_{zr}（kJ/kg）按式（5-3）计算：

$$h''_{\text{zr}} - h'_{\text{zr}} = \frac{\eta B Q_{\text{r}} r_{\text{zr}}}{d G} \tag{5-3}$$

式中　h'_{zr}——再热器进口焓值，kJ/kg；

　　　　d——再热汽流量份额，$d = \dfrac{G_{\text{zr}}}{G_0}$。

若公式中 h'_{zr}、η、Q_{r} 和 r_{zr} 保持不变，则当锅炉给水量从 G_0 变化到 G_1，对应的燃料量由 B_0 变化到 B_1 时，再热器出口焓值的增量为：

$$\Delta h''_{zr} = h''_{zr1} - h''_{zr0} = (h''_{zr} - h_{zr})_0 \left(1 - \frac{m_0}{m_1}\right) \tag{5-4}$$

由式（5-4）可知，在任何负荷下，当燃料量与给水量成比例变化时（$m_0 = m_1$）即可保证再热汽温为额定值。这个结论与主汽温调节的要求是一致的。

煤发热量、过热空气系数、受热面结焦、定压运行、滑压运行方式等对再热汽温影响的分析与过热汽温相仿。随着煤发热量、过量空气的增加，在燃水比不变时再热汽温升高；滑压运行比定压运行更易于稳定再热汽温。

（2）主蒸汽压力静态特性：

1) 燃料量扰动。假设燃料量增加 ΔB，汽轮机调速汽门开度不变，以下从三种情况分析工况变动后的主蒸汽压力：

a. 给水流量随燃料量增加，保持燃水比不变（$m_0 = m_1$），由于锅炉产汽量增大，主蒸汽压力上升。

b. 给水流量保持不变，燃水比增大（$m_1 > m_0$），为维持主蒸汽温度必须增加减温水量，同样由于蒸汽流量增大，主蒸汽压力上升。

c. 给水流量和减温水量都不变，则主蒸汽温度升高，蒸汽容积增大，主蒸汽压力也有所上升。这是于在汽轮机调门开度不变的情况下，蒸汽流速增大使流动阻力增大所致。但如果主蒸汽温度的升高在允许的较小值，则主蒸汽压力无明显变化。

2) 给水流量扰动。假设给水流量增加 ΔG，汽轮机调速汽门开度不变，也有三种情况：

a. 燃料量随给水流量增加，保持燃水比不变（$m_0 = m_1$），由于蒸汽流量增大，主蒸汽压力上升。

b. 燃料量不变，减少减温水量保持主蒸汽温度，则主蒸汽压力不变。

c. 燃料量和减温水量都不变，如主蒸汽温度下降在许可范围内，则蒸汽流量的增大使主蒸汽压力上升。

3) 汽轮机调门扰动。若汽轮机调门开大 Δk，而燃料量和给水流量均不变，由于工况稳定后，汽轮机排汽量仍等于给水流量，并未变化。根据汽轮机调门的压力-流量特性可知，主蒸汽压力降低。

（3）水冷壁流量-负荷特性。直流锅炉变负荷运行时，质量流速相应变化，若为滑压运行，则主蒸汽压力也随之升降，对蒸发管的水动力特性将发生影响。以下主要对水冷壁流量偏差的负荷特性以及水动力多值性进行分析。

1) 流量偏差特性：

a. 负荷降低的影响。在任何负荷下，水冷壁的总差压按式（5-5）计算：

$$\Delta p_z = \Delta p_{zw} + \Delta p_{lz} = \rho hg + R\rho w^2 / 2 \tag{5-5}$$

$$\Delta p_{zw} = \rho hg$$

$$\Delta p_{lz} = R\rho w^2 / 2$$

式中　　Δp_{zw} ——重位差压，Pa；

　　　　Δp_{lz} ——流动阻力，Pa。

计算流量偏差时，各管总差压 $\Delta p_i = \Delta p_z$。当存在吸热不均匀时，水冷壁呈现什么的流量特性，取决于比值 $\Delta p_{zw}/\Delta p_{lz}$，如果重位差压 Δp_{zw} 在总差压中占主要部分，水冷壁显示自补偿特性，即吸热量较大的管子水流量也大；反之，如果流动阻力 Δp_{lz} 在总差压中占主要部分，水冷壁则显示强迫流动特性，即吸热量较大的管子水流量低。

对于一次上升垂直管屏，额定负荷下重位差压 Δp_{zw} 与流动阻力 Δp_{lz} 相差不多。在低负荷下，汽量与水量等值降低，但 Δp_{zw} 降低得更慢，故总差压中以重位差压 Δp_{zw} 为主，水冷壁系统在低负荷下是自然循环特性；在高负荷下，总差压中以流阻 Δp_{lz} 为主，水冷壁系统是强迫流动特性。对于水平管圈，由于管屏高度与管屏长度相比很小，所以重位差压 Δp_{zw} 所占比例不大，它显示强迫流动的流动特性，且随着负荷的降低，强迫流动特性增强，即在低负荷下，同样的吸热不均，会引起更大的流量偏差。

对于由水平管圈和垂直管屏联合组成的水冷壁系统，由于垂直管屏入口已为含汽率较高的汽水混合物，故垂直管屏的 Δp_{zw} 相对很小，总差压中以流阻 Δp_{lz} 为主，所以垂直管屏呈现较强的强迫流动特性，与水平管圈一样，当负荷降低时，强迫流动特性增强。工质流量增加时，重位压头也随之增大，这是由于含汽率减小的缘故，因此高负荷时的水动力稳定性都是较好的。

b. 压力降低的影响。直流锅炉采用滑压运行，低负荷时压力相应降低。压力降低时汽水密度差加大，平均管的密度减小，在同样的质量流量下，Δp_{zw} 减小，Δp_{lz} 增大，即原来显示强迫流动特性的管屏将更加增加其强迫特性，因而降低水冷壁的工作安全性。随着工作压力的降低，流量不均系数 η_G 亦越来越小。

2）水动力稳定性。直流锅炉的水动力不稳定性（水动力多值性）是指在一个管屏总差压下，可有多个流量与之对应的现象。一旦发生水动力不稳定，则各并列管子中工质的流量会出现很大的差别，管子出口工质的参数也就大不相同。有些管子的出口为饱和蒸汽甚至过热蒸汽，另一些管子则为汽水混合物，甚至为水。在同一根管子中也会发生流量时大时小的情况，水冷壁的冷却被大大恶化。

产生水动力多值性的根本原因是水冷壁进口的给水有欠焓，当给水欠焓超过某一定值之后，就会发生水动力的不稳定。对于水平管圈式水冷壁，可按式（5-6）判断是否出现水动力多值性。

$$\Delta h \leqslant \frac{7.46r}{a\left(\dfrac{\rho'}{\rho''}-1\right)} \tag{5-6}$$

式中　Δh——水冷壁进口水的欠焓，kJ/kg；

　　　a——裕度系数，在 9.8MPa 以下时取 2，更高压力下面 Δh 应小于 420kJ/kg。

压力降低对水动力稳定性的影响可通过式（5-6）的分析得到。随着压力的降低，汽化潜热 r 和密度比 ρ'/ρ'' 均增大，但后者增大得更快，使式中的 $r/(\rho'/\rho''-1)$ 项降低，见表 5-3。也就是说，随着压力的降低，满足式（5-6）将变得越来越困难或者说裕度更低，因此，水平管圈的直流锅炉低压力运行时，更应注意水动力稳定性的问题。

对于垂直管圈，重位压头不能忽略，水动力特性可认为是水平管圈的特性叠加一个重位压头而形成的。因此，垂直管圈的水冷壁一般没有水动力不稳定的问题，但压力很低时，重位压头迅速减小，仍有可能使水动力的稳定性变差。

表 5-3		工作压力对工质物理量的影响		
工作压力（MPa）	8.0	12.0	16.0	20.0	24.0
$r/(\rho'/\rho''-1)$	21.1	33.4	48.5	71.1	—

一般来讲，水动力的稳定性随着锅炉负荷的降低而变差，这主要是因为低负荷时给水温度降低，水冷壁进水工质的焓增加。另外，高负荷时质量流量大，在临界流量以上时，即使存在不稳定区也可以越过它，而实际上流动是稳定的。

2. 动态特性

（1）燃料量扰动。如图 5-7（a）所示为燃料量扰动时的动态特性曲线。在其他条件不变的情况下，燃料量 B 增加，蒸发量在短暂延迟后先上升，后下降，最后稳定下来与给水量保持平衡。其原因是，在变化之初，由于热负荷立即变化，热水段逐步缩短；蒸发段将蒸发出更多的饱和蒸汽，使过热蒸汽流量 D 增大，其长度也逐步缩短，当蒸发段和热水段的长度减少到使过热蒸汽流量 D 重新与给水量相等时，即不再变化［如图 5-7（a）曲线 1 所示］。在这段时间内，由于蒸发量始终大于给水量，锅炉内部的工质储存量不断减少（一部分水容积渐渐为蒸汽容积所取代）。

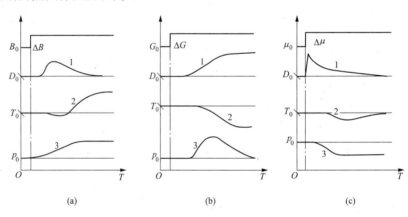

图 5-7　直流锅炉的动态特性
（a）燃料量扰动；（b）为给水量扰动；（c）汽轮机调门扰动
B_0—燃料量（或给水流量，或汽轮机调门开度，对应三种扰动）；D_0—蒸汽流量；
T_0—过热汽温；p_0—过热汽压

燃料量增加，过热段加长，过热汽温升高，已如前述。但在过渡过程的初始阶段，由于蒸发量与燃烧放热量近乎按比例变化，再加以管壁金属储热所起的延缓作用，所以过热汽温要经过一定时滞后才逐渐变化［如图 5-7（a）曲线 2 所示］。如果燃料量增加的速度和幅度都很急剧，有可能使锅炉瞬间排出大量蒸汽，在这种情况下，汽温将首先下降，然后再逐渐上升。

蒸汽压力［如图 5-7（a）曲线 3 所示］在短暂延迟后逐渐上升，最后稳定在较高的水平。最初的上升是由于蒸发量的增大，随后保持较高的数值是由于蒸汽温度的升高（汽轮机调速阀开度未变）。

（2）给水量扰动。如图 5-7（b）所示为给水量扰动时的动态特性曲线。在其他条件不变的情况下，给水量增加，由于壁面热负荷未变化，所以热水段都要延长，蒸汽流量逐渐增大到扰动后的给水流量。在这个过渡过程中，由于蒸汽流量小于给水流量，所以工质储存量不断增加，随着蒸汽流量的逐渐增大和过热段的减小，出口过热汽温渐渐降低。但在蒸汽温度降低时金属放出储热，对蒸汽温度变化有一定的减缓作用。蒸汽压力则随着蒸汽流量的增大而逐渐升高。值得一提的是，虽然蒸汽流量增加，但由于燃料量并未增加，故稳定后工质的总吸热量并未变化，只是单位工质吸热量减小（出口汽温降低）而已。

由图可看出，当给水量扰动时，蒸发量、蒸汽温度和蒸汽压力的变化都存在时滞。这是因为自扰动开始，给水自入口流动到原热水段末端时需要一定的时间，因而蒸发量产生时滞，蒸发量时滞又引起蒸汽压力和蒸汽温度的时滞。

（3）功率扰动。此处功率扰动是指调速汽门动作取用部分蒸汽，增加汽轮机功率，而燃料量、给水量不变化的情况。若调速汽门突然开大，蒸汽流量立即增加，汽压下降。如图 5-7（c）所示，蒸汽压力没有像蒸汽流量那样急剧变化。这是由于当蒸汽压力下降时，饱和温度下降，锅炉工质"闪蒸"、金属释放储热，产生附加蒸发量，抑制蒸汽压力下降；随后，蒸汽流量因蒸汽压力降低而逐渐减少，最终与给水量相等，保持平衡，同时蒸汽压力降低速度也趋缓，最后达到一稳定值。

在给水压力和给水调门开度不变的条件下，由于蒸汽压力降低，给水流量实际上是自动增加的，这样，平衡后的给水流量和蒸汽流量有所增加。在燃料量不变的情况下，这意味着单位工质吸热量必定减小，或者说过热汽温（焓）必定减小。过热汽温的降低过程，同样由于金属储热的释放而变得迟缓，并且，由于金属储热的释放，稳定后的蒸汽温度降低幅度并不显著。

对于超临界压力机组在超临界区运行时，其动态特性与亚临界锅炉相似，但变化过程较为和缓。燃料量 B 增加时，锅炉热水、过热段的边界发生移动，尽管没有蒸发段，但热水、过热段的比体积差异也会使工质储存量在动态过程中有所减小，因此过热蒸汽量稍大于入口给水量直至稳态下建立新的平衡。由于上述特点，对于超临界压力机组，在燃料量、给水量和功率扰动时的动态特性，受蒸汽流量波动的影响较小，如燃料量扰动时，抑制过热汽温变化的因素主要是金属储热，而较少受蒸汽流量影响，因而过热汽温变化得就快一些；而蒸汽压力的波动则基本上产生于蒸汽温度的变化，变得较为和缓。

第四节　大型燃煤锅炉的运行调整

一、运行调整目的与任务

对于大型燃煤锅炉来说，在超超临界压力下，水到蒸汽的过程只经历加热阶段与过热阶段，而无饱和蒸汽阶段，这是与亚临界锅炉的根本区别。在锅炉的运行调整过程中，必须掌握超超临界压力下直流锅炉的特点，才能顺利完成运行调整的任务。

直流锅炉没有汽包，相对汽包锅炉而言，机组总的汽-水循环工质质量大大下降，工质在机组内的循环速度上升，这就要求控制系统应更严格地保持工作负荷与燃烧速率之间的匹配关系。在整个机组的能量转换过程中，由于没有储能缓冲的汽包环节，直接做功的蒸汽质量与机组循环工质的总质量的比值很高，这就要求控制系统严格地保持机组的物料平衡关系，特别是燃烧速率与给水之间的平衡关系即燃水比，以及燃烧速率与给煤、通风之间的平衡关系，这种平衡关系不仅是稳态下的平衡，还应保持动态下的平衡。对于采用直吹式制粉系统的大型燃煤锅炉来说，由于省略了煤粉中间储仓，从给煤、制粉、送粉环节开始，就已纳入锅炉燃烧系统的控制范围。这样就增加了锅炉燃烧系统控制的复杂程度、时延与滞后，降低了动力学响应速度，因此这是锅炉与机组负荷控制策略需要考虑的要点。

锅炉运行调整的目的与任务：

（1）确保锅炉各主要参数在正常范围内运行，及时发现、处理设备存在的缺陷，使锅炉及机组安全、经济、高效地运行。

（2）满足机组负荷的要求，维持锅炉蒸发量在额定范围内。

（3）按照机组定滑压运行曲线维持正常蒸汽压力。

（4）严格按照锅炉的负荷要求控制燃料量和给水量，控制好燃水比，正确投入减温水，维持主蒸汽温度、再热蒸汽温度在正常范围。

（5）严格监控并保持合格的炉水与蒸汽品质。

（6）保持锅炉内燃烧工况良好，受热面清洁，降低排烟温度，减少热损失，提高锅炉效率。

（7）合理安排设备、系统的运行方式，及时调整运行工况，减少锅炉结渣等问题出现的可能，使锅炉及机组在安全、经济的最佳工况下运行。

二、直流锅炉汽水调节

1. 蒸汽压力的调节

直流锅炉蒸汽压力调节的任务，是保持锅炉蒸发量和汽轮机所需蒸汽量相等。超超临界压力机组主蒸汽压力由系统的质量平衡、热量平衡和工质流动压降等决定，只要时刻保持住这个平衡，过热蒸汽压力就能稳定在给定值上。对于汽包锅炉，调节蒸发量，先是依靠调节燃烧来达到的，与给水量无直接关系，而给水量是根据汽包水位来调节的；但在直流锅炉内，炉内燃烧工况的变化并不最终引起蒸发量的改变，而是使出口蒸汽温度改变。由于锅炉送出的蒸汽流量等于进入的给水量，因而只有当给水量改变时才会引起锅炉蒸发量的变化。直流锅炉蒸汽压力的稳定，从根本上说是靠调节给水量实现的。

但如果只改变给水量而不改变燃料量，则将造成过热汽温的变化。因此，直流锅炉在调节蒸汽压力时，必须使给水量和燃料量按一定的比例同时改变，才能保证在调节负荷或蒸汽压力的同时，确保蒸汽温度的稳定。这说明蒸汽压力的调节与蒸汽温度的调节是不能相对独立进行的。

从动态过程来看，燃料量可以改变蒸发量，且与给水量的扰动相比，燃料量的扰动要更直接。因此，在外界需要锅炉变负荷时，如先改变燃料量，再改变给水量，就有利于保证过程开始时蒸汽压力的稳定。

超超临界单元机组的配套锅炉，协调控制方式下锅炉侧重控制主蒸汽压力，汽轮机控制负荷，主蒸汽压力设定值由变压曲线自动给出。

2. 蒸汽温度的调节

锅炉运行中，过热蒸汽温度和再热蒸汽温度不仅随着锅炉的蒸发量变化，而且随着给水温度、燃料量、炉膛过量空气系数以及受热面清洁程度等情况的变化而在较大范围内波动。锅炉对过热蒸汽温度和再热蒸汽温度的控制是十分严格的，允许变化范围一般为额定蒸汽温度±5℃，蒸汽温度过高或过低以及大幅度波动都将严重影响锅炉和汽轮机的安全、经济运行。

蒸汽温度过高，将引起过热器、再热器、蒸汽管道以及汽轮机汽缸、转子部分的金属强度降低，使钢材加速蠕变，从而降低设备使用寿命，严重的超温甚至会使管子过热而爆破。过热器、再热器一般由若干级组成，各级管子常使用不同的材料，分别对应一定的最高许用温度，因此为保证金属安全，还应当对各级受热面出口的蒸汽温度加以限制。

蒸汽温度过低，将会降低热力设备的经济性。对于超临界压力机组，过热蒸汽温度每降低 10℃，发电标准煤耗将增加约 1.0g/kWh；再热汽温每降低 10℃，发电标准煤耗将增加约 0.8g/kWh。蒸汽温度过低，还会使汽轮机最后几级的蒸汽湿度增加，对叶片的侵蚀作用加剧，严重时将会发生水冲击，威胁汽轮机的安全；同时会造成汽轮机缸体上、下壁温差增大，产生很大的热应力，使汽轮机的胀差和轴向位移增大，危害汽轮机的正常运行。

蒸汽温度突升或突降会使锅炉各受热面焊口及连接部分产生较大的热应力，还将造成汽轮机的汽缸与转子间的相对位移增加，即胀差增加，严重时，甚至能产生叶轮与隔板的动静摩擦，汽轮机剧烈振动等。

此外，还应该考虑平行过热器管的热偏差及蒸汽温度两侧偏差，防止局部管子的超温爆漏。过热蒸汽温度和再热蒸汽温度两侧偏差过大，将使汽轮机的高压缸和中压缸两侧受热不均，导致热膨胀不均，影响汽轮机的安全运行。

因此，锅炉运行中，在各种内、外扰动因素影响下，如何通过运行分析调整，用最合理的方法保持蒸汽温度稳定，是蒸汽温度调节的首要任务。

（1）过热器与再热器的蒸汽温度特性。锅炉负荷变化时，过热器与再热器出口的蒸汽温度跟随变化的规律，称为蒸汽温度特性，蒸汽温度随锅炉负荷变化的特性如图 5-8 所示。随着锅炉负荷的增加，过热器中蒸汽流量和燃料消耗量都相应增大，但炉内火焰温度升高甚少，辐射式过热器吸收的炉膛辐射热增加不多，不及过热器内蒸汽流量增加的比例大，因此辐射式过热器中蒸汽的焓增减少，出口蒸汽温度下降（如图 5-8 中曲线 1 所示）；同时，由于炉内火焰温度升高很少，炉内水冷壁的吸热量也增加甚微，多消耗的燃料产生的热量将使得炉膛出口烟气温度升高，燃料消耗量增加还使得炉内高温烟气流量增大。由于烟气温度及流速的增高，布置在水平与尾部烟道的对流式过热器的换热量增大许多，过热蒸汽焓值增大，过热器出口蒸汽温度升高，如图 5-8 中曲线 2、3 所示，对流式过热器的出口蒸汽温度是随着负荷的增加而增大的；对流式过热器距离炉膛出口越远，过热器进口烟温 θ 降低，烟气对过热器的辐射换热份额减少；蒸汽温度随负荷增加而上升的趋势更明显。这就是图 5-8 中曲线 3 的斜率大于曲线 2 的原因。

再热蒸汽温度随锅炉负荷变化的规律与过热器相同，只是锅炉负荷降低时，汽轮机高压缸排汽温度降低，再热器入口蒸汽温度下降。与过热蒸汽温度比较，对流式再热器的蒸汽温度随负荷降低而降低要严重些，相反，辐射式再热器的蒸汽温度随负荷降低而升高要平缓些。

由于辐射式和对流式的蒸汽温度特性正好相反，同时采用辐射式和对流式联合布置的过热器与再热器系统，可以得到比较平缓的蒸汽温度特性。一般电站锅炉过热器由屏式和对流式组合，因辐射吸热份额不

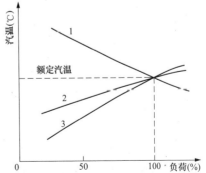

图 5-8　过热器蒸汽温度特性
1—辐射式过热器；2、3—对流式过热器

够大，整个过热器的蒸汽温度特性仍是对流式的。

以上介绍的是常规定压运行方式下蒸汽温度随负荷变化的特性。单元机组也可采用变压运行方式，即汽轮机的调节汽门基本保持全开，机组负荷的改变依靠改变锅炉出口的蒸汽压力来实现，但过热蒸汽温度与再热蒸汽温度仍维持在额定值。定压运行时，汽轮机各级压力和温度都随蒸汽流量成比例变化，一般负荷从额定值降到70%时，再热器进口蒸汽温度下降30～50℃；而变压运行时，再热器进口蒸汽温度基本不变，其蒸汽温度特性可以得到很大的改善。

在变压运行方式下，负荷降低时，过热器与再热器内的蒸汽压力随着降低，蒸汽比热容减小，加热至相同温度所需热量减少，因此负荷降低时，过热蒸汽温度和再热蒸汽温度比定压运行时易于保持稳定。

（2）影响汽温变化的因素。影响超临界直流锅炉汽温变化的因素有许多，主要有燃水比和给水温度、受热面清洁情况、过量空气系数、火焰中心高度等。

1）燃水比。超临界压力直流锅炉运行时，为维持额定汽温，锅炉的燃料量与给水量必须保持一定的比例。在给水温度不变的情况下，当增加燃料量或减少给水量时，导致燃水比增大，导致热水段长度和蒸发段长度缩短，过热段长度延长，进而导致蒸汽温度的升高；当增加给水量或减少燃料量时，导致燃水比减小，导致热水段和蒸发段延长，过热减少，进而导致蒸汽温度的降低。

2）给水温度。正常情况下，给水温度一般不会有太大的变动。但当高压加热器因故障退出时，给水温度将会降低很多。对于直流锅炉，若燃料不变，由于给水温度降低，加热段加长，过热段缩短，过热蒸汽温度、再热蒸汽温度会随之降低，负荷也会降低。因此，当给水温度降低时，必须改变原来设定的燃水比，即适当提高燃水比，以使过热蒸汽温度、再热蒸汽温度维持额定值。一般高压加热器退出时，若燃料不变的情况下，适当减少给水量，提高燃水比；但此时机组负荷有所降低。在锅炉满负荷运行时出现高压加热器退出时，若要维持机组负荷不变时，必须增加燃料，锅炉超出力运行；这时必须注意各受热面的温度水平，防止管壁过热。另外，还要关注汽轮机各监视段压力，防止超压运行，使汽轮机叶片过负荷。

3）过量空气系数。过量空气系数的变化直接影响锅炉的排烟损失，同时影响对流受热面与辐射受热面的吸热比例。当过量空气系数增大时，除排烟损失增加、锅炉效率降低外，炉膛水冷壁吸热减少，造成过热器、再热器的进口蒸汽温度降低。虽然对流过热器、再热器烟气量有所增加，但在其他因素不变的情况下，末级过热器、再热器出口的蒸汽温度有所下降。过量空气系数减小时，结果与增加过量空气系数时相反。若要保持过热器、再热器的蒸汽温度不变，则要重新调整燃水比。

4）火焰中心位置。锅炉运行过程中，下列情况将导致火焰中心位置改变：

当燃用煤质变差，或者煤粉颗粒变粗时，炉内火焰会因燃尽困难而拉长，火焰中心位置移向炉膛上方。

大容量电站锅炉采用多层燃烧器，最上层与最下层燃烧器之间的距离达十几米。当因负荷变化或磨煤机切换而改变投运燃烧器层次时，火焰中心位置将随投运燃烧器高度而改变。改变摆动式燃烧器的倾斜角度就是一种通过改变火焰中心位置的再热蒸汽温度调节方式。

火焰中心位置变化的影响与过量空气系数变化的影响相似。在燃水比不变的情况下，火焰中心区域上移类似于过量空气系数增加，过热蒸汽温度、再热蒸汽温度略有下降；反之，过热蒸汽温度略有上升。若要保持过热蒸汽温度、再热蒸汽温度不变，亦需要重新调整燃水比。

5）燃料特性。燃煤中的水分和灰分增加时，燃煤的发热量降低。为了保证锅炉的蒸发量，必须增加燃煤的消耗量。这样，由于水分的增加，增大了烟气体积，同时，水分的蒸发和灰分本身温度的提高，都要吸收炉内的热量，因此使炉内温度水平降低，辐射传热减少。同时，由于燃煤灰分的增加，抬高了火焰中心区域，使得炉膛出口的烟气温度提高、对流烟道的烟气温度升高；同时水分增加，加大了烟气体积、增大了烟气流速，使得对流传热量增加，过热器、再热器出口的蒸汽温度升高，减温水量增加。

燃煤变粗时，煤粉在炉膛内的燃尽时间增长，火焰中心区域上移，在其他因素不变的情况下，导致过热器、再热器的蒸汽温度降低。

6）受热面清洁程度。工质在受热面内一次流过，完成加热、蒸发和过热的过程。给水流量、减温水流量以及烟气挡板开度保持不变，锅炉出力便将保持不变。因而在燃料量不变的情况下，受热面结渣，都会造成工质吸热量的减少，而使过热器、再热器的蒸汽温度下降。

在燃水比及负荷不变的情况下，炉膛水冷壁结渣时，过热器、再热器的蒸汽温度有所降低；过热器、再热器结渣或积灰时，过热器、再热器的蒸汽温度下降明显。前者发生时，调整燃水比即可；后者发生时，不可随便调整燃水比，不许在无法保证水冷壁温度不超限的前提下调整燃水比。

7）烟道挡板开度。由于再热器的蒸汽温度是采用烟气调温挡板调节的，当烟道挡板开度变化时，就造成流经低温再热器侧和低温过热器侧的烟气量发生变化，使低温过热器、再热器的吸热量有所改变，当其他因素不变时，必将引起过热器、再热器蒸汽温度的变化。

8）减温水流量。采用喷水减温时，减温水大都来自给水系统。在给水系统压力增高时，虽然减温水调节阀的开度未变，但这时减温水量增加了，蒸汽温度因而降低；喷水减温器若发生泄漏，也会在并未操作减温水调节阀的情况下，使减温水量增大，蒸汽温度降低。

9）锅炉吹灰与排污的影响。当锅炉进行蒸汽吹灰，或定期排污开放时，相当于锅炉负荷增加，对蒸汽温度的影响与负荷变化时相似。只是吹灰用蒸汽量少，定期排污排出的是饱和水，焓值低，因此对蒸汽温度的影响较小。

总之，对于直流锅炉，在水冷壁温度不超限的条件下，影响过热、再热蒸汽温度的诸多因素都可通过调整燃水比来消除。所以，只要控制、调节好燃水比，在相当大的负荷范围内，直流锅炉的过热、再热蒸汽温度可保持在额定值，这个优点是汽包锅炉无法比拟的。

（3）过热蒸汽温度的调节。超临界压力直流锅炉过热蒸汽温度的调节是以调节燃水比作为粗调，用一、二级减温水作为细调。

1）过热汽温粗调（燃水比的调节）。直流锅炉燃水比调节的主要参照量是内置式分离器出口温度，即所谓的中间点温度。锅炉负荷大于35%MCR，中间点呈干态，中间点温度为微过热温度。从直流锅炉汽温控制的动态特性可知：中间点温度离工质开始过热点越近，蒸汽温度控制时滞越小，即蒸汽温度控制的反应越明显。燃水比也因机组负荷不同、燃料不同、燃烧状况不同、炉膛及受热面清洁程度等不同有较大变化（7.7～8.9之间变化）。另外，在实际运行中还由于机组滑压运行，使饱和温度也随蒸汽压力变化。这些都使中间点温度与机组负荷不是一成不变的关系。

　　把中间点至过热器出口之间的过热段固定，与汽包锅炉固定过热器区段情况相似。在过热汽温调节中，中间点温度实际是与锅炉负荷有关，中间点温度与锅炉负荷存在一定的函数关系，那么锅炉的燃水比按中间点温度来调整，中间点至过热器出口区段的过热蒸汽温度变化主要依靠喷水来调节。喷水减温只是一个暂时措施，要保持稳定蒸汽温度的关键是要保持与负荷相对应的燃水比，如图 5-9 所示可以看出直流锅炉 $G=D$，如果过热段有喷水量 d，那么直流锅炉水冷壁进口水量为（$G-d$）。如果由于燃料量增加，炉膛热负荷增加，而给水量未变，这样过热汽温就要升高，喷水量 d 必然要增加，使进口水量（$G-d$）的数值就要减小，这样变化将使中间点温度升高，中间点温度又反过来使过热汽温上升，导致喷水减温调节作用减弱。因此喷水变化只是维持过热汽温的暂时的稳定（或暂时维持过热汽温为额定值），但最终使其过热汽温稳定，主要还是通过燃水比的调节来实现的，而中间点的状态一般要求在各种工况下为微过热蒸汽。

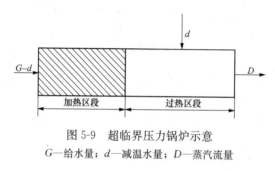

图 5-9　超临界压力锅炉示意
G—给水量；d—减温水量；D—蒸汽流量

　　2）过热蒸汽温度的细调。锅炉蒸汽温度的稳定是反映锅炉蒸汽温度调节性能的主要标志。由于锅炉调节中，受到许多因素变化的影响，只靠燃水比的粗调还不够；另外，还有可能出现过热器出口的左、右侧蒸汽温度偏差。因此在屏式过热器和末级过热器的入口分别布置了一级和二级减温水（每级共两个，左、右各一）。喷水减温器的调温惰性小、反应快，开始喷水到喷水点后蒸汽温度开始变化只需要几秒钟，可以实现精确的细调。所以，在整个锅炉负荷范围内，要用一、二级喷水减温来消除燃水比调节（粗调）所存在的偏差，以达到精确控制过热蒸汽温度的目的。必须注意的是，要严格控制减温水总量，尽可能少用，以保证有足够的水量冷却水冷壁；投用时，在保证屏式过热器管壁不超温的前提下，优先满足二级减温水量，尽量减少一级减温水量，这样既可保证过热蒸汽温度，又可提高机组效率。

　　此外由于过热器与再热器在布置上有很大的关联，因此对于下面调节再热汽温的方法同样也适用于过热蒸汽温度的调节。

　　（4）再热蒸汽温度的调节。

　　1）再热蒸汽温度的调节特点。再热蒸汽压力低于过热蒸汽，一般为过热蒸汽压力的 $1/4\sim1/6$。由于蒸汽压力低，再热蒸汽的比定压热容较过热蒸汽小，这样在等量的蒸汽和改变相同的吸热量的条件下，再热蒸汽温度的变化就会比过热蒸汽温度变化大。因此当工况变动时，再热蒸汽温度的变化就比较敏感，且变化幅度也较过热蒸汽大；反过来在调节再热蒸汽温度时，其调节也较灵敏，调节幅度也较过热蒸汽温度高。

　　再热器进口蒸汽状态决定于汽轮机高压缸的排汽参数，而高压缸排汽参数随汽轮机的运行方式、负荷大小及工况变化而变化。当汽轮机负荷降低时，再热器入口蒸汽温度也相应降低，要维持再热器的额定出口蒸汽温度，则其调温幅度大。由于再热蒸汽温度调节机构的调节幅度受到限制，则维持额定再热蒸汽温度的负荷范围受到限制。由于再热器采用烟气调节挡板加一级喷水减温调节，在实际运行中体现出来的时滞性很大。经试验得出：烟气挡板调节时，再热蒸汽温度要 3~5min 才有反应；喷水减温调节时，也要 2~3min 才有反应。如此长的时滞性，自然给机组变工况运行时再热蒸汽温度的调节带来困难。

再热蒸汽温度的调节不宜用喷水减温方法，否则机组运行经济性下降。再热器置于汽轮机的高压缸与中压缸之间，因此在再热器喷水减温，使喷入的水蒸发加热成中压蒸汽，使汽轮机的中、低压缸的蒸汽流量增加，即增加了中、低压缸的输出功率，如果机组总功率不变，则势必要减少高压缸的输出功率。由于中压蒸汽做功的热效率较低，因而使整个机组的循环热效率降低。从实际计算表明，在再热器中每喷入 1% MCR 的减温水，将使机组循环热效率降低 0.1%~0.2%。因此再热蒸汽温度调节方法采用烟气侧调节，即采用摆动燃烧器或分隔烟道等方法。但考虑为保护再热器，在事故状态下，使再热器不被过热而烧坏，在再热器进口处设置事故喷水减温器，当再热器进口蒸汽温度采用烟气侧调节无法使蒸汽温度降低，则要用事故喷水来保护再热器管壁不超温，以保证再热器的安全。

再热蒸汽压力低，再热蒸汽表面传热系数低于过热蒸汽，在同样的蒸汽流量和吸热条件下，再热器管壁温度高于过热器壁温。超临界压力直流锅炉的再热蒸汽温度要求 603℃，这一方面要求采用材质要满足，另一方面在运行中严格控制再热器的壁温。

2）再热蒸汽温度的调节方法。

a. 烟道挡板调节。当再热蒸汽温度降低时，开大低温再热器侧的烟道挡板，使通过低温再热器的烟气流量增大，提高低温再热器的吸热量，从而提高温再热器蒸汽温度，反之亦然。

采用烟道挡板调节再热蒸汽温度的主要优点是：在调节再热蒸汽温度时，对炉膛的燃烧工况影响小，且调温幅度较大。但其缺点是：调温迟滞时间长；挡板开得较大时易引起磨损，关得较小时又引起积灰。

在用烟道挡板调节再热蒸汽温度时，必须考虑到对过热蒸汽温度的影响。若想提高温再热器的蒸汽温度，应在开大再热器侧烟道挡板时，检查一下是否有一定的过热器减温水量。因为在开大再热器侧挡板时，过热器侧挡板关小，低温过热器的出口蒸汽温度降低，此时必须减小减温水量，以保持过热汽温的稳定。否则，虽然低温再热器的温升增大，但因为低温过热器出口温度下降，引起主蒸汽温度降低，导致高压缸排汽（低温再热器入口）温度降低，最后高温再热器的出口温度没有什么变化。

b. 二次风配比。二次风配比的改变，可以改变炉膛火焰中心区域的高度，可以改变辐射和对流吸热比例，从而达到调节再热蒸汽温度的目的。由于高、低温再热器主要是对流换热，当开大上层二次风挡板，关小下层二次风挡板，或者关小燃尽风挡板开度，火焰中心区域升高，炉内辐射吸热量减少，炉膛出口烟气温度升高，对流换热加强，使再热蒸汽温度升高，反之，再热蒸汽温度降低。

c. 汽水分离器出口温度。在 AGC 或 CCS 方式下，汽水分离器出口温度与负荷存在一定的函数关系。锅炉工况的改变（如：锅炉吹灰改变受热面的清洁程度等），可以通过分离器出口温度偏置的设定，提高或降低汽水分离器出口温度，"锅炉主控"也将相应增加或减少燃料量，从而改变炉内燃烧工况，进而改变再热蒸汽温度。

d. 事故减温水。当再热蒸汽温度因某些原因（如高压加热器解列或升负荷较快等）而急剧升高时，可采用事故减温水进行紧急降温以保护再热器。

e. 送风量。某些特殊情况下，如：A、B、C 三套制粉系统运行，负荷较低（400MW以下），再热蒸汽温度就很难调整。若此时减锅炉热负荷，虽然通过全开再热器烟道挡板、关小燃尽风开度、提高汽水分离器出口温度等方法，但是再热蒸汽温度依然会超低限。在这种情况下，可以适量增加送风量而不是随负荷减少送风量，来缓解再热蒸汽温度降低的趋势。

f. 制粉系统方式调整。由于煤质或负荷的急剧变化，将引起再热蒸汽温度的大幅度波动，此时可通过调整制粉系统运行方式，来维持再热蒸汽温度。

若再热蒸汽温度居高不下，可以减少最上层制粉系统燃煤量，增大最下层制粉系统燃煤量，或尽可能运行下层磨煤机，降低炉膛火焰中心区域，进而降低再热蒸汽温度；再热蒸汽温度降低时，调节反之。

另外，改变磨煤机通风量的大小也会起到调节再热蒸汽温度的效果。当磨煤机通风量增大，进入炉膛的煤粉不仅变粗而且推迟着火，这将延长燃烧时间，提高炉膛出口烟气温度，从而有利于再热蒸汽温度升高，反之再热蒸汽温度降低。

g. 变换吹灰方式。如前所述，受热面清洁的程度将更加影响到再热器的吸热量，从而直接影响再热蒸汽温度的调节。所以，运行中我们根据再热烟气挡板开度、锅炉各段烟气温度、各受热面温升等进行综合判断，决定锅炉受热面吹灰的方式，将很好地保证再热蒸汽温度调节的有效性。

（5）大型锅炉汽温调节手段与注意事项。

1）过热器的蒸汽温度是由燃水比和两级喷水减温来控制。在直流运行时，顶棚过热器出口蒸汽要保持一定的过热度，顶棚过热器出口温度是给水量和燃料量是否匹配的超前控制信号。

2）正常运行时，再热蒸汽出口温度是通过调整低温再热器和省煤器烟道出口的烟气调节挡板来调节，应尽量避免使用喷水调节，以免降低机组循环效率。在变工况、事故和左右侧蒸汽温度偏差大时可采用喷水调节。

3）锅炉负荷小于 10％BMCR，不允许投运过热、再热蒸汽喷水减温；各级喷水减温调节时应满足减温后的蒸汽温度大于对应压力下饱和温度 15℃。

4）在主蒸汽温度、再热蒸汽温度调整过程中，要加强受热面金属温度监视，保证金属温度不超限，并根据左右侧的金属温度调整主蒸汽温度、再热蒸汽温度，以免出现较大的左右侧温度偏差。

5）除正常调温手段外，还可以通过改变火焰中心高度、调整过剩空气量、改变过燃风门的开度、对有关受热面进行吹灰等方法来调整蒸汽温度。

6）当发生燃烧煤种改变、磨煤机投停、负荷增减、高压加热器的投撤等情况时，主蒸汽温度、再热蒸汽温度会发生较大的变化，这时应注意监视蒸汽温度变化情况，必要时可将控制方式切至手动，进行手动调节。

7）正常运行时，应投入喷水减温自动，各级减温水调节阀门的开度合适，若超过一定的范围，则应适当调整燃水比，使减温水有较大的调整范围，防止系统扰动造成主蒸汽温度波动。减温水量不可猛增、猛减，在调节过程中，避免出现局部水塞和蒸汽带水现象。

3. 给水调节

(1) 直流锅炉给水调节的主要任务。

1) 满足锅炉蒸发量的需要，稳定主蒸汽压力，实现机组的负荷要求。

2) 在机组变工况时保证给水量按照要求平稳变化，实现燃水比的相对稳定，保证分离器出口蒸汽温度符合要求，从而实现蒸汽温度的有效调节。

对于直流锅炉来说，对给水调节控制的要求很高。因为直流锅炉中，给水一次通过蒸发受热面，循环倍率等于1，给水量的变化会直接影响到锅炉出口以及汽水通道所有中间截面工质的焓值变化，尤其是锅炉汽水分离器出口蒸汽温度，而该点的温度对于锅炉蒸汽温度的控制是非常重要的，所以，对于直流锅炉来说，给水量的变化是牵一发而动全身的一个重要控制参数。

(2) 给水量扰动时的动态特性。在其他条件不变的情况下，给水量增加，由于炉膛热负荷未变化，故加热段和过热段都要延长，蒸汽流量逐渐增大到扰动后的给水流量。过渡过程中，由于蒸汽流量小于给水流量，所以工质储存量不断增加。随着蒸汽流量的逐渐增大和过热段的减小，过热器出口蒸汽温度逐渐降低，但在蒸汽温度降低时金属放出储热，对蒸汽温度变化有一定的减缓作用，蒸汽压力则随着蒸汽流量的增大而逐渐升高。值得一提的是，虽然蒸汽流量增加，但由于燃料量并未增加，故稳定后工质的总吸热量并未变化，只是单位工质吸热量减小（出口蒸汽温度降低）而已。

当给水量扰动时，蒸发量、蒸汽温度和蒸汽压力的变化都存在时滞。这是因为自扰动开始，给水自加热段入口流动到原加热段末端时需要一定的时间，因而蒸发量产生时滞，蒸发量时滞又引起蒸汽压力和蒸汽温度的时滞，但汽水通道各处气压变化的迟延和时间常数比相应的蒸汽压力变化的迟延和时间常数要小得多。

(3) 锅炉给水调节。给水流量必须与蒸汽流量、喷水流量以及燃料量相匹配，这是给水调节控制要遵循的首要原则。

采用内置式分离器的超超临界压力直流锅炉，其在本生负荷前后给水控制策略明显不同，根据其启动特性给水调节分为两个阶段。

1) 25%MCR以下，湿态运行（即再循环模式）阶段：

25%MCR（约260MW）以下，锅炉运行方式与强制循环汽包锅炉基本相似，汽水分离器与储水箱即相当于汽包，但两者容积相差甚远（启动系统总容积不足$20m^3$），储水箱水位变化速度非常快，较之其他超临界直流锅炉（不带炉水循环泵，直接排放至锅炉疏水扩容器、除氧器、凝汽器等）有较大不同，控制更加困难。此阶段给水主要通过旁路调节阀门控制储水箱水位（5700~9600mm），炉水循环泵出口调节阀门控制省煤器入口流量，保证锅炉最小循环流量不小于750t/h（且炉水循环泵运行电流小于额定电流57.45A）；当储水箱水位高过6700mm时，通过大、小溢流阀排放至疏水扩容器；当储水箱水位低于500mm时炉水循环泵跳闸，此时极易造成因省煤器入口流量低低而触发MFT。影响储水箱水位波动的因素及处理要点如下：

a. 渡膨胀：渡膨胀发生在锅炉启动初期。水冷壁中水受热达到饱和温度产生了蒸汽沸腾现象，此时蒸汽会携带大量的水进入分离器，造成储水箱水位快速升高，锅炉有较大排放量。此过程维持时间不长，一般在十至几十秒，具体数值及产生时机与锅炉点火前压力、温度、给水温度、投入燃料量等有关。当发生渡膨胀时，减小给水流量控制储水箱水位效果并不好，此时可通过溢流阀门直接排放。

b. 虚假水位：虚假水位现象是指锅内处于饱和状态的水，因压力、温度、燃料量等发生变化，造成水中的含汽率发生变化，最终引起水容积发生变化而产生的暂时形象。虚假水位在整个第一阶段都有可能发生，其主要由内部因素和外部因素引起的。锅炉燃料量的变化是内部扰动因素，主蒸汽流量（汽轮机调门、汽轮机高压旁路、低压旁路或锅炉安全门等开度改变）变化而引起的储水箱压力变化是外部扰动因素。当燃料量增加或储水箱压力下降，一方面或因吸热增强使汽水比体积增大，另一方面或因饱和温度降低使锅水和蒸发部件金属放出蓄热促使生成附加蒸汽，水中气泡数量剧增，汽水混合物体积膨胀，使水位上升形成"虚假水位"。当给水流量不变时，产生的虚假水位是暂时的，因为燃料量增加或储水箱压力下降，水中气泡数量剧增，但当进入储水箱后，水中气泡逐渐逸出水面后，汽水混合物体积将收缩，所以如给水量未随热负荷或蒸汽流量增加而增加，则储水箱水位将下降；反之，当燃料量降低或储水箱压力上升，储水箱水位波动方向相反。因此，该阶段应对虚假水位有清晰的认识，准确掌握各种扰动因素产生虚假水位的强度和方向，及时根据蒸汽流量和扰动因素调节给水，保证储水箱水位和省煤器入口流量的稳定运行。

c. 投退油枪的时机及速度：油枪的投退在保证锅炉压力、温度的变化率符合要求的前提下，必须考虑储水箱水位的控制。燃烧调整时，应避免连续投退多只油枪或水位不稳时投退油枪，以免造成虚假水位难以控制。该阶段要求储水箱水位稳定时投油枪，一般每 2～6min 投一只油枪。这样的时机和速率既保证了锅炉升温升压率，也保证了储水箱水位的有效调节。

d. 磨煤机启动：第一台磨煤机启动时，往往热负荷增加很快，储水箱产生严重的虚假水位，很难控制。因此，第一台磨煤机启动时一定要严格控制出粉量，保证热负荷平缓增加，避免或减小虚假水位的影响，并及时根据蒸汽流量增加给水。

e. 冲转、并网及升负荷：机组冲转、并网及升负荷过程汽轮机通流蒸汽量上升很快，尽管此时高压旁路、低压旁路均采用定压自动控制，但其与汽轮机调门的调节速率并非很好匹配，因此造成主、再热蒸汽压力波动，并对储水箱水位产生不同程度的影响。

f. 旁路及汽轮机调门控制方式：锅炉启动过程中，旁路的控制将直接影响储水箱水位的控制。无论如何进行旁路调节，只要我们监视好储水箱压力，考虑到虚假水位因素，就能有效控制好储水箱水位。同样，升降机组负荷，手动调节汽轮机调门开度，这将造成主蒸汽压力波动，也会引起虚假水位，给储水箱水位调节带来困难。因此，应及时将汽轮机调门置于汽轮机跟踪自动（turbine follow，TF）方式，以保证机前压力在低负荷阶段稳定。

g. 给水主路、旁路切换：当机组负荷达到一定值，给水将由旁路调节阀控制转为通过主路的给水泵转速调节。在此过程中，将不可避免地造成给水流量的波动，并直接影响储水箱水位的稳定。因此，进行给水主路、旁路切换之前，应保持锅炉热负荷和储水箱水位的稳定，切换过程中应始终保持省煤器入口流量不小于本生流量。

h. 并列及切换给水泵：并列及切换给水泵时，也将造成给水流量波动。因此，应在保持锅炉热负荷和储水箱水位稳定的前提下进行并列及切换，减少不必要的扰动。并列及切换给水泵时，两台泵的增减速度要协调，保持锅炉给水流量的稳定；加减给水泵转速时不可太快太猛，防止造成一台给水泵出口止回门关闭而导致给水流量剧减触发 MFT；并列及切换给水泵过程中，应及时控制给水泵再循环阀门，时刻注意给水流量和省煤器入口流量的变化，发现异常及时调整；两台汽动给水泵并列运行时尽量保持转速相同，偏差不要太大；汽动给水泵和电动给水泵并列运行时给水流量分配比一般控制在 10：7。

2）25％MCR 以上，干态运行（即直流运行模式）阶段：

锅炉负荷在大于 25％MCR、给水流量大于 750t/h、机组负荷在 260MW 以上锅炉即可转入直流运行方式，机组滑压运行，此时为亚临界直流锅炉；锅炉负荷达到 75％MCR 以上，机组负荷在 750MW 左右（末级过热器出口压力达 22.17MPa）转入超临界状态。

锅炉进入直流状态，给水控制与前一阶段控制方式有较大的不同，给水不再控制分离器水位，而是和燃料一起控制燃水比的相对稳定，从而实现机组负荷和压力调节，并以此实现蒸汽温度的粗调。机组稳态工况时，给水量与机组负荷有直接的对应关系，一般为 2.9～3.1t/MW（高压加热器、低压加热器切除将有所变化）。另外，通过对燃水比的稳定控制，实现过热蒸汽温度的粗调，并通过喷水调温保证过热蒸汽温度的稳定。

三、直流锅炉燃烧调节

1. 燃烧调节

（1）燃烧调节的控制目标。炉内燃烧过程的好坏，不仅直接关系到锅炉的生产能力和生产过程的可靠性，而且在很大程度上决定了锅炉运行的经济性。进行燃烧调节的目的是：在满足外界电负荷需要的蒸汽数量和合格的蒸汽品质的基础上，保证锅炉运行的安全性、环保性和经济性。具体可归纳为：

1）保证正常稳定的蒸汽压力、蒸汽温度和蒸发量。

2）着火稳定、燃烧完全，火焰均匀充满炉膛，不结渣，不烧损燃烧器和受热面不超温。

3）使机组运行保持最高的经济性。

4）减少燃烧污染物排放。

燃烧过程的稳定性直接关系到锅炉运行的可靠性。如燃烧过程不稳定将引起蒸汽参数发生波动；煤质变差、炉内温度过低和一、二次风配比失调将影响燃料的着火和正常燃烧，是造成锅炉灭火的主要原因；炉膛内温度过高或火焰中心偏斜将引起水冷壁、炉膛出口受热面结渣并可能增大过、再热器的热偏差，造成局部管壁超温等。

燃烧过程的经济性要求保持合理的风煤配合，一、二次风配合和送引风配合，此外还要求保持适当高的炉膛温度。其中，合理的风煤配合就是要保持最佳的过量空气系数；合理的一、二次风配合就是要保证着火迅速、燃烧完全；合理的送引风配合就是要保持适当的炉膛负压，减少漏风。当运行工况改变时，这些配合比例如果调节适当，就可以减少燃烧损失，提高锅炉效率。

对于煤粉炉，为达到上述燃烧调节的目的，在运行操作时应注意燃烧器的出口一、二次风速、风率，各燃烧器之间的负荷分配和运行方式，炉膛风量、燃料量和煤粉细度等各方面的调节，使其达到最佳数值。

（2）影响炉内燃烧的因素：

1）煤质。锅炉实际运行中，煤质往往变化较大。但任何燃烧设备对煤种的适应总有一定的限度，因而运行煤种的这种变动对锅炉的燃烧稳定性和经济性均将产生直接的影响。

煤的成分中对燃烧影响最大的是挥发分。挥发分高的煤，着火温度低，着火距离近；燃烧速度和燃尽程度高，但燃烧挥发分高的煤，往往是炉膛结焦和燃烧器出口结焦的一个重要原因。与此相反，当燃用煤种的挥发分低时，燃烧的稳定性和经济性均下降，而锅炉的最低稳燃负荷升高。

煤的发热量低于设计值较多时，燃料使用量将会增加。对直吹式制粉系统的锅炉，磨煤机可能要超出力运行，一次风量增加，煤粉变粗；对中间储藏式制粉系统，煤粉管内的粉流量大，为避免堵粉，也需要提高一次风速。但是一次风速的增大和煤粉变粗都会对着火产生不利影响，尤其在燃用挥发分低的差煤时。发热量低的煤往往灰分都高，也会使着火推迟、炉温降低，燃烧不稳和燃尽程度变差。煤的灰熔点低时还会产生较严重的炉膛结焦、燃烧器结焦问题，燃烧器结焦往往会破坏炉内的空气动力场。

煤种水分对燃烧过程的影响主要表现在：水分多的煤，水汽化要吸收热量，使炉温降低、引燃着火困难，推迟燃烧过程，使飞灰可燃物增大；水分多的煤，排烟量也大，q_2 损失增加。此外，水分过高还会降低制粉系统的出力和其工作的安全性（磨煤机堵煤、煤粉管堵粉等）。

2）煤粉细度。煤粉越细，单位质量的煤粉表面积越大，加热升温、挥发分的析出着火及燃烧反应速度越快，因而着火越迅速；煤粉细度越小，燃尽所需时间越短，飞灰可燃物含量越小，燃烧越彻底。

如图 5-10 所示是在一台燃贫煤的 300MW 机组锅炉上实测的煤粉细度影响曲线。从图 5-10 中可以看出，当煤粉比较细（$R90<10\%$）的时候，煤粉细度变化对飞灰可燃物的影响不大；但当煤粉细度变粗，超过某一数值（$R90>15\%$）的时候，飞灰可燃物迅速增大，煤粉细度越大，其对飞灰可燃物的影响越显著。因此，为了提高燃烧的稳定性和经济性，严格控制煤粉细度是十分必要的。

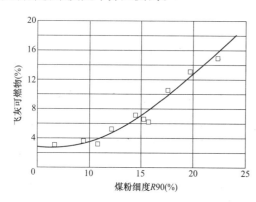

图 5-10 飞灰可燃物与煤粉细度的关系

3）煤粉浓度。煤粉炉中，一次风中的煤粉浓度（煤粉与空气的质量之比）对着火稳定性有很大影响。高的煤粉浓度不仅使单位体积燃烧释热强度增大，而且单位容积内辐射粒子数量增加，导致风粉气流的黑度增大，可迅速吸收炉膛辐射热量，使着火提前。此外，随着煤粉浓度的增大，煤中挥发分逸出后其浓度增加，也促进了可燃混合物的着火。因此，不论何种煤，在煤粉浓度的一定范围内，着火稳定性都是随着煤粉浓度的增加而加强的。随着煤质变差，煤粉浓度的增加对劣质煤的着火更为有利的。

4）锅炉负荷。锅炉负荷降低时，燃料量降低，炉膛平均温度及燃烧器区域的温度都要降低，着火困难。当锅炉负荷降低到一定数值时，为稳定燃烧必须投油（或等离子）助燃。影响锅炉低负荷稳燃性能的主要因素是煤的着火性能、炉膛的稳燃性能和燃烧器的稳燃性能。同一煤种，在不同的炉子中燃烧，其最低稳燃负荷可能有较大的差别；对同一锅炉，当运行煤质变差时，其最低负荷值便要升高；燃用挥发分较高的好煤时，其最低负荷值则可降低。随着负荷的增加，炉温升高，对燃烧经济性的影响一般是有利的。但负荷的这个影响与煤质有关。燃烧调整试验表明，挥发分高的煤，飞灰可燃物很低，负荷对燃烧损失的影响也很小，对于 $V_{daf}>40\%$ 的烟煤，负荷调整，燃烧损失（主要是 q_4。一般锅炉原理上，$q_1\sim q_4$ 分别表示锅炉有效吸热、排烟损失、机械不完全燃烧损失、化学不完全燃烧损失）变化不大；但对于挥发分低的煤，负荷对燃烧损失的影响较大。

5）一、二次风配比。一、二次风的混合特性也是影响炉内燃烧的重要因素。二次风在煤粉着火以前过早地混入一次风对着火是不利的，尤其对于挥发分低的难燃煤种更是如此。因为这种过早的混合等于增加了一次风率，使所需着火热量增加，着火推迟；如果二次风过迟混入，又会使已着火的煤粉得不到燃烧所需氧气的及时补充。故二次风的送入应与火焰根部有一定的距离，使煤粉气流先着火，当燃烧过程发展到迫切需要氧气时，再与二次风混合。如果不能恰当地把握混合的时机，那么与其过早，不如迟些。

对于旋流式燃烧器，由于基本是单只火嘴决定燃烧工况，而各燃烧器射流之间的相互配合作用远不及四角切圆燃烧方式，因此，一、二次风的混合问题，就显得更为重要。

6）一次风煤粉气流初温。提高煤粉气流初温可减少煤粉气流的着火热，并提高炉内的温度水平，使着火提前。计算表明，煤粉气流温度从 20℃升至 300℃时着火热可减少 60%；升至 400℃时着火热可减少 80%。

（3）良好燃烧工况的判断与调节。燃烧工况是否正常，可以从氧量表及风压等参数的指示反映出来，同时还应配合对火焰和烟色的观察来进行判断。

正常稳定的燃烧说明风煤配合恰当，煤粉细度适宜，此时火色明亮金黄，火焰稳定。高负荷时火色可以偏白些，低负荷时火色可以偏黄些，火焰中心应在炉膛中部，火焰均匀地充满炉膛，但不触及四周水冷壁。着火点位于离燃烧器不远处（30~50cm），火焰中没有明显的星点（有星点可能是煤粉离析现象、煤粉太粗或炉膛温度过低）。如果火焰白亮刺眼，表明风量偏大或负荷过高，也有可能是炉膛结渣。一、二次风动量配合不当会造成煤粉的离析。如果火色暗红闪动则有几种可能：其一是风量偏小；其二是送风量过大或冷灰斗漏风量大，致使炉温太低；此外还可能是煤质方面的原因，例如煤粉太粗或不均匀、煤的水分高或挥发分低时，火焰发黄无力；煤的灰分高致使火焰闪动等。

低负荷燃油时，油火焰应白橙光亮而不模糊。若火焰暗红或不稳，说明风量不足，或油压偏低，油的雾化不良。若有黑烟缕，通常表明油枪根部风不足或喷嘴堵塞。火焰紊乱说明油枪位置不当或角度不当，均应及时调整。

（4）燃烧调整原则：

1）负荷变化时的燃烧调整。锅炉运行中负荷的变化是最频繁的。高负荷运行时，由于炉膛温度高，着火与混合条件好，所以燃烧一般是稳定的，但易产生炉膛和燃烧器结焦、过热器、再热器局部超温等问题。燃烧调整时应注意将火球位置调整居中，避免火焰偏斜；燃烧器尽可能全部投入并均匀分配燃料量，防止局部过大的热负荷；应适当增大一次风速，推开着火点离喷口的距离。此外，高负荷时煤粉在炉内的停留时间较短而排烟损失较大，为此可在条件允许的情况下，适当降低过量空气系数运行，以提高锅炉效率。

在低负荷运行时，由于燃烧减弱，投入的燃烧器数量少，故炉温较低火焰充满度较差，使燃烧稳定性、经济性变差。为稳定着火，可适当增大过量空气系数，降低一次风率和风速；煤粉应磨得更细些；低负荷时应尽可能集中火嘴运行，并保证最下排燃烧器的投运；为提高炉膛温度，可适当降低炉膛负压，以减少漏风，这样不但能稳定燃烧，也能减少不完全燃烧热损失，但此时必须注意安全，防止炉膛喷火、喷烟伤人。此外，低负荷时保持更高些的过量空气系数对于抑制锅炉效率的过分降低也是有利的。

2）煤质变化时的燃烧调整。无烟煤、贫煤的挥发分较低，燃烧时的最大问题是着火。燃烧配风的原则是采取较小的一次风率和风速，以增大煤粉浓度、减小着火热并使着火点提前；二次风速（量）可以高些，这样可增加其穿透能力（旋流强度），使实际燃烧切圆的直径变大些（回流区更大些），同时也有利于避免二次风过早混入一次风粉气流。燃烧煤质差的煤时也要求将煤粉磨得更细些，以强化着火和燃尽，也要求较大的过量空气系数，以减少燃烧损失。

挥发分高的烟煤，一般着火不成问题，需要注意燃烧的安全性，可适当减小二次风率并多投一些燃烧器分散热负荷，以防止结焦。为提高燃烧效率，一、二次风的混合应早些进行。煤质好时，应降低空气过量系数运行。

3）燃料量的调节。大型锅炉的直吹式制粉系统，无中间煤粉仓，它的出力大小将直接影响到锅炉的蒸发量，当锅炉负荷变动不大时，可通过调节运行制粉系统的出力来解决。对于中速磨煤机，当负荷增加时，可先开大一次风机的进风挡板，增加磨煤机的通风量，以利用磨煤机内的存煤量作为增加负荷的缓冲调节，然后再增加给煤量，同时开大二次风量；相反，当负荷减少时，则应是先减少给煤量，然后降低磨煤机的通风量。以上调节方式可避免出粉量和燃烧工况的骤然变化，还可防止堵磨。不同形式的中速磨煤机，由于煤机内存煤量不同，其响应负荷的能力也不同。

当锅炉负荷有较大变动时，需启动或停止一套制粉系统。减负荷时，当各磨煤机出力均降至某一最低值时，即应停止一台磨煤机，以保证其余各磨煤机在最低出力以上运行；增加负荷时，当各磨煤机出力上升至其最大允许值时，则应增投一台新的磨煤机。在确定制粉系统启动或停止方案时，必须考虑到制粉系统运行的经济性、燃烧工况的合理性（如燃烧均匀），必要时还应兼顾蒸汽温度调节等方面的要求。

各运行磨煤机的最低允许出力，取决于制粉经济性和燃烧器着火条件恶化（如煤粉浓度过低）的程度；各运行磨煤机的最大允许出力，则不仅与制粉经济性、安全性有关，而且要考虑锅炉本身的特性。对于稳燃性能低的锅炉或燃用较差煤种时，往往需要集中火嘴运行，因而可能推迟增投新磨煤机的时机；炉膛、燃烧器结焦严重的锅炉，高负荷时都需要均匀燃烧出力，因而通常降低各磨煤机的上限出力。燃烧器投运层数的优先顺序则主要考虑蒸汽温度调节、低负荷稳燃等特性。

燃烧过程的稳定性，要求燃烧器出口处的风量和燃料量尽可能同时改变，以便在调节过程中始终保持稳定的风煤比。因此，应掌握从给煤量调节到燃烧器出口煤粉量产生改变的滞后时间，以及从送风机的风量调节动作到燃烧器风量改变的时差，并根据这两者滞后时间差的操作来解决燃烧器出口风煤改变的同时性问题。一般情况下，制粉系统的滞后时间总是远大于风系统的，所以要求制粉系统对负荷的响应更快些，当然过分提前也是不适宜的。锅炉运行中应对此做出一些规定。

在调节给煤量和风机风量时，应注意监视辅机的电流变化、挡板开度指示、风机出口压力以及有关参数的变化，防止电流超限和堵塞煤粉管等异常情况的发生。

（5）旋流燃烧器的调节。旋流燃烧器利用强烈的旋转气流产生强大的高温回流区，将远方火焰抽吸至燃烧器的根部，强化燃料的着火、混合及燃烧，具有较好的燃料适应性和负荷调节范围等优点，因此大型锅炉广泛采用旋流燃烧器。

1）单只燃烧器的性能调节。回流区的大小对煤粉气流的着火和火焰的稳定有着极为重要的作用。较宽而长的回流区，不仅回流量大而且回流烟气的温度高，对煤的着火极为有利。旋流燃烧器对煤种的适应性，基本上表现为通过不同的结构（包括调节装置），能对回流区的大小和位置进行不同的调节。

旋流燃烧器的射程也对燃烧器的工作发生影响。但由于旋流燃烧器主要是单只火嘴决定空气动力工况，而各燃烧器之间的相互作用远不及四角布置的直流燃烧器，所以旋流燃烧器的射程一般只是影响烟气在锅炉内的充满程度和燃烧损失。旋流燃烧器的射程过短会使火焰过早上飘，煤粉在炉内的停留时间缩短，炉膛出口温度和飞灰可燃物含量升高。

决定旋流燃烧器工作性能的最重要特性是旋流强度。燃烧器出口附近回流区的产生、气流的混合以及气流（火焰）在炉内的运动都和旋流强度有关，因而旋流强度在更大的程度上决定着燃料的着火、燃尽和结渣情况。旋流强度对回流区大小的影响是：随着旋流强度的增大，回流区的尺寸变大，回流量增加，当回流率（回流量与一次风量之比）超过一定数值后，煤粉就可以达到稳定的燃烧。显然，煤质越差，着火所要求的最小回流率就越大，反之亦然。当旋流强度适宜时，形成所谓的"开放气流"，其特点是中心回流区延伸到主气流速度很低时才封闭。这种气流结构可将远离燃烧器出口的高温火焰卷吸至燃烧器根部，混台点燃新煤粉，提高了着火稳定性。

近年来我国引进的大型旋流燃烧锅炉，普遍使用低 NO_x 型双调风旋流燃烧器。双调风燃烧器虽然种类较多，但基本结构都是将二次风分为内二次风和外二次风（HT-NR3 型燃烧器内、外二次风旋流可调）。一次风一般为直流或有微弱的旋转。双调风燃烧器依靠煤粉着火后二次风量的分级供应，形成燃烧的浓相区和稀相区，抑制燃烧的峰值温度，控制 NO_x 的排放。燃烧器内、外二次风的风量分配通过调节各内二次风套筒开度和外二次风调风器开度来实现。

2）燃烧器配风原则及调节：

a. 分级配风及燃烧工况。双调风燃烧器组织燃烧的基础是分级配风，即内二次风旋转射入炉膛，先与一次风射流作用形成回流区，抽吸已着火前沿的高温烟气，在燃烧器出口附近构成一个富燃料的内部着出区域（回流区）。回流区的大小可通过内二次风量和内二次风旋流强度进行调节。

燃烧器各风量挡板和旋流器的调节，一般是在设备的调试期间进行一次性优化。运行中对于燃烧器的控制一般只是通过调节风机动叶安装角来改变进入燃烧器的空气总量。当煤质特性发生较大变化时，有必要重新进行调节。

双调风燃烧器的一次风率、风速对着火稳定性的影响与直流燃烧器相似，即适当地减小一次风率、风速有利于稳定着火。双调风燃烧器的一次风率除了影响着火吸热量外，还与旋转的内、外二次风协同作用，共同影响燃烧器出口回流区的大小和一、二次风的混合。一次风率的适宜与否应以燃烧稳定性和燃烧损失的大小为判定的依据。如果制粉系统干燥剂采用一次风时，最佳的一次风量尚应根据燃烧情况以及制粉系统风煤比、出力和经济性综合考虑来确定。

b. 一次风的调整。一次风速及风率的调整是通过一次风机的动叶和磨煤机各通风挡板分级实现的，以磨煤机入口混合风量间接监视一次风速及风率。正常运行时，以一次风机动叶对机组负荷的响应维持一次风管相应压力，再通过磨煤机风门控制磨煤机入口混合风量满足一次风速及风率。一般要求，在满足一次风速的前提下尽量减小一次风率，这是因为在输送等量风量下，高压头的一次风机将消耗更多的功率；并且随着一次风压升高，空气预热器漏风显著增大，使引风机的电耗也相应增加。合适的一次风速和风率应在燃烧试验中得出，但是在实际运行中，由于锅炉燃烧各种影响因素是千变万化的，因此有时偏离该一次风速和风率控制值很大。此外，当双调风燃烧器因某种需要进行调整后，这种控制值也有微小的变化。在运行中，应及时根据影响因素适当调整，以适应锅炉稳定高效燃烧和一次风管、磨煤机不堵塞的要求。

c. 二次风的调整。对于双调风旋流燃烧器而言，由于二次风量大于一次风量，且旋转较强，因而二次风在形成燃烧器的空气动力场及发展燃烧方面起主导作用。运行中二次风量的调节是借助于炉膛出口过量空气系数（氧量）来控制总风量的，因此在一次风率确定后，二次风率也基本确定，可见二次风量和一、二次风动量比是不可能在大范围内变化的。但通过燃尽风量的调节可以增减二次风量，在单一燃烧器内部也可以调整内、外二次风量的大小，另外，还可以通过各层二次风挡板分配二次风量。

内二次风挡板是改变内、外二次风配比的重要机构，内二次风挡板的开度大小将对燃烧器出口刚近回流区的大小和着火区域内的燃料、空气比产生重要影响，因此，内二次风挡板基本上控制着燃料的着火点。在一定的二次风量下，适当开大内二次风挡板，将使旋转的内二次风量增加，所产生的回流区变大且加长，煤粉的着火点变近，但此时应注意煤粉气流的飞边、结焦。当燃用易结焦煤时，可适当关小内二次风挡板，燃烧的峰值温度降低，火焰拉长。

外二次风虽然也为旋转气流，但它一般只能对内部燃烧区以后的燃烧过程起加强混合、促进燃尽的作用。外二次风对火焰前期燃烧的影响则是通过间接影响内二次风量的方式实现的。单个燃烧器的试验表明，随着外二次风挡板的开大，煤粉的着火点推后，火焰形状由粗而短变为细而长，当外二次风挡板过度开大时，着火点明显变远，着火困难。

一般来讲，对于高挥发分的煤，外二次风的风率需要更大一些，内二次风风率需要小一些，这样可使火焰离喷口远些，保护燃烧器并强化燃尽。

d. 中心风和燃尽风的调节。中心风是从燃烧器的中心风管内喷出的一股风量不大（约10%）的直流风，用于冷却一次风喷口和控制着火点的位置，油枪投入时，则作为根部风。中心风量的大小会影响到火焰中心的温度和着火点至燃烧器喷口的距离。随着中心风量的增大，火焰回流区变小并后推，呈马鞍形，燃烧器出口附近火焰温度下降较快，可防止结渣和烧坏燃烧器喷口。该锅炉中心风的挡板开度不可调，因其引自二次风箱，中心风的风量是通过二次风箱与炉膛差压的变化实现调节的。

燃尽风是前后墙各一排横置于主燃烧区（所有旋流燃烧器）之上，中心直流、外周可旋流调节的风嘴，设计风量约为总风量的15%左右。每排燃尽风口均有挡板控制，不仅可控制 NO_x 的排放，也可调整炉膛温度和火焰中心位置，并且对煤粉的燃尽也会发生影响。

燃尽风的风量调节与锅炉负荷和燃料品质有关。①锅炉在低负荷下运行时，炉内温度水平不高，NO_x 的产生量较少，是否采用两级燃烧影响不大。再由于各停运的燃烧器都尚有一定的流量（10%～15%），燃尽风的投入会使正在燃烧的喷嘴区域供风不足，燃烧不稳定，因此燃尽风的挡板开度应随负荷的降低而逐步关小。②锅炉燃用较差煤种时，燃尽风的风率也应减小，否则，增大燃尽风量会使主燃烧区相对缺风，燃烧器区域炉膛温度降低，不利于燃料着火。在燃用低灰熔点的易结焦煤时，燃尽风量的影响是双重的：随着燃尽风率的增加，主燃烧区域的温度降低，这对减轻炉膛结焦是有利的；但由于火焰区域呈较高的还原气氛，又会使灰熔点下降，这对减轻炉膛结焦是不利的。因此，应通过燃烧调整确定较适宜的燃尽风调节关系。

适当增加燃尽风量还可以使燃烧过程推迟，火焰中心位置提高，有利于保持额定蒸汽温度，反之，则可使蒸汽温度下降。因此，燃尽风量的调节必要时也可作为调节过、再热汽温的一种辅助手段。但火焰中心位置提高后，应注意它对炉膛出口飞灰可燃物的影响（通常会使飞灰可燃物升高）。总之，通过对主燃烧区的过量空气系数的调节，燃尽风量可以实现对燃烧器区域的温度分布的控制，从而有助于解决有关燃烧的某些问题。

3）燃烧器的运行方式。燃烧器的运行方式是指燃烧器负荷分配及其投停方式。燃烧器负荷分配是指煤粉在各层喷口（或各只喷口）的分配；燃烧器的投停方式是指停运、投运燃烧器的层数（或只数）与位置。除了配风工况外，燃烧器的运行方式对锅炉内燃烧的好坏也有很大的影响。

为保持正确的火焰中心位置避免火焰偏斜，一般将投运的各燃烧器的负荷尽量分配均匀、对称，但在有些情况下，允许改变上述原则。例如，为解决蒸汽温度偏低的问题，可适当增加上层粉量，减少下层粉量，提高火焰中心位置；再如，若燃烧器出口结焦引起火焰偏斜，则可有意识地将一侧或相对两侧的风粉量降低，可能会改善火焰的中心位置。

通常高负荷时多投入燃烧器。低负荷时，可有两种方式：一是各燃烧器均匀减少风量、减少煤粉，但这种方式各风速也会随之降低；二是停运部分燃烧器，可保持住各风速、风率不减。究竟停运哪些燃烧器合适，要根据锅炉燃烧状况和运行参数来决定，但如下一些基本的原则是应遵循的：

a. 停运燃烧器主要应保证锅炉参数和燃烧稳定，经济性方面的考虑是次要的。

b. 停运上层燃烧器投运下层燃烧器，有利于低负荷稳燃，亦可降低火焰中心，并利于燃尽；停运下层燃烧器投运上层燃烧器，可提高火焰中心，有利于保住额定蒸汽温度。

c. 为保持均衡燃烧，宜分层停运燃烧器，并定时切换。

d. 应使燃烧器的投运、停运排数（或只数）与负荷率基本相应，避免由于分档太大，而影响燃烧安全经济性。

锅炉高负荷运行时，由于炉膛温度高，燃烧比较稳定，主要问题是防止结焦和蒸汽温度（或管壁温度）偏高，因此应力求将燃烧器全部投入，以降低燃烧器区域的热负荷，并设法降低火焰中心或缩短火焰长度。

锅炉降负荷运行时，应合理选择减负荷方式。当负荷降低不太多时，可采取各燃烧器均匀减风、减粉的方式，这样做有利于保持好炉膛火焰充满度。但由于担心一次风管堵塞，通常一次风量少减或者不减，而只将煤粉量和二次风量减下来。从而，使得一次风煤粉浓度降低，一次风率增大，二次风的风速和风率减小，这些都是对燃烧不利的。因此，当负荷进一步降低时，就应停运部分燃烧器（停运磨煤机），以维持各风速、风率和煤粉浓度不至偏离设计值过大。

降低锅炉负荷宜按照从上至下的顺序依次停运燃烧器。根据运行经验，低负荷运行，保留下层燃烧器可以稳定燃烧。这是因为低负荷时，停运的燃烧器较多，冷却喷口仍有一些空气从燃烧器喷向锅炉内，若这部分较"冷"的风是在运行燃烧器的上面，就不会冲淡煤粉或局部降低炉膛温度。停运部分燃烧器时，最好使其他运行燃烧器集中投运（例如停运上、下层，保留中间两层）。这样做的好处是，可使燃烧集中，使主燃烧区炉膛温度升高，加强燃烧的效果。

燃烧器的运行方式与煤质有关。当锅炉燃用挥发分较高的好煤时，一般着火不成问题，可采用多火嘴、少燃料、尽量对称投入的运行方式，这样有利于火焰充满炉膛，使燃烧比较完全，也不易结渣；在燃用挥发分低的较差煤时，则可采用集中燃烧器、增加煤粉浓度的运行方式，使炉膛热负荷集中，以利于稳定着火。对可以实现动力配煤的锅炉，上层燃烧器宜使用挥发分较高、灰分较少的煤，下层燃烧器宜使用挥发分较低、灰分较多的煤，不能简单地按照煤发热量的大小安排给各层燃烧器。

燃烧器的投运、停运次序还与磨煤机的负荷承担特性有关。例如直吹式系统中速磨煤机，随着每台磨煤机制粉出力的降低，制粉电耗增大，为避免磨煤工况恶化，一般规定不允许在低于某一最低磨煤出力下运行。所以，若锅炉负荷降低使磨煤机的这一临界出力出现，即使各燃烧器的均匀减负荷是允许的，也应停掉一台磨煤机（一层燃烧器）。

一般而言，各层燃烧器的着火性能会由下而上逐渐改善，这主要是下面已经着火的气流对上面的气流有点燃（或助燃）的作用，但最上一层由于燃尽风的影响，着火不一定最好。在实际运行中，由于燃烧器在结构、安装、管道布置等方面的差异，各燃烧器的特性可能并不相同。因此当煤种变化以及当火焰分布、结焦等条件变化时，对燃烧器的影响可能不一样。例如，有的燃烧器在高负荷时容易结焦，但在低负荷时往往燃烧稳定性较好；最上层的燃烧器和最下层的燃烧器燃烧性能也会有区别。总之，运行人员应根据的燃烧器的具体特点，进行燃烧调节。

（6）四角布置直流燃烧器调节。

1）直流燃烧器特性。直流燃烧器一般布置在炉膛四角上。煤粉气流在射出喷口时，虽然是直流射流，但当四股气流到达炉膛中心部位时，以切圆形式汇合，形成旋转燃烧火焰，同时在炉膛内形成一个自下而上的漩涡状气流。

在切圆燃烧炉中，四股气流具有"自点燃"作用，即煤粉气流向火的一侧受到上游邻角高温火焰的直接撞击而被点燃，这是煤粉气流着火的主要条件。背火的一侧也卷吸炉墙附近的热烟气，但这部分卷吸获得的热量较少。此外，一次风与二次风之间也进行着少量的过早混合，但这种混合对着火的影响不大。

煤粉气流着火的热源部分来自炉内高温火焰的辐射加热，但着火的主要热源来自卷吸加热，占总着火热源的60%～70%。当煤粉气流没有足够的着火热源时，虽然局部的煤粉通过加热也可达到着火温度，并在瞬间着火，但这种着火不能稳定进行，即着火后还容易灭火。这样的着火极易引起爆燃，因而是一种十分危险的着火工况。

采用四角燃烧方式的锅炉，运行中容易发生气流偏斜而导致火焰贴墙，引起结渣以及燃烧不稳定现象。邻角气流的撞击是气流偏斜的主要原因，射流自燃烧器喷口射出后，由于受到上游邻角气流的直接撞击，撞击点越接近喷口，射流偏斜就越大，撞击动量越大，气流偏斜就越严重。射流自喷口射出后仍然保持着高速流动，射流两侧的烟气被卷吸着一起前进，射流两侧的压力随着降低，这时，炉膛其他地方的烟气就纷纷赶来补充，这种现象称为"补气"。如果射流两侧的补气条件不同就会在射流两侧形成差压，向火面的一侧受到邻角气流的撞击，补气充裕，压力较高；而背火面的一侧补气条件差，压力较低。这样，在压力差的作用下，射流被迫向炉墙偏斜甚至迫使气流贴墙，引起结渣。

燃烧器的高宽比值越大，射流形状越宽而薄，其"刚性"就越差，射流越容易弯曲变形。在大容量锅炉上，由于燃煤量显著增大，燃烧器的喷口通流面积也相应增大，所以喷口数量必然增多，为了避免气流变形和减小燃烧器区域水冷壁的热负荷，将燃烧器沿高度方向拉长，并把喷口沿高度分成2~3组，每组的高宽比不超过6，相邻两组喷口间留有空档，空档相当于一个压力平衡孔，用来平衡射流两侧的压力，防止射流向压力低的一侧弯曲变形。

当燃烧器多层布置时对旋涡直径的影响较大，上层气流不断地被卷吸到下层气流中，加上气流受热膨胀的影响，使气流容积流量增大，旋涡直径相应增大，一般可使实际切圆直径膨胀到假想切圆直径的7~8倍。

2）直流燃烧器燃烧调整。炉内四股气流的相互作用，不仅影响到气流偏斜程度，而且影响到假想切圆直径。假想切圆直径又影响着气流贴墙、结渣情况和燃烧稳定性，还影响着汽温调节和炉膛容积中火焰的充满程度。当锅炉燃用的煤质变化较大时，切圆直径的调整十分重要。当切圆直径较大时，上游邻角火焰向下游煤粉气流的根部靠近，煤粉的着火条件较好。这时炉内气流旋转强烈，气流扰动大，使后期燃烧阶段可燃物与空气流的混合加强，有利于煤粉的燃尽。煤粉气流在炉膛内呈现切圆状态燃烧。切圆直径过大，也会带来下述的问题：

a. 火焰容易贴墙，引起结渣。

b. 着火过于靠近喷口，容易烧坏喷口。

c. 焰旋转强烈时，产生的旋转动量矩大，同时因为高温火焰的黏度很大，到达炉膛出处，残余旋转较大，这将使炉膛出口烟温分布不均匀程度加大，因而既容易引起较大的热偏差，也可能导致过热器结渣，还可能引起过热器超温。

在大容量锅炉上，为了减轻气流的残余旋转和气流偏斜，假想切圆直径有减小的趋势。同时，适当增加炉膛高度或采用燃烧器顶部消旋二次风（一次风和下部二次风正切圆布置，顶部二次风反切圆布置），对减弱气流的残余旋转，减轻炉膛出口的热偏差有一定的作用，但还不可能完全消除。

当然，切圆直径也不能过小，否则容易出现对角气流对撞，火焰推迟，四角火焰的"自点燃"作用减弱，燃烧不稳定，燃烧不完全，炉膛出口烟温升高等一系列不良现象，影响锅炉安全运行。

适当加大切圆直径，可使上部邻角的火焰更靠近射流根部，对着火有利，炉膛充满度较好。燃用挥发分较低劣质煤时，希望较大的切圆直径，但切圆直径过大，一次风煤粉气流可能偏转贴壁，火焰冲刷水冷壁引起结渣；燃用易着火易结渣和高挥发分煤种时，应该适当减小切圆直径。大的切圆直径可使炉内残余旋转保持到炉膛出口，甚至更远，对燃尽有利，但易增大烟温偏差引起超温。

煤粉越细，单位质量煤粉表面积越大，加热升温、挥发分析出着火和燃烧速度越快，着火越迅速，燃尽所需时间越短，飞灰可燃物含量越小，燃烧越彻底。煤粉细度也不是越细越好，还要考虑综合经济性，选用经济细度。

煤粉浓度对着火稳定影响大。高的煤粉浓度不仅使得单位体积燃烧释放热量强度增大，而且容积内辐射粒子数量增加，导致风粉气流黑度增大，可迅速吸收炉膛辐射热量，着火提前。随着煤粉浓度的增大，煤中挥发分析出后浓度增大，促进了可燃混合物的着火。对于劣质煤，需要较高的煤粉浓度。

在锅炉燃烧设备和煤质一定的条件下，一次风与二次风的调节就成为决定煤粉着火和燃尽过程的关键。一次风与二次风的工作参数用风量、风速和风温来表示。

一次风量主要取决于煤质条件。当锅炉燃用的煤质确定时，一次风量对煤粉气流着火速度和着火稳定性的影响是主要的。一次风量越大，煤粉气流加热至着火所需的热量就越多，这时着火速度就越慢。因而，距离燃烧器出口的着火位置延长，使火焰在锅炉内的总行程缩短，即燃料在炉内的有效燃烧时间减少，导致燃烧不完全。显然，这时炉膛出口烟温也会升高，不但可能使炉膛出口的受热面结渣，还会引起过热器或再热器超温等一系列问题，严重影响锅炉安全经济运行。

对于不同的燃料，由于着火特性的差别较大，所需的一次风量也就不同。应在保证煤粉管道不沉积煤粉的前提下，尽可能减小一次风量。对一次风量的要求：满足煤粉中挥发分着火燃烧所需的氧量；满足输送煤粉的需要。如果同时满足这两个条件有矛盾，则应首先考虑输送煤粉的需要。

例如，对于贫煤和无烟煤，因挥发分含量很低，如按挥发分含量来决定一次风量，则不能满足输送煤粉的要求，为了保证输送煤粉，必须增大一次风量；但却增加了着火的困难，这又要求加强快速与稳定着火的措施，即提高一次风温度，或采用其他稳燃措施。

在燃烧器结构和燃用煤种一定时，确定了一次风量就等于确定了一次风速。一次风速不但决定着火燃烧的稳定性，而且还影响着一次风气流的刚度。在一定的总风量下，燃烧器保持适当的一次风出口风率、风速，是建立良好锅炉内空气动力工况和稳燃所必需的。

一次风速过高，会推迟着火，引起燃烧不稳定，甚至灭火。一次风率越大，为达到煤粉气流着火所需热量越大，达到着火所需时间越长，同时，煤粉浓度也随着一次风率的增大而降低，这对低挥发分或者难燃煤种是非常不利的。任何一种燃料着火后，当氧浓度和温度一定时，具有一定的火焰传播速度。当一次风速过高大于火焰传播速度时，就会吹灭火焰或者引起"脱火"。

一次风率过小，煤燃烧初期可能氧量不足，挥发分析出时不能完全燃烧，也会影响着火速度。

一次风速过低，对稳定燃烧和防止结渣也是不利的。原因在于：

a. 煤粉气流刚性减弱，易弯曲变形，偏斜贴墙，切圆组织不好，扰动不强烈，燃烧缓慢。

b. 煤粉气流的卷吸能力减弱，加热速度缓慢，着火延迟。

c. 气流速度小于火焰传播速度时，可能发生"回火"现象，或因着火位置距离喷口太近，将喷口烧坏。

d. 易发生空气、煤粉分层，甚至引起煤粉沉积、堵管现象。

e. 引起一次风管内煤粉浓度分布不均，从而导致一次风射出喷口时，在喷口附近出现煤粉浓度分布不均的现象，这对燃烧也是十分不利的。

一次风速对燃烧器的出口烟气温度和气流偏转也有影响。一次风速过大，着火距离拖长，燃烧器出口附近烟温低，着火相对困难；一次风中较大煤粉颗粒可能因其动能大而穿越燃烧区不能燃尽，增大未完全燃烧损失。一次风速如果过低，一次风射流刚性小，很容易偏转和贴壁，且卷吸高温烟气的能力差；对于着火性能好的煤种，着火太靠近燃烧器可能烧损燃烧器喷口。

一次风温度对煤粉气流的着火、燃烧速度影响较大。提高一次风温，可以减少煤粉着火热，使着火位置提前。一次风温升高，提高炉内的温度水平，炉膛温度升高压加热器快，煤粉着火提前。

运行实践表明，提高一次风温度还能在锅炉低负荷时稳定燃烧。有试验发现，当煤粉气流的初温从 20℃提高到 300℃时，着火热可降低 60％左右。提高一次风气流的温度对煤粉着火十分有利，因此，提高一次风温度是提高煤粉着火速度和着火稳定性的必要措施之一。根据煤质挥发分含量的大小，一次风温度既应满足使煤粉尽快着火，稳定燃烧的要求，又应保证煤粉输送系统工作的安全性，一次风温度超过煤粉输送的安全规定时，就可能发生爆炸或自燃。当然，一次风温度太低对锅炉运行也不利，除了推迟着火，燃烧不稳定和燃烧效率降低之外，还会导致炉膛出口烟温升高，引起过热器超温或蒸汽温度升高。

煤粉气流着火后，二次风的投入方式对着火稳定性和燃尽过程起着重要作用。对于大容量锅炉尤其要注意二次风穿透火焰的能力。

当燃用的煤质一定时，一次风量就被确定了，这时二次风量随之确定。对于已经运行的锅炉，由于燃烧器喷口结构未变，故二次风速只随二次风量变化。

二次风是在煤粉气流着火后混入的。由于高温火焰的黏度很大，二次风必须以很高的速度才能穿透火焰，以增强空气与焦炭粒子表面的接触和混合，故通常二次风速比一次风速提高一倍以上。

配风方式不仅影响燃烧稳定性和燃烧效率，还关系到结渣、火焰中心高度的变化、炉膛出口烟气温度的控制，从而，进一步影响过热蒸汽温度与再热蒸汽温度。

从燃烧角度看，二次风温越高，越能强化燃烧，并能在低负荷运行时增强着火的稳定性。但是二次风温的提高受到空气预热器传热面积的限制，传热面积越大，金属耗量就越多，不但增加投资，而且将使空气预热器结构庞大，不便布置。

二次风在煤粉着火前过早的混入一次风对着火不利，对于低挥发分难燃煤种更是如此。过早的混入二次风，等于增加了一次风率，使着火热增加，着火推迟。

(7) 大型锅炉燃烧调整的要求：

1) 运行人员应及时掌握所用煤种的发热量、灰熔点及其主要成分，并根据不同燃料品质，进行合理的燃烧调整。

2) 锅炉正常不投油连续运行负荷建议不低于 400MW，当燃烧工况恶劣时，应采取措施稳定燃烧。当燃烧不稳时，禁止进行炉膛吹灰。

3) 为使煤粉燃烧完全，应经常保持煤粉细度符合规定（煤粉细度应控制在 $R90＝18％～20％$）。

4) 调整燃烧时，应注意防止结焦，在锅炉高负荷运行或燃用灰熔点低的煤种时，必须注意，如发现结焦应及时处理。

5) 锅炉正常运行中应尽可能减少 NO_x、SO_x 排放，使各项排放指标控制在允许范围内。

6) 运行中应经常检查在线飞灰检测装置是否正常，运行人员应及时根据在线飞灰检测结果，作出必要的调整。

7) 当锅炉有二层及以上煤粉喷嘴投运时，应避免一侧运行燃烧器层数超过另一侧两层及以上。

8) 燃烧器投粉运行中，燃烧器二侧中心风挡板开度在15％左右。

9) 机组低负荷运行时要注意炉膛燃烧的稳定性，并组态好磨煤机投运方式。为保证燃烧安全，机组出力小于400MW时，若磨煤机B运行，可投入B层燃烧器的等离子点火装置，若某一台磨煤机对应的燃烧器处于隔层运行时，应投对应层油枪稳燃。

10) 机组出力大于400MW时，需投入三台磨煤机运行，其中两台磨煤机的出力应大于40t/h。

11) 机组出力小于300MW时，考虑二台磨煤机运行。根据磨煤机的运行情况投入相应层的油枪助燃，当油枪投运时，空气预热器应投入连续吹灰。

12) 锅炉低负荷运行时，应严密监视锅炉各受热面的壁温，防止超温。

2. 氧量控制与送风量的调节

当外界负荷变化而需要调节锅炉出力时，随着燃料量的改变，要求锅炉的送风量也需做相应的调节，送风量的调节依据主要是炉膛氧量。

(1) 炉膛氧量的控制。炉内实际进入的风量与理论空气量之比称过量空气系数，记为α。锅炉燃烧中用α来表示送入炉膛空气量的多少。α与炉膛出口烟气中的氧量存在如下的近似关系：

$$\alpha = \frac{21}{21 - O_2} \tag{5-7}$$

根据式 (5-7)，过量空气系数的数值可以通过炉膛出口烟气中的氧量来间接地了解，依据氧量的指示值来控制过量空气系数。对α监督、控制的要求，可以从锅炉运行的经济性和安全性两个方面加以考虑。

从运行经济性方面来看，在α变化的一定范围内，随着炉内送风量的增加（α增大），由于供氧充分、炉内气流混合扰动好，燃烧损失逐渐减小；但同时排烟温度和排烟量增大，因而又使排烟损失相应增加。使燃烧损失和之和达到最小的α，称最佳过量空气系数，记为α_{zj}，运行中若按α_{zj}对应的空气量向炉内送风，可以使锅炉效率达到最高。

在一台确定的锅炉中，α_{zj}的大小与锅炉负荷、燃料性质、配风工况等有关。锅炉负荷越高，所需α值越小，一般锅炉负荷在75％以上，α_{zj}无明显变化；但当锅炉负荷很低时，由于运行燃烧器形成恰当空气动力场有最低风量的要求，以及停运燃烧器留有一定的冷却风，故α_{zj}相应升高；煤质差时，着火、燃尽困难，需要较大的α值；若燃烧器不能做到均匀分配风、粉，则锅炉效率降低，所需α值要大些。通过燃烧调整试验可以确定锅炉在不同负荷、燃用不同煤质时的最佳过量空气系数，对于一般的煤粉锅炉，额定负荷下的α_{zj}值为1.15～1.2。若没有锅炉其他缺陷的限制，即应按α_{zj}所对应的氧量值控制锅炉的进风量。

但随着锅炉负荷降低，过量空气系数都相应升高。过量空气系数升高的原因，除了以上分析的α_{zj}随锅炉负荷降低而升高的因素以外，尚与锅炉低负荷时蒸汽温度偏低，需相对增加风量以保住额定蒸汽温度；以及与锅炉低负荷时炉膛温度低、扰动差，亦需增大送风量以维持不致太差的炉内空气动力场、稳定燃烧等要求有关。

锅炉低负荷时，运行人员适当增加氧量来防止锅炉火焰闪动、燃烧不稳，但此时排烟损失往往超过锅炉高负荷时，过量空气系数则高于最佳值。从稳定燃烧出发，燃用低挥发分煤时，氧量需求值也需更大些。因此，为提高锅炉经济性，锅炉低负荷下的送风量调节要求在稳定燃烧的前提下，力求不使过量空气系数过大。

从锅炉运行的安全性来看，若锅炉内 α 值过小，煤粉在缺氧状态下燃烧会产生还原性气氛，烟气中的 CO 气体浓度和 H_2S 气体浓度升高，这将导致飞灰的熔点降低，易引起水冷壁结焦和高温腐蚀。锅炉低负荷投油稳燃阶段，如果送风量不足，使油雾难以燃尽，随烟气流动至尾部烟道在受热面上沉积，可能会导致二次燃烧事故。若锅炉内 α 值过大，由于烟气中过剩氧量增大，将与烟气中的 SO_2 进一步反应生成更多的 SO_3 和 H_2SO_4 蒸汽，使烟气露点升高，加剧锅炉尾部受热面低温腐蚀，尤其当燃用高硫煤种时，更应注意这一点。

此外，随着 α 的增大，烟气流量和烟速增大，对锅炉过热器、再热器、省煤器、空气预热器等受热面的磨损以及送风机、引风机的电耗也将产生不利影响。

为确保锅炉经济燃烧，应根据锅炉负荷与煤质供给适量的空气量，在正常情况下，应根据锅炉氧量曲线控制，该锅炉 100%BMCR 时设计氧量为 2.74%。煤的灰熔点过低或采用油煤混烧时，为了防止炉膛结焦可以适当提高过量空气系数。

（2）送风量的调节。进入锅炉内的总风量主要是有组织的燃烧风量（一次风、二次风、燃尽风等），其次是少量的漏风。当锅炉负荷发生变化时，伴随着燃料量的改变，必须对送风量进行相应的调节。

送风量调节的依据是炉膛出口过量空气系数，一般按最佳过量空气系数调节风量，以取得最高的锅炉效率。锅炉氧量定值是锅炉负荷的函数，运行人员通过氧量偏置对其进行修正，以便在某一锅炉负荷下改变氧量。氧量加偏置后，送风机自动增、减风量以维持新的氧量值。

锅炉运行中，除了用氧量监视供风情况外，还要注意分析飞灰、灰渣中的可燃物含量，排烟中的 CO 含量，观察炉内火焰的颜色、位置、形状等，以此来分析判断送风量的调节是否适宜以及锅炉内工况是否正常。

一般情况下，升负荷时应先增加风量，再增加燃料量；降负荷时应先减少燃料量再减少风量。在这风量燃料量配合调整的动态中，始终保持总风量大于总燃料量，确保锅炉燃烧安全并避免燃烧损失过大。近代锅炉的燃烧风量控制系统多用交叉限制回路实现这一意图。在机组升负荷时，锅炉负荷指令同时加到燃料控制系统和风量控制系统，由于小值选择器的作用，在原总风量来变化前，小值选择器输出仍为原锅炉煤量指令，只有当总风量增加后，锅炉煤量指令才随之增加；降负荷时，由于大值选择器的作用，只有燃料量（或热量信号）减小，风量控制系统才开始动作，当负荷低于 30%BMCR 时，大值选择器使风量保持在 30% 不变，以维持燃烧所需要的最低风量。另外，有的锅炉则是在送风控制中采用不同的变化率来保证负荷变化时风量大于煤量，即升负荷时，送风采用较大的变化率；降负荷时，采用较小的变化率。另外，通过送风机出口压力下限（0.53kPa）和送风机动叶开度下限（30%）来保证最小风量需求。

对于调峰机组，若负荷增加幅度较大或增负荷较快时，为了保持主蒸汽压力不致很快下降，也可先增加燃料量，然后再紧接着增加送风量。低负荷情况下，由于炉膛内过量空气相对较多，因而在增加负荷时亦允许先增加燃料量，随后增加风量。

锅炉送风量调节的具体方法，对于离心式风机，通过改变入口调节挡板的开度进行调节；对于轴流式风机，通过改变风机动叶的安装角进行调节。除了调节送风机外，还需根据燃烧要求，改变各二次风挡板的开度，进行较细致的配风。在风量调节时应注意观察送风机电流、送风机出口风压、炉膛负压、氧量等指示值的变化，以判断风量调节是否有效。

现代大容量锅炉都装有两台送风机，当两台送风机都在运行状态，又需要调节送风量时，一般应同时改变两台送风机的送风量，以使烟道两侧的烟气流动工况均匀。风量调节时若出现风机的"喘振"（喘振值报警），应立即关小动叶，降低负荷运行。如果喘振是由于出口风门误关闭引起的，则应立即开启出口风门。

3. 炉膛负压控制和引风量调节

（1）炉膛负压监督的意义。炉膛负压是反映炉内燃烧工况是否正常的重要运行参数之一。考虑炉膛平衡通风的要求，正常运行时炉膛负压一般维持在（−100±50）Pa。如果炉膛负压过大，将会增大炉膛和烟道的漏风：①若冷风从炉膛底部漏入，会影响着火稳定性并抬高火焰中心，尤其是锅炉低负荷运行时极易造成锅炉灭火；②若冷风从炉膛上部或氧量测点之前的烟道漏入，会使炉膛的主燃烧区相对缺风，使燃烧损失增大。另外，如果炉膛负压过大，使烟气流速加快，对烟道各级受热面的磨损将会加剧，且导致引风机电耗增加；反之，则使烟气流速降低，锅炉各级受热面上飞灰的沉积率增大，使烟道内受热面的热交换减弱，同时也使风箱与炉膛差压变小，影响到锅炉二次风的进入，进而恶化炉内燃烧工况。如果炉膛负压偏正，锅炉内的高温烟、火就要外冒，这不但污染环境，烧损设备，还会威胁人身安全。

炉膛负压可直接指示锅炉内燃烧状况的变化。运行实践表明，当锅炉燃烧工况变化或不正常时，最先反映出的现象是炉膛负压的变化。如果锅炉发生灭火，首先反映出的是炉膛负压剧烈波动并向负方向到最大，然后才是蒸汽压力、蒸汽温度、蒸汽流量等参数的变化。因此运行中加强对炉膛负压的监视是十分重要的。

（2）炉膛负压和烟道负压的变化。炉膛负压的大小，取决于进、出炉膛介质流量的平衡，还与燃料是否着火有关。根据理想气体状态方程，炉膛内气体介质存量 m、炉膛压力 p、燃烧温度 T、炉膛容积 V 以及燃烧产物气体常数 R 之间存在关系：

$$p = mRT/V \tag{5-8}$$

式中　m——炉膛内气体介质存量；

　　　p——炉膛压力；

　　　T——炉膛温度；

　　　R——炉膛容积以及燃烧产物气体常数。

通过分析式（5-8），增加进风量或减小引风量都使炉内介质存量 m 增多，炉膛压力 p 升高；反之，减小送风量或增大引风量则使炉内介质存量 m 减少，炉膛压力 p 降低；当送风量、引风量不变时，m 值固定（忽略燃烧前后物质量的微小变化），故炉膛压力 p 与燃烧温度 T 成正比变化，若燃料不能着火，则 R 降低，p 随之下降，炉膛负压升高。

由此可见，运行中即使保持送风机、引风机的调节挡板开度不变，由于燃烧工况的波动，炉膛负压也是脉动变化的，反映在炉膛负压上，就是指示值围绕控制值左右轻微摆动。但当燃烧不稳定时，炉膛负压产生大幅度的变化，强烈的炉膛负压波动往往是锅炉灭火的先兆。这时，必须加强监视并检查锅炉内火焰燃烧状况，分析原因并及时进行适当的调节和处理。

烟气流经烟道及受热面时，将会产生各种阻力，这些阻力是由引风机的压头来克服的。同时，由于受热面和烟道是处于引风机的进口侧，因此沿着烟气流程，烟道内的负压是逐渐增大的。锅炉负荷改变时，燃料量、风量相应发生改变，通过各受热面的烟气流速改变，以至于烟道各处的负压也相应改变。运行人员应了解不同负荷下各受热面进口、出口烟道负压的正常范围，在运行中一旦发现烟道某处负压或受热面进口、出口的烟气差压产生较大变化，则可判断运行产生了故障。最常见的故障是受热面发生了严重积灰、结渣、局部堵塞或泄漏等情况，此时应综合分析各参数的变化情况，找出原因及时进行处理。

（3）炉膛负压控制和引风量的调节。当锅炉升、降负荷时，随着进入锅炉内的燃料量和风量的改变，燃烧后产生的烟气量也随之改变。因此，必须相应调节引风量，维持锅炉内负压在正常范围。

引风量的调节方法与送风量的调节方法基本相同。对于离心式风机采用改变引风机进口导向挡板的开度进行调节；对于轴流式风机则采用改变风机动叶安装角的方法进行调节。大型锅炉装有两台引风机，与送风机一样，调节引风量时需根据锅炉负荷大小和引风机的工作特性来考虑引风机运行方式的合理性。

当锅炉负荷变化需要进行风量调节时，为避免炉膛出现正压，在升负荷时应先增加引风量，然后再增加送风量和燃料量；降负荷时则应先减少燃料量和送风量，然后再减少引风量。

对多数大型锅炉的燃烧系统，炉膛负压的调节也是通过炉膛与风箱间的差压而影响到二次风量的（二次风挡板用炉膛与风箱间的差压控制），影响燃烧器出口的风煤比以及着火的稳定性，因此，有一定调节速度的限制，不可操之过急。

正常运行时，应维持炉膛负压为（-100 ± 50）Pa，炉膛不允许正压运行，锅炉不向外冒烟气。锅炉运行中，应经常注意锅炉漏风情况，所有观火孔，人孔门等均应关闭严密。在升、降锅炉负荷或进行对燃烧有影响的操作时，应注意保持炉膛压力，当炉膛压力发生强烈脉动时，必须加强监视炉内的火焰情况，并做出相应的调整。

四、机组运行方式

1. 机组的运行方式

机组负荷在 25%BMCR 以上，锅炉处于直流运行时，机组各参数稳定即可投入协调控制方式运行。根据机组主辅设备健康水平，可以选择机组的控制方式。机组正常运行时，应尽量投入协调控制。

根据锅炉主控和汽轮机侧的状态，机组有四种控制方式。

汽轮机侧的状态分为三种控制方式：

（1）汽轮机负荷协调控制控制方式：汽轮机数字电液控制系统（digital electro-hydraulic，DEH）在负荷协调控制方式且不在压力控制方式。汽轮机投入负荷协调控制前必须先把锅炉主控投入自动。

（2）汽轮机负荷本地控制方式：DEH 不在负荷协调控制方式且不在压力控制方式。

（3）汽轮机压力控制方式：DEH 在压力控制方式且不在负荷协调控制方式。DEH 在压力控制方式时联锁把锅炉主控切至手动。

机组的四种控制方式是：基本方式（base）、汽轮机跟随方式（turbine follow，TF）、锅炉跟随方式（boiler follow，BF）、协调控制方式（coordinated control system，CCS）。

（1）基本方式。当锅炉主控手动，汽轮机负荷本地控制方式时，即为基本方式。基本方式是一种比较低级的控制方式，其适用范围：机组启动及低负荷阶段；机组给水控制手动或异常状态。

在这种方式下，单元机组的运行由操作员手动操作，机组的目标负荷指令跟踪机组的实发功率，为投入更高级的控制模式做准备。机组功率变化通过手动调整汽轮机调节阀控制；主蒸汽压力设定值接受机组滑压曲线设定并跟踪实际主蒸汽压力，实际主蒸汽压力由燃料、给水以及旁路系统共同调节。

（2）汽轮机跟随方式。当锅炉主控处于手动方式，汽轮机处于压力控制方式时，即为汽轮机跟随方式。汽轮机跟随方式的适用范围：汽轮机运行正常，锅炉运行不稳定，不具备投入自动的条件或发生异常工况〔如辅机故障减负荷（runback，RB）〕。

在这种方式下，汽轮机控制主蒸汽压力。如果主蒸汽压力设定在 DEH 本地方式，则主蒸汽压力设定值在 DEH 画面上设定；如果主蒸汽压力设定在 CCS 方式，主蒸汽压力设定值由协调控制系统 CCS 中的机组变压曲线给出；调整机组负荷通过改变锅炉燃料量实现。

（3）锅炉跟随方式。当锅炉主控处于自动方式，汽轮机处于负荷本地控制方式时，即为锅炉跟随方式。锅炉跟随方式的适用范围：锅炉运行正常，汽轮机运行不稳定，不具备投入自动的条件或发生异常工况。

在这种方式下，锅炉控制主蒸汽压力，主蒸汽压力设定值由变压曲线自动给出；调整机组负荷通过在 DEH 画面改变负荷设定值实现。由于锅炉控制主蒸汽压力的迟缓性，BF 方式仅作为投入协调控制方式之前的过渡方式，机组不宜长期运行在锅炉跟随方式。

（4）协调控制方式。当锅炉主控处于自动方式，汽轮机处于负荷 CCS 控制方式时，即为协调控制方式。

在这种方式下，锅炉侧重控制主蒸汽压力，汽轮机控制负荷；主蒸汽压力设定值由变压曲线自动给出；调整机组负荷通过在 DCS 画面上改变负荷目标值实现。在协调控制方式基础上，投入自动调度系统（automatic dispatch system，ADS）控制后机组负荷设定值由电网调度中心控制。

2. 辅机故障减负荷

辅机故障减负荷（run back，RB）的定义：当机组协调控制方式运行时，由于主要辅机故障跳闸，机组实发功率受到限制，为适应设备出力而发生的快速减负荷的功能。

RB 的条件：机组在 CCS 协调控制方式，至少 4 层给煤机在运行，且负荷大于 55% BM-CR，出现下列情况之一时，触发机组 RB 动作（减负荷速率均为 1000MW/min）：

（1）两台送风机运行时其中一台跳闸，负荷自动减至 500MW。

（2）两台引风机运行时其中一台跳闸，负荷自动减至 500MW。

（3）两台一次风机运行时其中一台跳闸，负荷自动减至 500MW。

（4）两台空气预热器运行时其中一台跳闸，负荷自动减至 500MW。

（5）两台汽动给水泵运行时其中一台跳闸，负荷自动减至 500MW。

（6）磨煤机跳闸 RB：

1）三台磨煤机运行且机组负荷大于或等于 400MW 时，其中一台磨煤机跳闸，带 400MW 负荷。

2）四台磨煤机运行机组负荷大于或等于 600MW 时，其中一台磨煤机跳闸，带 600MW 负荷。

3）五台磨煤机运行机组负荷大于或等于 800MW 时，其中一台磨煤机跳闸，带 800MW 负荷。

3. 锅炉联锁、保护运行方式

现代大型锅炉启动、停止过程复杂，运行中控制设备众多，炉膛和制粉系统若发生爆燃事故将造成设备严重破坏，危及人身安全。为了保证锅炉启动、停止及运行的安全稳定性，采用了炉膛安全监控系统（furnace safety supervision system，FSSS）和顺序控制系统（sequence control system，SCS）、模拟量控制系统（modulating control system，MCS），共同实现锅炉的联锁和保护功能。

FSSS 不实现连续调节功能，不直接参与锅炉负荷和送风量等参数的调节，仅完成锅炉及其辅机的启动、停止监视和联锁逻辑控制功能，但 FSSS 能行使超越运行人员和过程控制系统的作用，可靠地保证锅炉安全运行，其联锁功能的安全等级最高。FSSS 的具体联锁条件由锅炉燃烧系统的结构、特性和燃料种类等因素决定。

炉膛安全监控系统的基本功能分成以下几个方面：

（1）炉膛吹扫。锅炉点火启动前，为防止炉膛内积集燃料、杂物等，给锅炉运行带来安全隐患，FSSS 系统设置了炉膛吹扫功能。在吹扫许可条件满足后，启动一次为时 5min 的炉膛吹扫过程。这些吹扫许可条件也是对锅炉是否能够投入运行的全面检查，锅炉如果未经吹扫，不能进行点火；同时，吹扫必须满足一定的时间，如果因为吹扫许可条件失去而引起吹扫中断，必须等待条件重新满足后，再启动一次 5min 的吹扫。

启动点火前吹扫时应保证炉膛内有足够的风量，一般采用 30%～40% 额定空气量，吹扫时应先启动至少 1 台空气预热器，然后再按顺序至少启动引风机和送风机各一台，这样可防止点火后空气预热器因受热不均匀而产生变形，同时也可对空气预热器进行吹扫。在进行锅炉点火前吹扫时，还应切断电除尘器的电源，防止除尘器电极上的高压有可能点燃黏附在上面的可燃混合物，引起炉膛或烟道爆燃。

（2）燃料投入许可及控制。在锅炉完成吹扫后，FSSS 系统即开始对投油（或等离子）点火所必备的条件进行检查，经确认条件满足以后，FSSS 发出点火许可信号，可以程序控制投入燃油层，或投入等离子燃烧器及相应制粉系统。

FSSS 系统可以程序控制投入燃油层，内容包括：总油源、汽源打开，编排燃烧器启动顺序，油枪、点火器推进，油角阀控制，点火时间控制，点火成功与否判断，点火完成后油枪的吹扫，油层点火不成功跳闸等。

FSSS 系统可以对投入煤粉所必备的条件进行检查，完成大量的条件扫描工作。投入煤粉所必备的条件主要包括：锅炉参数是否合适，煤粉点火能量是否充足，燃烧器工况，有关风门挡板工况等。待条件满足后，FSSS 系统向运行人员发出投煤粉允许信号，程序控制（或手动控制）启动煤层。程序控制内容包括：编排设备启动顺序、控制启动时间、启动各有关设备、监视各种参、启动成功与否判断、煤层自动启动、不成功跳闸等。系统还对煤层正常停运进行自动程序控制。

（3）持续运行监视。当锅炉从点火前吹扫至进入稳定运行工况以后，系统全面监控锅炉安全状态。系统连续监视锅炉主要参数，如省煤器入口给水流量、炉膛压力、总风量、全炉膛火焰、各种辅机工况、汽轮机与发电机运行状态等。发现各种不安全因素时都给予声光报警，直至跳闸锅炉。

（4）特殊工况监控。这里的特殊工况是指辅机故障引起的锅炉急剧减负荷的特殊工况（RB）。当机组发生这种工况时，FSSS 的任务是与其他控制系统（主要是机组负荷控制等 MCS 系统）配合，迅速将锅炉燃料减到与运行辅机的负荷能力相匹配的值，并投入燃油或等离子以保证燃烧稳定。

（5）主燃烧跳闸（main fuel trip，MFT）。锅炉在运行中若出现了某些运行人员无法及时做出反应的危急情况时，系统将进行紧急跳闸。如出现炉膛熄火、燃料全中断等情况时，FSSS 将启动主燃料跳闸（MFT）保护，同时记录和显示"首出原因"以便于处理。FSSS 还向运行人员提供手动启动 MFT 的手段。发出 MFT 信号后，FSSS 将切除所有燃料设备和有关辅助设备，切断进入炉膛的一切燃料。主燃料跳闸后仍需维持锅炉内通风，以清除炉膛及尾部烟道中的可燃性混合气体。

正常运行的机组由于停炉所造成的损失较大，故无论是从发电角度还是从设备寿命角度上看，都应极其慎重地对待 MFT。FSSS 设计时应该遵循最大限度地消除可能出现的误动作及完全消除可能出现的拒动作的设计原则；可触发 MFT 的信号都应该冗余设置，或采用 3 选 2 控制逻辑，而冗余信号可以避免拒绝动作和错误动作的问题；对于两个输入信号，从防止拒绝动作的角度考虑应将其相"或"使用，而从防止错误动作的角度考虑应该将其相"与"使用。当机组正常运行时加 MFT 控制逻辑应处于待机状态，机组出现异常时，要求 MFT 控制逻辑能迅速正确动作。MFT 控制逻辑要求有高度的可靠性和最高优先权，应能排除其他系统和运行人员的干扰，确保设备及人身安全。

4. 制粉系统运行方式

（1）锅炉配有 6 套直吹式制粉系统，采用中速辊式磨煤机（型号 ZGM133G），当 5 套制粉系统运行时，可以满足锅炉额定负荷（boiler rated load，BRL）工况。

（2）在锅炉启动时，选择等离子点火方式时，首先启动 B 制粉系统；在保证等离子点火装置拉弧正常，制粉系统正常运行情况下，还应关注相应燃烧器煤粉是否着火稳定、燃烧良好。

（3）机组升降负荷过程中，启动、停止制粉系统的顺序，应考虑投入、退出相应燃烧器对锅炉燃烧的影响。为保证锅炉燃烧的稳定，一般按照"先下后上"的顺序，投入运行相应燃烧器对应的制粉系统；机组低负荷运行时，保留下层燃烧器可以稳定燃烧；避免错层停止运行燃烧器对应的制粉系统，可使燃烧集中，保证较高的主燃烧区炉温，加强燃烧的效果。

（4）正常运行时，尽可能保持磨煤机在额定出力下运行，并均衡各磨煤机出力。在升负荷过程中，当所有磨煤机均接近最大出力仍不能满足需要时，应启动一台备用磨煤机；在降负荷过程中，根据磨煤机出力情况，及时停止运行一台磨煤机。

（5）在协调控制方式下，启动、停止制粉系统时，应尽量保持燃料量平稳增减，保持机组工况稳定，防止因负荷升降产生扰动；在暖磨和磨煤机吹扫过程中，应平稳增减风量，避免引起一次风压及其他运行磨煤机的风量突然变化。

（6）正常运行时，应注意监视一次风机、密封风机的运行情况以及运行磨煤机风量、密封风差压，应维持一次风、密封风压力与运行制粉系统情况相匹配。

（7）正常运行时，应监视运行磨煤机一次风量、磨煤机出口温度、给煤量、磨煤机差压等参数，保证煤粉干燥要求，维持制粉系统通风量与出力的平衡。

第五节　大型锅炉运行维护

一、锅炉定期工作

运行人员不仅要做好锅炉正常的运行调整，维持各主要参数在正常范围，满足机组负荷的要求，还应按运行日志要求定时、正确抄录参数，完整记录值班期间发现的异常以及操作情况。

为了提高运行及备用设备的可靠性，能够及时发现故障和隐患，及时采取有效防范措施，运行人员应定时、定线对设备进行巡回检查。运行人员应检查各运行设备的电流、声音、温度、压力、振动、油位等应正常，备用设备处于良好的备用状态，相关联锁在投入位置。运行人员如发现设备缺陷等问题，应及时汇报联系相关部门处理并做好记录，针对设备缺陷积极做好事故预想。运行人员进行设备、系统隔离工作时，应做好相应的安全防范措施，解除可能错误动作的保护。

各岗位运行人员应按规定做好相应设备的定期试验、切换工作，监督有关人员做好设备的预防性维护工作，如定期加油、冲洗表计管路、水汽煤油化验等。设备处于运行状态时，运行人员应严密监视其运行参数，严禁超额定出力运行，新投入或有缺陷的运行设备更应加强巡检和监视。

锅炉主要定期工作内容，见表5-4。

表 5-4　　　　　　　　　　　　　锅炉主要定期工作内容

内容	时间	操作	监护	要求
热工信号试验	每班	副值班员	主值班员	接班试验，要求灯光、音响正常
空气预热器吹灰	每班一次	副值班员	主值班员	
锅炉受热面吹灰	每天一次			锅炉负荷不小于50%MCR
制粉系统切换	每天	主值班员	机组长	磨煤机停运不超过3天
空气预热器油泵切换	每月一次	副值班员	主值班员	巡检就地检查
引风机电机润滑油泵切换	每月一次	副值班员	主值班员	巡检就地检查
送风机润滑油泵、电机润滑油泵切换	每月一次	副值班员	主值班员	巡检就地检查
一次风机润滑油泵、电机润滑油泵切换	每月一次	副值班员	主值班员	巡检就地检查
磨煤机润滑油泵切换	每月一次	副值班员	主值班员	巡检就地检查
PCV阀断路器试验	每月一次	主值班员	机组长	高负荷时不做
火检冷却风机切换	每月一次	副值班员	主值班员	
燃油跳闸阀试验	每月一次	副值班员	主值班员	
锅炉过热器、再热器以及吹灰系统安全阀起座试验	每年一次	主值班员	机组长	如有检修、校验可不做，一般由厂生技部门安排，检修执行，运行人员配合

二、预防锅炉结渣积灰

电站锅炉主要以煤作为燃料，其燃烧产物中含有大量的灰粒、硫和氮的氧化物等物质，这些物质在锅炉运行的过程中有时会以各种形式沉积在受热面的表面，造成受热面的结渣和积灰。

1. 锅炉结渣积灰的危害

锅炉结渣、积灰不但增加了锅炉受热面的传热阻力，使受热面传热恶化、煤耗增加、降低锅炉的热经济性，还可能造成烟气通道的堵塞，影响了锅炉的安全运行，严重时会发生设备损坏、人身伤害事故。锅炉结渣、积灰，对锅炉运行有以下危害：

（1）炉膛内结渣会增加受热面的传热阻力，降低辐射吸热量，使炉膛出口烟温升高。这不仅影响锅炉的水循环，还会使对流受热面因热负荷升高、对流传热量增加而导致蒸汽温度、金属壁温超温，排烟温度升高，锅炉效率降低。

（2）炉膛结渣会造成因炉内空气动力场不均、燃烧偏斜发生的水冷壁管垢量超标，还会造成因炉膛受热不均而导致的炉墙撕裂。

（3）燃烧器喷口及其附近结渣，会影响到煤粉射流及改变炉内燃烧空气动力工况，直接影响风粉的混合和燃烧；同时还会影响到火检的测量，危及锅炉的安全运行。

（4）炉膛出口受热面结渣，则会影响受热面传热，甚至影响蒸汽温度，并增大通风阻力，严重时甚至造成烟气通道的堵塞而使燃烧恶化或风机（包括送风机、引风机等主要风机）发生失速。

（5）锅炉掉焦严重时会造成锅炉出渣困难，被迫降出力运行甚至停炉出渣、打焦。

（6）锅炉掉大焦时可能导致火焰拉断、局部爆燃等现象的发生，并引发锅炉灭火；灰渣脱落时，会划伤甚至砸坏水冷壁或冷灰斗；严重时发生锅炉水冷壁损坏并引发锅炉灭火、高温汽水伤人等事故。

从理论上对锅炉结渣、积灰的原理进行分析、探讨，掌握锅炉结渣的规律，从生产实践上采取合理的措施防止锅炉结渣、积灰，防止锅炉掉大焦就具有长期的、现实的意义。

2. 导致锅炉结渣的原因

（1）燃烧过程中空气供应量不足。煤的灰熔融特性常用变形温度（DT）、软化温度（ST）与流动温度（FT）来表示，并以 ST 来控制煤质。煤灰是多成分的复杂化合物，同一煤种的灰渣在不同的烟气或气体介质中，化学成分会发生变化，灰熔点也随着成分的改变而改变。同一煤种的灰渣，在还原性气氛中，其灰熔点较低，在氧化性气氛中则较高。这是因为在不同的气体介质下，煤灰中的化学成分发生了氧化还原反应，如在弱还原性气体中，会使高熔点的三价铁（Fe_2O_3）还原成低熔点的二价铁（FeO）。因此在燃烧过程中，当空气量不足时，由于煤燃烧不完全，炉膛的还原性气体一氧化碳（CO）增多，使灰中的化学成分发生还原反应，从而使灰熔点降低，这时炉膛温度即使不高，也可能产生结渣。

（2）一次风门与二次风门调节不当。锅炉运行的配风方式也是影响结渣或积灰的主要因素。若一次风门与二次风门调节不当，则会使炉膛内煤粉与空气的混合不好，造成煤在炉内燃烧不良、烟气温度不均匀。在烟气温度高的地方，管壁温度高，未燃尽的煤粉颗粒一旦黏结在上面继续燃烧，将形成灰的黏附；在空气少的地方，容易产生燃烧不完全，产生大量的CO，使灰熔点降低，导致结渣。此外，由于炉膛内的烟气处于剧烈的运动中，烟气成分不断变化，同一煤种的煤灰在不同部位的灰熔点可能不同，也促进了结渣。

（3）磨煤机及给粉机故障。煤粉细度和粒度分布对锅炉结渣有一定影响，煤粉过细、过粗均可能引起结渣。煤粉细度视煤种与具体的锅炉的结构而定，应通过试验来确定。当磨煤机出现故障时，煤粉颗粒变粗，进入锅炉的煤粉燃烧不完全，且燃烧后的灰粒容易产生离析，撞击炉膛受热面而产生结渣；当给粉机运行不正常时，也会导致燃烧调节系统动作，使磨煤机超负荷运行和投油助燃使火焰升高，并促进灰熔融软化。此外，由于煤油的燃烧速度不同，会造成局部燃烧不全、还原性气体增多、灰熔点降低、甚至还会造成煤粉和空气在炉膛中分布不均匀，导致火焰偏斜、最高焰层边移，而使燃烧后的灰渣得不到足够的冷却，进而使灰粒与炉膛内的水冷壁管接触时，黏结在上面而形成结渣。

（4）锅炉高负荷连续运行。锅炉结渣、积灰随锅炉负荷及烟气温度的增加而增加。当锅炉高负荷连续运行，特别是超负荷运行时，炉膛热负荷增加，温度升高，灰粒得不到冷却，在吹灰器吹不到的地方易形成积灰，如不及时吹灰清渣，当熔融软化的灰黏结在上面时会形成大面积结渣。

（5）锅炉设计不当及安装或检修质量不好。结渣和积灰不仅与煤灰性质有关，而且同锅炉设计参数密切相关，主要是炉膛热负荷（包括炉膛容积热负荷和断面热负荷）、煤粉在炉膛内逗留的时间、燃烧器结构形式以及受热面的布置等。炉膛容积设计过小时，会使炉膛出口烟气温度偏高，导致炉膛出口附近的受热面结渣；炉膛断面过小时，会使燃烧器区域温度偏高、喷燃器附近水冷壁结渣；喷燃器安装不好，会造成火焰偏斜而结渣；风机（包括送风机、引风机等主要风机）出力不足或炉墙漏风过大，也会影响正常的动力工况而促进结渣。在设计一台锅炉之前，首先要选择好所燃用的煤种，即设计煤种，如果一台锅炉在建造和安装过程中完全符合设计要求，那么，锅炉在燃用设计煤种时，一般不会发生严重结渣或积灰的情况。但在实际锅炉运行过程中，往往燃用的煤种接近或完全偏离设计煤种，这时就要产生一定程度的结渣或积灰，如果实际燃用煤种无法满足设计要求时，必须考虑对锅炉的设计结构进行改造，以适应所燃用煤种的要求。

（6）煤质发热量过高或过低。大家知道，煤的发热量过低，对锅炉的安全运行危害极大，但是对于按设计煤种设计的锅炉来说，是不是煤的发热量越高越好呢？答案是否定的。因此，要改变发热量高的煤就是优质煤，就是好煤的观念。这是因为当燃煤的发热量高于设计值太多时，炉膛温度及出口烟温骤升，即使燃用煤的 ST 值大于设计煤种的 ST 值，仍可能造成灰的熔融软化，而导致锅炉结渣，甚至被迫停炉。在这种情况下，锅炉结渣不是因为灰熔点低，而是因为所燃用的煤的发热量太高造成的。

3. 防止结渣积灰的措施

（1）根据煤灰物理特性对受热面结渣、积灰进行预测。可以根据煤灰的熔融特性及焦结特性，对锅炉所用燃煤进行试验，同时将试验结果与锅炉运行时的燃烧温度进行比较，初步判断炉内的结渣情况，并提供运行人员加以参考，以便进行重点检查。

（2）根据锅炉运行参数的变化对受热面积灰、结渣进行预测。对受热面积灰、结渣进行预测主要是根据锅炉各段烟气温度、排烟温度、蒸汽压力、蒸汽温度、受热面温升及管壁温度等参数的变化来判断是否有结渣或积灰。

（3）防止结渣积灰的措施。

1）正确设计炉膛结构，合理布置辐射受热面。过去炉膛设计最重要的结构设计指标是炉膛容积热强度和炉膛断面热强度，整个炉膛设计合理的判断指标是炉膛出口烟气温度应低于燃料的灰熔点。然而对 300MW 及以上锅炉炉膛设计的研究表明，大型锅炉炉膛结构设计的指标远不止这几项，除炉膛容积热强度、炉膛断面热强度外，还有燃烧器区域的热强度、炉膛辐射受热面热强度、最上层燃烧器中心距分隔屏式过热器底部的高度、以及最下层燃烧器中心距冷灰斗上沿的高度等一系列指标。加设这些指标的目的是不仅要满足炉膛燃烧和传热的要求，还要保证炉膛运行安全可靠。

2）燃烧器功率的选择、布置和调节。大容量锅炉的特点是燃烧器数量多，必须多排布置。近年来，特别受到 NO_x 排放量的限制，趋向于采用单支热功率较小的燃烧器，因此需用燃烧器区域壁面热强度反映燃烧器区域火焰集中的情况。燃烧器区域壁面热强度随锅炉容量变化不大，数值在 $1.4 \sim 2.0 MW/m^2$。对燃用灰熔点低的煤，为防止运行结渣可将高度方向的距离拉开，使燃烧器区域的温度水平降低。燃烧器高度确定后，还要校核最上排燃烧器至屏式过热器底部的高度，以避免火焰直接冲刷屏面和满足火焰有效燃尽高；校核最下排燃烧器至冷灰斗转角处的距离，避免火焰直接冲刷冷灰斗斜面。

另外，对于旋流燃烧器来说，其内、外二次风配比及旋流片的调节将影响到煤粉气流的旋转强度。当煤粉气流旋转强度增大，卷吸高温烟气的能力增强，然而煤粉离析性也相应增强，煤粉气流贴墙燃烧的可能性增大，水冷壁结渣的程度增强。

3）加强燃料管理。加强燃料管理保证按设计煤种运行是锅炉保持良好运行性能的关键因素。电厂燃料供应应符合锅炉设计煤质或接近设计煤质的主要特性（主要指灰分、灰熔点、水分、挥发分），严重不符合锅炉燃烧要求的燃煤，电厂有权拒绝接收。

煤场存煤要按不同煤质进行分堆，根据实际煤质情况配制入炉煤，有条件时，可掺烧其他不易结渣的煤种（但也要符合设计煤质要求）。每天及时准确地提供入炉煤的工业分析和灰熔点，供运行人员参考，以利于锅炉燃烧调整。

4）通过燃烧调整试验建立合理的燃烧工况。燃烧调整试验的目的是使锅炉在最佳工况下运行，其内容应包括：

a. 制定锅炉在不同负荷下最佳工况运行的操作卡。确定不同负荷下燃烧器及磨煤机的投运方式，防止燃烧器区域热负荷过于集中；确定锅炉不投油稳定燃烧的最低负荷，尽量避免在高负荷时油煤混烧，造成燃烧器区域局部缺氧和热负荷过高。

b. 确定煤粉经济细度，保证各支燃烧器热功率尽量相等，且煤粉浓度尽量均匀。

c. 确定摆动式燃烧器允许摆动的范围，避免火焰中心过分上移造成屏区结渣，或火焰中心下移导致炉膛底部热负荷升高和火焰直接冲刷冷灰斗。

d. 确定不同负荷下的最佳过量空气系数，调整一、二次风率、风速、风煤配比以及旋流燃烧器内、外二次风的配比与旋流片的位置等，使煤粉燃烧良好而不在炉壁附近产生还原性气氛。避免火焰偏斜直接冲刷炉壁等。锅炉的运行和操作，必须严格按运行规程的规定和燃烧调整试验结果进行。

5）加强锅炉运行工况的检查与分析

运行值班人员每班必须对锅炉结渣情况进行就地检查一次，发现有严重结渣情况，应及时汇报、处理。专业工程师要定期分析锅炉运行工况，对易结渣的燃煤要重点分析减温水量的变化和炉膛出口温度、各段烟温的变化规律，以及过热器、再热器管壁温度变化的情况。锅炉在额定工况运行时，若发现减温水量异常增大和过热器、再热器管壁超温，或喷燃器全部下倾，减温水已用足，而仍有受热面管壁超温时，应适当降低负荷运行和加强吹灰，如已采取降负荷运行等措施仍无效时，应申请停炉处理。

利用夜间低谷运行周期性地改变锅炉负荷是控制大量结渣、掉渣的一种有效手段。但要防止负荷骤然大幅度变化，以免有可能造成大块渣从上部掉下打坏承压部件或低负荷时造成锅炉灭火。

利用磨煤机定期切换和不同的磨煤机配上不同的煤种进行混烧也是改善炉膛结渣的有效途径。

6）加强吹灰器和除渣设备的运行和维修管理。锅炉受热面吹灰器必须完善投用，运行各值必须严格按运行规程对各受热面进行吹灰。运行人员要加强吹灰器的现场检查，发现吹灰器因泄漏或卡涩故障或程控失灵，应立即手操退出，避免吹坏炉管和烧坏吹灰器。运行人员要加强吹灰器的缺陷管理和维修管理，出现问题及时消缺。运行人员应轮流安排少量吹灰器大修，保持吹灰器的可用率。

除灰控制值班人员应加强对出灰情况的监视和分析，每班要检查捞渣机储水槽的水位和水温，观察捞渣机链条上的渣量及粒度。除灰控制值班人员若发现异常应联系检修及时处理。采取措施无效时，应停炉处理。

三、锅炉停运后的保养

锅炉停止运行期间应予保养，保养方式取决于停炉季节和停止运行时间的长短，在保养方案确定后，应及早做好保养准备。

锅炉的保养有以下几种方式：

1. 蒸汽压力法

停炉后，维持30％额定风量对炉膛吹扫5min左右，送风机、引风机全停，关闭锅炉各风烟道、挡板闷炉，关闭过热器系统疏水阀门、空气阀门、锅炉本体所有放水阀门，尽量减少炉膛热量损失。

确认高压旁路、低压旁路阀门关严，主蒸汽管道上的疏水阀门关闭，切断所有主蒸汽用户；分离器补水至高水位，监视分离器储水箱压力，直到压力至0.5MPa左右。

用间断点火方式维持锅炉压力大于0.5MPa，锅炉处于热备用状态。

2. 充氮法

（1）氮气覆盖法。氮气覆盖法的步骤为：锅炉停运后，加大给水加氨量，提高给水pH值至9.4～10.0，用给水置换炉水冷却；当锅炉压降至0.5MPa时，停止换水，关闭锅炉受热面所有疏水阀门、空气阀门，打开锅炉受热面充氮阀压旁路充入氮气，在锅炉冷却和保护过程中，维持氮气压力在0.03～0.05MPa范围内。

（2）氮气密封法。氮气密封法的步骤为：锅炉停运后，用给水置换炉水冷却降压，当锅炉压力降至0.5MPa时停止换水，打开锅炉受热面充氮阀门充入氮气，在保证氮气压力在0.01～0.03MPa的前提下，微开疏水阀门，用氮气置换炉水和疏水；当炉水．疏水排尽后，检测排气氮气纯度，大于98％后关闭所有疏水阀门。保护过程中，维持氮气压力在0.01～0.03MPa范围内。

（3）注意事项。使用的氮气纯度以大于99.5％为宜，最低不应小于98％；充氮保护过程中应定期监测氮气压力、纯度和水质；氮气系统减压阀门出口压力应调整到0.5MPa，当锅炉蒸汽压力降至此值以下时，氮气便可自动充入。氮气不能维持生命，注意防护；当设备检修完后，应重新进行充氮保护。

3. 氨水碱化烘干法

氨水碱化烘干法适用于临时检修、小修、大修。给水采用加氨处理和加氧处理机组，在停机前4h停止给水加氧，加大给水氨的加入量，提高系统的pH值，然后热炉放水，余热烘干。

4. 再热器保养方法

再热器保养方法指机组停运后，保持再热器各疏水阀门、空气阀门关闭，而中压联合汽门前的疏水阀门开启，利用凝汽器真空对再热器抽真空；汽轮机真空破坏后，开启再热器各疏水阀门、空气阀门，并尽可能利用锅炉余热将再热器烘干。

机组停运后，用凝汽器真空把再热器抽空，然后，放尽再热器余水，隔离再热器系统后，采用充氮保养法，维持氮气压力在0.03~0.05MPa。

第六章　大型燃煤锅炉运行事故处理

第一节　运行事故处理概论

一、事故处理原则

1. 事故处理基本原则

机组发生故障时，运行人员应以保人身、保系统、保设备的原则迅速解除人身、设备的危险；找出发生故障的原因、消除故障。同时保持非故障设备的负荷，以保证对用户的正常供电。在事故处理过程中，运行人员应尽量确保厂用电系统的正常运行。

发生事故后的"四不放过"处理原则，其具体内容是：

（1）事故原因未查清不放过。

（2）责任人员未处理不放过。

（3）整改措施未落实不放过。

（4）有关人员未受到教育不放过。

事故处理的"四不放过"处理原则是要求对安全生产事故必须进行严肃认真的调查处理，接受教训，防止同类事故重复发生。

2. 事故处理步骤

（1）运行人员应根据仪表指示、CRT 显示、光字牌报警及 SOE 等信息及机组外部现象，迅速、仔细地进行确认，查明事故的性质，发展趋势，危害程度。

（2）运行人员应迅速消除对人身和设备的危害。

（3）必要时运行人员应立即隔离发生故障的设备，保持非故障设备的正常运行。运行人员应根据事故类型，采取相应的措施，以避免异常情况的扩大。

（4）在消除故障的每一个阶段，运行人员都要尽可能迅速汇报值长或机组长和有关领导，以便及时、正确地采取对策。

（5）当确认系统发生故障时，运行人员则应采取措施，加强与上级调度的联系，维持机组运行，同时设法尽快恢复。

（6）发生事故时，各岗位应加强沟通，在值长、机组长统一指挥下，密切配合，迅速处理事故，以便尽快恢复机组的正常运行。

（7）排除故障时，运行人员动作应迅速、正确。在接到命令后应复诵一遍，如果没有听懂，应及时问清楚，命令执行完毕以后，应迅速向发令者汇报。

（8）发生故障时，值长、机组长应迅速参加消除故障的工作，机组长应将自己所采取的措施向值长汇报，值长所有的正确命令，机组长必须服从。部门负责人、部门主任工程师和专业工程师必须尽快到现场监督消除故障工作，并给予必要的指导，但这些指示不应和值长的指令相抵触。

（9）在机组发生故障和处理事故时，运行人员不得擅自离开工作岗位。如果故障发生在交班时间，应延迟交班，在未办理交接手续前，交班人员应继续工作。接班人员应协助交班人员一起消除事故，直至值长发出接班命令为止。

（10）禁止无关人员停留在发生事故的地点。

（11）故障消除后，值长、机组长和值班人员应将所观察到的现象、故障发生的过程和时间及所采取的消除故障措施等，做好正确、详细的记录，并及时向各级调度和厂部领导汇报。

（12）发生下列情况时，集控运行人员应加强与灰硫、输煤值班人员及其他有关生产人员联系：

1）机组跳闸。

2）机组大幅度升降负荷。

3）磨煤机启动、停止、跳闸。

4）发生送风机、引风机跳闸等 RB 工况。

5）机组低负荷时投运等离子点火装置或投油稳燃。

6）炉膛大面积掉焦。

7）机组有重大操作可能会引起系统不稳定的情况。

8）其他有关的特殊运行工况。

二、机组紧急停机的条件

（1）机组发生严重危及人身或设备的故障时，应紧急停止机组运行。

（2）锅炉紧急停炉条件（以参考机组参数为依据）。

1）MFT 保护拒动。

2）锅炉过热器、再热器出口温度达 640℃。

3）螺旋水冷壁出口壁温达 510℃，分离器入口温度达 540℃。

4）过热器、再热器、省煤器、水冷壁管发生爆破或严重泄漏，严重危及人身设备安全。

5）燃料在尾部烟道发生二次燃烧，空气预热器进口烟气温度不正常突然升高（升率大于 10℃/min）或空气预热器出口平均烟温上升至 200℃时。

6）两台空气预热器的二次风挡板或烟道挡板都关闭。

7）锅炉压力超限，所有安全门拒动时。

8）锅炉燃烧不稳，炉膛负压波动，两台火焰监视工业电视都失去火焰。

9）两台闭式冷却水泵均故障，抢投不成功。

10）精除盐出口凝结水含钠量大于 400μg/L。

11）DCS 所有操作员站较多重要参数同时失去监视或显示出现异常，在 30s 内不能恢复并将危及机组安全运行时。

12）锅炉范围发生火灾，直接威胁人身、设备的安全。

（3）汽轮发电机组紧急停机条件。

1）汽轮机跳闸保护拒绝动作。

2）汽轮机内部有明显的金属撞击声或断叶片。

3）汽轮机发生水冲击。

4）主蒸汽温度或再热蒸汽温度在 10min 内突然下降 50℃。

5）汽轮机轴封或挡油环严重摩擦，冒火花。

6）机组带负荷运行时，汽缸上、下缸温差大于 45℃。

7）机组任一轴振突增 $50\mu m$ 且相邻轴承也明显增大。

8）主机润滑油或发电机密封油系统大量喷油泄漏。

9）主蒸汽、再热蒸汽管道、给水管道或其他管道爆破，危及人身、设备安全。

10）发电机内氢气纯度下降至 92%。

11）机组周围着火，威胁人身、设备安全。

12）发电机-变压器组保护拒动。

13）发电机严重漏水，危及设备运行。

14）发电机及出线套管发生氢爆；发电机内部和励磁系统冒烟或着火。

15）主变压器、高压厂用变压器着火。

16）主变压器、厂用总变压器、主变压器高压侧避雷器和 TV、发电机避雷器和 TV 等设备符合紧急停机条件。

17）主变压器高压侧 SF_6 套管气室严重漏气，来不及补气。

（4）紧急停机操作步骤：

1）揿备用盘上"TURBINE TRIP"紧急按钮或就地"汽轮机跳闸"按钮，确认高压主汽门、中压主汽门、调门关闭，补汽阀门关闭，各加热器的抽汽电动阀门、止回阀关闭；汽轮机主汽管疏水阀门、本体疏水阀门、抽汽管道疏水阀门开启，高排止回阀门关闭，高压缸通风排汽阀门开启，汽轮机转速下降。

2）确认发电机逆功率保护动作，发电机解列，厂用电切至启/备变压力器供电。

3）确认后缸喷水自动开启。

4）紧急停机后若 MFT 动作：确认汽动给水泵、电动给水泵跳闸。辅助蒸汽切至冷再或邻机供汽，保证轴封蒸汽温度满足轴封温度与高压转子温度曲线要求。

5）紧急停机时机组负荷小于 350MW，高压旁路、低压旁路开启，按照停机不停炉处理，水泵汽轮机汽源切至冷再供汽，辅助蒸汽切至冷再供汽。

6）当润滑油系统或汽轮发电机组本体等发生故障，则需停运凝汽器真空泵，破坏主机真空加速停机，真空降到零后，切断主机、给水泵汽轮机轴封供汽，轴封蒸汽母管压力到零后停运轴加风机。

7）若为循环水中断或其他原因导致凝汽器真空异常停机，则可保留凝汽器真空泵运行且不宜破坏真空。凝汽器内压力已上升至 60kPa.a 或排汽温度已达 75℃，则应开启真空破坏阀门，停运真空泵。

8）汽轮机惰走过程中应注意机组振动、润滑油温、密封油氢差压等参数是否正常，记录惰走时间，倾听汽轮机内声音正常。

9）当主机转速降至 510r/min 时，顶轴油泵自启动；主机转速降至 120r/min 时，盘车马达自启动，超速离合器啮合后，确认盘车转速为 $48\sim54r/min$。

三、机组故障停机条件

机组发生故障还不会立即造成严重后果，应尽量采取措施予以挽回，无法挽回时应立即汇报电网调度部门和总工程师要求故障停机。

1. 锅炉遇到下列情况之一者，符合故障停炉条件

（1）锅炉承压部件发生泄漏，尚能维持运行。

（2）锅炉管壁超温，经采用降低负荷等措施仍不能恢复，并持续时间超过 5h。

（3）锅炉严重结焦，虽经处理后仍不能恢复正常运行。

（4）PCV 阀门或锅炉安全阀门存在严重缺陷不能正常动作，或启座后无法使其回座。

（5）CRT 画面显示部分参数异常，或部分设备状态失去，或部分设备手动控制功能无法实现，并将危及机组的安全运行。

（6）锅炉给水、蒸汽品质严重恶化，化学指标控制值大于二级处理值，经处理无效时。

（7）仪用压缩空气压力低于 0.35MPa，经采取措施后仍无法恢复正常压力。

2. 汽轮发电机组遇下列情况之一者，应进行故障停机

（1）高、中压主蒸汽阀门前任一侧主蒸汽温度、再热蒸汽温度超过 61℃，在 15min 内不能恢复正常。

（2）左侧、右侧的主蒸汽温度、再热蒸汽温度的差值超过 17℃，在 15min 内不能恢复正常。

（3）凝汽器真空缓慢下降，采取降负荷至零仍无效时。

（4）汽轮机轴向位移接近限值，处理后仍不能恢复正常。

（5）高压抗燃油或润滑油品质恶化、处理无效且油质重要指标已降至机组禁止启动值。

（6）所有密封油泵故障无法维持必要的油压和油位。

（7）高压抗燃油系统（EHC）、模拟量监控系统（DAS）、汽轮机监测系统（TSI）故障，致使一些重要的汽轮机运行参数无法监控，无法维持汽轮机及其辅机正常运行。

（8）发电机定子线圈漏水，无法处理。

（9）发电机定子任一线棒温度、铁芯温度超限，经处理无效。

（10）发电机定子绕组中性点附近接地，保护有报警信号。

（11）主变压器、厂总变压器有轻瓦斯报警，经取油样化验油中含氢量或总烃含量远远超过注意值。

（12）发电机励磁自动调节装置两个通道均故障，一时无法恢复。

（13）发电机负序电流大于 6%，经处理无效。

（14）发电机-变压器组保护任一出口跳闸通道故障，4h 内无法恢复。

第二节　机组综合性事故处理

一、MFT

1. 满足下列条件之一者，MFT 动作

（1）两台送风机停运。

（2）两台引风机停运。

（3）两台空气预热器均停，延时 10s。

（4）炉膛压力高高（+3kPa），延时 3s。

（5）炉膛压力低低（-3kPa），延时 3s。

（6）锅炉总风量小于或等于 25%，延时 3s。

（7）全炉膛灭火：在任意 4 个油燃烧器同时成功投运或有任一给煤机运行情况下，失去所有火焰。

（8）所有燃料失去：在有燃烧记忆的情况下，所有油角阀门关闭或进油跳闸阀门关闭且

所有给煤机全停或所有磨煤机全停（脉冲）。

（9）临界火焰丧失：在机组负荷大于40％的状况下在，已投入煤燃烧器中，探测不到煤火焰信号的燃烧器数量大于25％，延时9s。

（10）在燃烧记忆后，且无煤燃烧器投运时，炉前供油压力低低（小于0.64MPa），延时3s。

（11）主蒸汽压力高（大于30.6MPa）延时2s。

（12）火检冷却风失去（火检冷却风压力低低小于4kPa或火检冷却风机均停止运行），延时60s。

（13）任一油枪投运或磨煤机组投运后，所有给水泵全停。

（14）主给水流量低限（或）：

1）任一油枪投运或磨煤机组投运后：给水流量低于510t/h，延时20s。

2）任一油枪投运或磨煤机组投运后：给水流量低于382t/h，延时3s。

（15）再热器保护动作（或）：

1）锅炉热负荷大于20％时，A侧高压主蒸汽阀门或主蒸汽调节门关闭，且B侧高压主蒸汽阀门或主蒸汽调节门关闭且高压旁路关闭，延时10s。

2）锅炉热负荷大于20％时，A侧中压高压主蒸汽阀门或主蒸汽调节门关闭，且B侧中压高压主蒸汽阀门或主蒸汽调节门关闭且低压旁路A/B关闭，延时10s。

（16）汽轮机跳闸（或）：

1）锅炉热负荷（锅炉指令）大于35％，汽轮机跳闸。

2）锅炉热负荷（锅炉指令）小于35％，汽轮机跳闸3s后高压旁路全关，延时5s。

（17）凝汽器保护。

（18）MFT跳闸柜跳闸继电器动作。

（19）同时按下两个紧急停炉按钮。

2. MFT动作后现象

（1）主厂房声音突变，炉膛工业监视器失去火焰，机组负荷指示到零，锅炉MFT、汽轮机跳闸、发电机解列等报警、相应光字牌亮。

（2）相应辅机、辅助设备跳闸并报警、光字牌亮。

（3）主蒸汽温度、再热蒸汽温度、蒸汽流量、主蒸汽压力等参数急剧下跌。

3. MFT动作后的处理

（1）确认所有进入炉膛的燃料切断，所有磨煤机、给煤机、一次风机、密封风机跳闸，进油跳闸阀门、各油枪进油角阀门关闭，等离子系统停运。

（2）确认汽轮机跳闸，高、中压主蒸汽阀门/调节阀门、补汽阀门关闭、高压缸排气止回阀门、各抽汽止回阀门关闭，高压缸通风排汽阀门开启，汽轮机转速下降。汽轮机转速小于510r/min时，确认顶轴油泵自启动；汽轮机转速小于120r/min时，确认盘车自动投入，转速在48～54r/min盘车自动啮合。

（3）监视主蒸汽压力，必要时通过开启锅炉电磁泄压阀门来降低主蒸汽压力。

（4）确认发电机出口开关断开，励磁开关断开。

（5）确认厂用电已切至启/备变压器供电。

（6）确认过热器、再热器减温水隔离阀门、调节阀门均关闭。

（7）运行吹灰器自动退出，吹灰系统门主汽源、减温水阀门关闭。

（8）脱硝系统退出运行，喷氨快关阀门关闭。

（9）脱硫旁路烟道挡板开启。

（10）检查炉膛压力正常，确认二次风挡板在吹扫位置，调整锅炉总风量大于30%，进行炉膛吹扫。如果 MFT 后 5min 内，两组送风机、引风机均跳闸，FSSS 发出自然通风信号，联锁开相关挡板、送风机动叶、引风机静叶，在通风 15min 后才能重新启动送风机、引风机。

（11）确认二台汽动给水泵、电动给水泵跳闸。当启动分离器压力降至 11MPa 以下，启动电动给水泵向锅炉上水，建立水冷壁最小流量。如果电动给水泵不能启动，锅炉应该闷炉，以降低冷却速度。

（12）检查汽轮机油温、油压、轴承金属温度、轴向位移、振动等参数正常。

（13）检查汽轮机防进水保护动作正常。

（14）确认辅助蒸汽由相邻机组供且压力、温度正常。

（15）检查轴封蒸汽压力、温度正常。

（16）加强跳闸磨煤机的检查，以防着火。

（17）如故障可很快消除或属于误跳，立即做好启动准备。

（18）如故障不能短时间消除，应停运送风机、引风机，进行闷炉操作，让锅炉自然冷却。

二、低负荷停机不停炉

1. 现象

（1）"汽轮机跳闸"报警，机组负荷到零，现场声音突变。

（2）高压旁路快开、低压旁路开启，主蒸汽压力、再热蒸汽压力上升，可能引起锅炉安全门动作。

2. 原因

在机组启动、停机过程中或低负荷阶段，汽轮机跳闸。

3. 处理过程

（1）确认汽轮机跳闸，主机转速下降；确认高、中压主蒸汽阀门、调节阀门关闭，高排止回阀门、各抽汽止回阀门关闭，高压缸通风排汽阀门开启。

（2）确认高压旁路、低压旁路动作正常，注意减温水运行情况，监视主蒸汽压力、再热蒸汽压力，必要时调整高压旁路开度，防止高压旁路关闭引起 MFT。

（3）检查炉膛压力正常，迅速投运油枪稳定燃烧，适当减少锅炉燃料量，若燃烧不稳，无法维持运行时，应手动 MFT。如磨煤机 B 运行可投等离子点火装置稳燃。

（4）注意厂用电运行正常。

（5）维持储水箱水位（湿态时）、省煤器进口流量、主蒸汽温度、再热蒸汽温度、锅炉受热面壁温、除氧器水位等参数正常。

（6）全面检查机组运行情况，确认汽轮机润滑油压力、轴向位移、轴承振动等参数均在正常范围内。

（7）汽轮机转速降至 510r/min 时，确认顶轴油泵自启动；汽轮机转速降至 120r/min 时，确认汽轮机盘车自动投入，超速离合器啮合后主机转速在 48~54r/min。

（8）检查辅助蒸汽母管压力正常，必要时切至邻机供汽。

（9）检查轴封蒸汽压力、温度正常。

（10）确认防进水保护动作正常。

（11）除氧器加热切至辅助蒸汽供汽，保持除氧器小流量连续进水，防止除氧器水击。

（12）停机不停炉其余操作参照正常停机执行。

三、厂用电中断

1. 厂用电全部中断的主要现象

（1）锅炉 MFT，汽轮机跳闸，发电机-变压器组解列；声光报警、相应光字牌亮。

（2）控制室交流照明熄灭、直流事故照明亮起，控制室灯光变暗。

（3）厂用中压 6kV 母线"低电压"保护报警，母线电压表指示为零；低电压保护动作的相应负荷跳闸。

（4）厂房内机器设备突然全部停止运行，运转声音消失。

2. 厂用电中断的可能原因

（1）机组故障时，备用电源故障或自动投入不成功。

（2）供电中的备用电源故障。

（3）机组与电力系统同时故障。

3. 厂用电中断的处理

（1）确认发电机-变压器组 500kV 出口开关、发电机磁场开关、厂用中压母线工作电源开关自动断开，否则应手动断开。

（2）确认汽轮机高压、中压主蒸汽阀门、调节阀门关闭，补汽阀门关闭，确认高压缸排汽止回阀门、各抽汽止回阀门关闭，高压缸通风阀门开启。确认机组转速下降。

（3）确认汽轮机跳闸，汽轮机直流事故润滑油泵、发电机直流密封油泵自动启动，否则手动启动。

（4）确认给水泵汽轮机 A、B 跳闸，给水泵汽轮机直流润滑油泵自动启动，否则手动抢投。

（5）确认发电机密封油-氢差压正常。如发电机直流密封油泵投运不成功，则紧急排氢气，维持发电机内压力小于 30kPa，用二氧化碳进行置换。

（6）MFT 后确认联锁动作正常，燃油进油跳闸阀门、回油快关阀门、各油枪油角阀门关闭，一次风机、磨煤机、给煤机等跳闸。

（7）根据需要开启真空破坏阀门加速停机。如果保安电源未恢复，应到就地摇开真空破坏阀门。

（8）立即确认柴油发电机是否自启动成功，否则手动"紧急启动柴油机"；检查柴油机出口开关及 380V 保安 PC-A、PC-B 备用电源进线开关合闸是否正常，二段保安 PC 供电是否正常，负荷分级启动是否正常。

（9）确认压缩空气压力是否正常，空气压缩机冷却水水源切换至邻机供给。

（10）UPS 电源故障报警发出，已自动切至 220V 直流供电，UPS 输出不应中断。

（11）迅速检查备用电源没有自动投入的原因，若备用电源、厂用母线无故障信号发出，低电压保护动作，确认所有厂用母线上电动机负荷已跳闸。汇报有关领导，通知有关专业人员，在确认相关一次设备无故障后，经有关领导批准方可试送。

（12）关闭有压疏水和隔离可能倒入凝汽器的热源，真空到零后及时切断主机轴封、给水泵汽轮机轴封汽源，注意凝汽器压力，尽量避免低压缸防爆膜破裂。

（13）汽轮机惰走期间，应注意倾听机组各部分声音正常，检查汽轮机的轴承振动、轴向位移等参数，并确认各轴承回油温度下降。

（14）根据主机油温情况，必要时将主机冷油器切至并列位置运行。开启化学取样系统闭式水事故冷却水阀门，注意闭式水箱水位。

（15）确认空气预热器热端密封扇形板是否返回到最高位，否则手动摇起；因厂用电中断使空气预热器的转子停转应及时联系检修手动盘动转子，防止受热面发生热变形。

（16）确认辅助蒸汽系统运行正常，辅助蒸汽由其他正常机组供应。

（17）若汽轮机房有水击声，应尽快查明原因予以消除。

（18）厂用电中断时，除根据情况必须操作的项目外，一般维持设备原状，待厂用电恢复后，根据需要启动。

4. 机组 380V 保安 PC 母线恢复供电以后，应检查或操作的主要项目如下

（1）确认主机交流润滑油泵、二台顶轴油泵自启，否则手动启动，停运主机直流事故油泵，视主机转速情况，确认主机盘车投运正常。记录汽轮机惰走时间。

（2）启动发电机交流密封油泵，停运直流密封油泵，确认密封油-氢差压正常。

（3）启动两台给水泵汽轮机的交流油泵，停运给水泵汽轮机直流润滑油泵，启动汽动给水泵密封水泵，投运给水泵汽轮机盘车。

（4）恢复 UPS 装置的正常运行方式，并确认无异常情况。

（5）恢复 220V 直流、110V 直流的正常运行方式，并确认无异常情况。

（6）启动火检冷却风机 A（或 B），停运直流火检冷却风机。

（7）确认交流事故照明投用正常，电梯运行正常。

（8）启动空气预热器主电动机，确认空气预热器运行正常。

（9）全面检查机组情况，记录汽轮机润滑油供油温度最高值、低压缸排汽温度最高值、发电机定子线圈及铁芯温度的最高值。

（10）详细记录有关保护动作情况，在恢复厂用电之前，对相应设备电源开关状态进行检查，以防送电后自启动。

（11）详细记录事故处理过程，汇报有关领导。

（12）注意事项：厂用电中断是机组极为恶劣的事故工况之一，当发生厂用电中断时，除按上述步骤处理外，机组人员应争取第一时间汇报值长、有关领导，处理过程中加强信息沟通，并设法尽早通知运工和检修人员，以得到技术支持。

四、压缩空气失去

1. 现象

（1）报警画面上"压缩空气压力低"声光报警，CRT 上发出报警。

（2）CRT 及其就地显示压缩空气压力下降。

（3）所有气动阀门、挡板控制动作失灵或错误动作。

2. 原因

（1）运行的空气压缩机故障，各备用空气压缩机自动或手动投不上。

（2）压缩空气管路爆破，无法维持气压。

（3）干燥器前、后差压大，滤网脏。

（4）压缩空气系统有关安全阀门动作后卡涩不回座。

（5）检修用压缩空气有大用户，用气量猛增。

（6）总气源阀门被误关。

（7）空气压缩机电源失去。

（8）空气压缩机冷却水失去。

3．处理

（1）压缩空气压力下降时，应立即查明原因，误操作应立即纠正。如果备用空气压缩机未自动启动，则迅速到就地复归报警信号后抢投空气压缩机。

（2）压缩空气压力下降时，应密切注意各运行工况，尽量维持机组负荷稳定，有关设备应切至手动调节。当机组主要参数失控，危及机组安全运行时，应立即故障停机或紧急停机。

（3）若压缩空气压力下降至0.6MPa，检查检修用压缩空气储气罐进口电动阀门自动关闭，否则手动关闭。

（4）当压缩空气压力降至0.35MPa且无法恢复时，应故障停炉。

（5）若由于闭式冷水系统故障导致空气压缩机运行不正常，应立即将冷却水源切换至邻机。

（6）压缩空气压力下降或失去时，应严格监视轴封汽压力、凝汽器真空等重要参数的运行限额；严密注意主机供油温度及发电机氢气温度，以及各加热器的水位，必要时切换至手动调节。

（7）压缩空气压力下降或失去时，汽动给水泵、电动给水泵及凝结水泵再循环阀门、除氧器溢流阀门将开启，此时要注意调整凝结水与给水的流量。

（8）压缩空气压力下降或失去时，应注意机组各疏水阀门状态，必要时隔离高温高压疏水一次阀门。

（9）当压缩空气系统爆破，大量泄漏无法隔离时，应故障停机。隔离有关总阀门，以确保相邻机组的安全运行。

（10）当压缩空气气源中断后，如关闭型调节阀门无法关闭，应立即关闭调节阀门前后隔离阀门；如全开型调节阀门无法开启时，应立即开启其旁路阀门，以确保机组安全停运。

（11）当压缩空气气源恢复时，调节阀门应切至手动调节，消除偏差后方可投入自动。

五、闭式水系统故障

1．常见故障类型

（1）闭式冷却水中断。

（2）闭式冷却水母管压力下降或晃动。

（3）闭式冷却水箱水位低。

（4）闭式冷却水泵振动大。

（5）闭式冷却水泵电机电流异常增大。

（6）闭式冷却水系统管路泄漏。

（7）闭式冷却水水质变差。

（8）闭式冷水泵进口滤网脏堵，差压大。

2. 闭式冷却水中断处理

（1）闭式水泵故障跳闸，闭式水泵备用泵应自启动，若自启动不成功应进行抢投。抢投不成功，则手动 MFT。

（2）立即将空气压缩机冷却水等公用系统用户切至邻机供水。

（3）严密监视汽轮机润滑油温度和各轴瓦温度。注意发电机氢、油、水系统的温度变化，必要时将汽轮机冷油器切至并列运行或开启冷油器出口管道放水阀门，注意闭式水箱水位，并加强对水箱补水。

（4）闭式水中断时，应做好循环水中断的事故预想，机组跳闸后确认高压旁路、低压旁路关闭，隔离高压疏水、中压疏水至凝汽器相关隔离阀门。

（5）闭式水中断后，应停运凝结水泵、电动给水泵、引风机、锅炉启动循环泵等转速较高的辅机，并严密监视轴承、线圈温度。

（6）开启取样冷却器事故冷却水阀门。

3. 闭式水母管压力下降的处理

（1）闭式水母管压力下降时，应检查闭式水泵出口压力、闭式水箱水位、闭式水泵进口滤网及有关放水阀门、管路等工作情况，并做相应处理。

（2）若闭式水泵出力不足，应确认闭式水泵备用泵自启，否则手动启动。

4. 闭式水母管压力晃动的处理

（1）若闭式水母管压力晃动并伴有闭式水泵电流晃动，应立即检查闭式水箱水位是否过低、进口滤网是否堵塞、或泵是否汽蚀或进空气。

（2）若是闭式水箱水位低，应及时补水至正常，同时检查补水调节阀工作是否正常，必要时开启补水阀的旁路阀门；检查闭式水系统是否有漏水现象。

（3）若是进口滤网堵塞，则切至闭式水泵备用泵运行，联系检修清洗滤网。

（4）若是闭式水泵内进空气，则根据情况，打开泵体放气阀门进行放气，严重汽化时应立即切换至闭式水泵备用泵运行。

5. 闭式冷水泵振动大处理

（1）检查闭式冷水泵内是否发生汽蚀。

（2）检查闭式冷水泵组轴承及泵内是否有异声。

（3）发生上述异常，应立即切换至备用闭式冷水泵运行。

（4）电机电流异常增大，应切换至备用闭式冷水泵运行。

（5）闭式冷水系统管路泄漏时，应加强对闭式冷水箱的补水和监视。在不影响机组正常运行的情况下，进行隔离并通知检修处理。若闭式冷水箱水位无法维持，导致闭式冷水泵跳闸，则按闭式冷水中断处理。

（6）若闭式冷却水的水质变差，应确认补充水水质是否合格，检查有关闭式水热交换器有否泄漏。同时对闭式水系统进行换水，将闭式水水质换至正常（导电度小于 $10\,\mu S/cm$，pH 值为 $10.5\sim11$）。

（7）闭式水系统发生故障，应及时通知除灰脱硫运行值班人员，关注 FGD 增压风机等设备的运行情况。

六、蒸汽参数异常

1. 主蒸汽压力、再热蒸汽压力异常的现象

(1) CRT及有关指示表计、记录仪、趋势曲线指示偏离正常值。

(2) CRT上相应报警画面报警。

(3) 机组负荷变化。

(4) 轴向位移变化。

(5) 主蒸汽压力、再热蒸汽压力异常原因。

(6) CCS故障或人工调节不当。

(7) 机组负荷突变。

(8) 高压加热器隔离。

(9) 锅炉辅机运行异常。

(10) 煤质突变。

(11) 安全门错误动作启座或严重内漏造成主蒸汽压力、再热蒸汽压力低。

(12) 高压旁路、低压旁路错误开启或严重内漏造成主蒸汽压力低。

(13) 高压、中压主蒸汽阀门或调节阀门故障，不正常的开大或关小。

(14) 主蒸汽、再热蒸汽系统严重泄漏。

(15) 给水系统异常。

(16) 抽汽系统异常。

2. 主蒸汽压力、再热蒸汽压力异常的处理

(1) 机组协调故障时，应立即切手动调整。

(2) 若负荷调节速度过快，应降低负荷变化率。若RB等工况引起的负荷突变，应分别按有关规定处理。

(3) 高压加热器保护动作，应及时调整机组出力。

(4) 如果主蒸汽安全门无法回座或严重内漏无法恢复正常时，应故障停炉。

(5) 若因燃烧系统异常造成主蒸汽压力异常，及时调整处理。

(6) 若因给水系统异常造成主蒸汽压力异常，应及时切为手动处理。

(7) 若因高压旁路、低压旁路严重内漏、高压、中压主蒸汽阀门或调节阀门故障造成主蒸汽压力、再热蒸汽压力异常，应通知检修进行处理，若处理无效，应故障停机。

3. 主蒸汽、再热蒸汽温度异常的现象

(1) CRT及有关指示表计、记录仪及趋势曲线指示偏离正常值。

(2) CRT上相应报警画面报警。

(3) 轴向位移异常。

(4) 机组负荷变化。

4. 主蒸汽温度异常的原因

(1) CCS协调控制系统故障或人工调节不当。

(2) 烟气挡板或减温水调节系统故障。

(3) 高压加热器保护动作，引起给水温度突变。

(4) 煤质变化或其他原因引起，燃水比严重失调。

(5) 锅炉结焦或积灰，锅炉吹灰器投运。

（6）锅炉辅机运行异常，引发机组 RB 等。

（7）机组负荷突变。

（8）主蒸汽系统受热面或管道严重泄漏。

5. 主蒸汽、再热蒸汽温度（机侧）异常的处理

（1）机组协调故障造成燃水比失调应立即切至手动调节，根据当前需求负荷决定调整燃料量或给水量。为防止加剧系统扰动，当燃水比失调后应尽量避免煤和水同时调整。当燃水比调整相对稳定后再进一步调整负荷，调整过程中应注意顶棚过热器出口汽温及过热度的变化情况。

（2）锅炉燃烧工况发生大幅度扰动（如发生 RB 或一台以上制粉系统发生跳闸）或当给水系统故障（如一台给水泵跳闸、高压加热器解列等）时，应密切注意机组协调系统和蒸汽温度自动调节的工作状况，必要时切为手动进行调整。

（3）当炉膛严重结焦和积灰造成主蒸汽温度异常应及时进行炉膛和受热面吹灰。

（4）如炉膛结焦和积灰严重的情况下进行吹灰，吹灰时应密切监视受热面温度的变化，必要时可切至手动进行调整。

（5）主蒸汽、再热蒸汽温度达 608℃报警，应将蒸汽温度调至正常。

（6）在额定蒸汽压力下，主蒸汽、再热蒸汽温度下降到 575℃时，10min 内应恢复蒸汽温度至正常范围。虽经调整仍不能升温时，应降低主蒸汽汽压力及机组负荷。必须保证主蒸汽温度有 150℃以上的过热度，主蒸汽温度高于相应汽缸第一级金属温度 50℃。

（7）高压缸排汽温度应控制不超过 384℃，一年累计时间不得超过 80h，每次运行时间不得超过 15min，否则故障停机。

（8）机组正常运行或启停机及变工况过程中，主蒸汽温度 10min 内连续下降 50℃应紧急停机，并及时开启有关疏水阀门。

6. 再热汽温度异常的原因

（1）烟气挡板或减温水调节系统故障。

（2）喷燃器层改变，引起炉膛火焰中心的变化。

（3）高压加热器保护动作，引起给水温度突变。

（4）锅炉结焦或积灰，锅炉吹灰器投运。

（5）锅炉辅机运行异常，引发机组 RB 等。

（6）机组负荷突变。

（7）再热汽系统受热面或管道严重泄漏。

（8）锅炉配风不合理。

七、管道故障

（1）主蒸汽、再热蒸汽、给水、主凝结水、抽汽管道（或法兰、阀门）破裂而不能隔离时的处理，一般按故障停炉处理，但在严重威胁人身或设备安全时，应作紧急停炉处理。在停机的同时，尽快隔离发生故障部分的管路，必要时开启机房的窗户排汽，管子爆破时，切勿乱跑，以防被汽、水烫伤。蒸汽管道或其他管子破裂可以隔离并维持机组运行时，应立即进行隔离，及时调整机组的运行方式，同时联系检修处理。

（2）蒸汽管道及其他管子破裂，虽然不能隔离，但并不威胁机组运行及人身安全，应及时汇报值长，由值长决定处理方案。

（3）制粉系统漏粉、跑粉时，联系检修处理，泄漏严重时停磨处理；燃油系统漏油时应马上隔离，停运油枪或燃油泵，并联系检修消缺。及时清扫泄漏区域。

（4）锅炉水冷壁、省煤器、过热器、再热器管泄漏参见"锅炉异常运行及常见事故处理"有关章节进行处理。

（5）蒸汽管路发生水击，应进行疏水并查明原因，设法消除。

（6）抽汽管道发生水击，除作上述处理外，必须仔细检查除氧器、加热器水位和加热器疏水是否正常，钢管是否破裂。除氧器、加热器故障按有关规定执行。

（7）蒸汽及给水、凝结水管路发生较大振动时，应检查支架及蒸汽管的疏水情况，如威胁有关设备时，应联系减负荷或做必要的隔离工作。若主蒸汽、再热蒸汽管道振动，应注意主蒸汽、再热蒸汽温度变化，严防汽轮机水击。

（8）若有高压介质倒入低压管路，应先将高压侧隔绝，以防低压管子炸裂。

（9）管道故障的隔离原则：

1）尽量不停运设备。

2）隔离时应先关介质来侧阀门，后关介质送出侧阀门。

3）先隔离近事故点阀门，如因汽、水弥漫而无法接近事故点，可扩大隔离范围，待允许后再缩小隔离范围。

第三节　机组辅机故障减负荷

一、RB 的定义

至少 4 层给煤机在运行，且负荷大于 55%BMCR，由于锅炉或汽轮机主要辅机故障跳闸而发生的快速减负荷。

二、RB 的种类

（1）在 CCS 方式，两台送风机运行时一台跳闸，负荷自动减至 500MW。

（2）在 CCS 方式，两台引风机运行时一台跳闸，负荷自动减至 500MW。

（3）在 CCS 方式，两台一次风机运行时一台跳闸，负荷自动减至 500MW。

（4）在 CCS 方式，两台空气预热器运行时一台跳闸，负荷自动减至 500MW。

（5）在 CCS 方式，两台汽动给水泵运行时一台跳闸，负荷减至 500MW。

（6）磨煤机跳闸 RB。

三、送风机或引风机 RB

1. 现象

（1）报警画面上相应风机跳闸和"RB"声光报警，CRT 上显示相应风机已跳闸。

（2）运行中的一台送风机（或引风机）跳闸，联跳对侧引风机（或送风机）。

（3）机组负荷指令以 1000MW/min 的速率快速降至 500MW。

（4）保留三台磨运行，其余磨联锁跳闸，跳磨顺序为 C、E、F，时间间隔为 10s。

（5）炉膛负压波动，蒸汽流量下降，发电机功率下降。

2. 原因

两台送风机或引风机运行时，一台跳闸。

3. 处理

（1）确认机组控制方式自动切至 TF。

（2）确认跳闸送风机（或引风机）对应侧引风机（或送风机）联锁跳闸，跳闸风机的相关挡板联锁关闭正常。

（3）检查运行的引、送风机调节挡板或动叶自动开大，注意电流在额定值内，检查炉膛负压、锅炉总风量等参数。

（4）因磨煤机跳闸及其煤量波动，引起一次风量剧烈变化，注意监视母管风压变化及一次风机运行情况。

（5）检查 CCS 负荷指令减至相应值，确认汽轮机高压调门快速动作以维持主汽压与滑压曲线相符。

（6）确认只保留三台磨运行，其他磨已联锁跳闸，燃料量与负荷指令对应，注意燃水比、顶棚过热器出口汽温的变化，监视、调整主、再热蒸汽温度，防止燃水比严重失调造成汽压和汽温大幅度的波动。

（7）注意燃烧工况，必要时投入油枪助燃。如磨煤机 B 运行可投等离子点火装置稳燃。

（8）检查一、二级过热器减温水调节阀自动关小，确认再热汽温调节正常，监视主、再热蒸汽温度。

（9）检查除氧器水位调节、轴封汽压力、温度正常，检查主机振动等参数均在正常范围内。

（10）RB 工况发生时，机组负荷在 550MW 及以上时，应确认 FGD 旁路挡板快开正常。

（11）联系检修，尽早查出故障原因，故障消除后重新启动跳闸设备，恢复机组正常运行。

四、一次风机跳闸引起 RB

1. 现象

（1）报警画面上"一次风机跳闸""RB"声光报警，CRT 上显示一台一次风机跳闸。

（2）机组负荷指令以 1000MW/min 快速降至 500MW。

（3）保留三台磨运行，其他磨联锁跳闸，跳闸顺序为 C、E、F，时间间隔为 10s。

（4）一次风压波动，蒸汽流量下降，发电机功率下降。

2. 原因

两台一次风机运行时一台跳闸。

3. 处理

（1）确认机组控制方式自动切至 TF。

（2）确认跳闸的一次风机出口挡板和动叶关闭，运行的一次风机动叶自动开大，注意电流小于额定值，检查一次风压在正常范围内。

（3）确认保留三台磨运行，其他磨已联锁跳闸并自动隔离，燃料量与负荷指令对应，注意燃水比、顶棚过热器出口汽温的变化，监视，调整主、再热蒸汽温度，防止燃水比严重失调造成汽压和汽温大幅度的波动。

（4）注意燃烧工况，必要时投入油枪助燃。如磨煤机 B 运行可投等离子点火装置稳燃。

（5）检查 CCS 负荷指令减至相应值，汽轮机调门快速关小以维持主汽压与滑压曲线相符。

（6）检查一、二级过热器减温水调节阀自动关小。如有必要，关闭一、二级过热器减温水电动隔离阀。确认再热汽温调节正常。

（7）检查除氧器水位调节、轴封汽压力、温度正常，检查主机振动等参数均在正常范围内。

（8）联系检修，尽早查出故障原因，故障消除后重新启动跳闸设备，恢复机组正常运行。

五、空气预热器跳闸 RB

1. 现象

（1）报警画面上"空气预热器跳闸"报警和"RB"声光报警，CRT 上显示故障空气预热器的主马达和备用马达均跳闸。

（2）对应侧送、引风机如果冷二次风联络挡板关闭状态则跳闸，否则自动减出力；对应侧一次风机如果冷一次风联络挡板关闭状态则跳闸，否则自动减出力。

（3）跳闸空气预热器的二次风侧、一次风侧进、出口挡板联锁关闭。

（4）跳闸空气预热器的烟气进口挡板、电除尘出口挡板联锁关闭，对应侧电除尘跳闸。

（5）保留三台磨煤机运行，其他磨联锁跳闸，跳磨顺序为 C、E、F，时间间隔为 10s。

（6）一、二次风母管压力下降，风机出口压力上升。

（7）炉膛负压、一次风压波动，蒸汽流量下降，发电机功率下降。

2. 原因

两台空气预热器运行时一台跳闸。

3. 处理

（1）确认机组控制方式自动切至 TF。

（2）确认跳闸空气预热器对应侧的送、引风机、一次风机跳闸或自动减出力，严密监视送、引风机，一次风机运行工况，防止失速，注意风压和炉膛负压。

（3）确认跳闸空气预热器对应电除尘跳闸，烟气进口挡板、电除尘出口挡板，二次风侧、一次风侧进、出口挡板联锁关闭。

（4）检查 CCS 负荷指令减至相应值，汽轮机调门快速关小以维持主汽压与滑压曲线相符。

（5）确认相应磨煤机已联锁跳闸，保留三台磨运行，负荷减至 500MW。燃料量与负荷指令对应，注意燃水比、顶棚过热器出口汽温的变化，监视、调整主、再热蒸汽温度，防止燃水比严重失调造成汽压和汽温大幅度的波动。

（6）确认跳闸空气预热器 LCS 扇形板已退至最高位，其余按空气预热器停转处理。

（7）联系检修，尽早查出空气预热器故障原因，故障消除后重新启动跳闸设备。

六、给水泵 RB

1. 现象

（1）报警画面上给泵跳闸和"RB"声光报警，CRT 上显示相应给泵跳闸。

（2）磨煤机保留三台运行，其他磨联锁跳闸，跳磨顺序为 C，E，F，时间间隔为 10s。

（3）炉膛负压、一次风压、主、再热汽温等参数大副波动，蒸汽流量下降。

2. 原因

二台运行的给水泵一台跳闸。

3. 处理

（1）确认机组控制自动切至 TF 方式。

（2）确认跳闸给泵联锁动作正确，给水泵汽轮机转速下降；注意运行给泵、给水泵汽轮机各参数正常。

（3）注意燃水比、顶棚过热器出口汽温的变化，监视、调整主、再热蒸汽温度，防止燃水比严重失调造成汽压和汽温大幅度的波动。

（4）检查 CCS 负荷指令减至相应值，汽轮机调门快速关小以维持主汽压与滑压曲线相符。

（5）检查一、二级过热器减温水调节阀自动关小，如有必要，关闭一、二级过热器减温水电动隔离阀。确认再热汽温调节正常。

（6）检查主机轴承振动、轴向位移、油温等参数在正常范围内。

（7）检查除氧器水位、轴封汽参数、汽动给水泵密封水系统等参数正常。

（8）联系检修，查出故障原因，故障消除后重新启动跳闸设备，恢复机组正常运行。

七、磨煤机 RB

1. 现象

（1）报警画面上磨煤机跳闸和"RB"声光报警，CRT 上显示相应磨煤机跳闸。

（2）若机组运行方式在 CCS 方式，负荷指令以 1000MW/min 快速降至相应值。

（3）蒸汽流量下降，发电机功率下降。

2. 原因

（1）三台磨运行且机组负荷大于或等于 400MW 时，其中一台磨跳闸，带 400MW 负荷。

（2）四台磨运行机组负荷大于或等于 600MW 时，其中一台磨跳闸，带 600MW 负荷。

（3）五台磨运行机组负荷大于或等于 800MW 时，其中一台磨跳闸，带 800MW 负荷。

3. 处理

（1）检查 CCS 负荷指令减至相应值，汽轮机调门快速关小以维持主汽压与滑压曲线相符。

（2）确认跳闸磨煤机已自动隔离，运行磨参数正常。

（3）注意锅炉燃烧工况及燃水比、顶棚过热器出口汽温的变化，监视调整主、再热蒸汽温度。

（4）检查一、二级过热器减温水调节阀自动关小。如有必要，关闭一、二级过热器减温水电动隔离阀。确认再热汽温调节正常。

（5）检查除氧器水位调节、轴封汽压力、温度正常。

（6）检查主机振动、轴向位移等参数均在正常范围内。

（7）联系检修，尽早查出故障原因，确认故障消除后重新启动跳闸设备，恢复机组正常运行。

第四节　锅炉异常运行及常见事故处理

一、锅炉灭火放炮

1. 锅炉灭火原因

（1）煤质低劣或煤种突然变化，挥发分减少，灰分和水分增加，未及时调整。

（2）锅炉负荷过低，未投油枪或等离子助燃，负荷波动时操作调整不当。

（3）炉膛温度低，炉膛负压过大或一次风速过高。

（4）制粉系统故障，致使进入炉膛煤量突然减少。

（5）水冷壁严重爆管吹灭火焰。

（6）锅炉塌焦严重，火焰被压灭。

2. 锅炉灭火预防

（1）燃用单一煤种时，控制燃煤发热量最低为 19 200kJ/kg，挥发分不宜低于 21.81%。

（2）混煤燃烧时，控制混煤低位发热量在 21 000～23 000kJ/kg，低位发热量低于 18 000kJ/kg 的煤一般不能选择作为混煤煤种。

（3）根据燃用煤种及时调整磨煤机出口风温和风量。燃煤挥发分小于 25% 时，磨煤机出口温度应大于 75℃，一次风量与煤量的比值不宜过大偏离磨煤机风量控制曲线。

（4）当制粉系统故障或跳闸等原因引起燃烧不稳时，应立即投入对应层的点火油枪进行助燃。

（5）当机组负荷低于 400MW 时，为防止低负荷燃烧不稳定，应投油或投等离子助燃。

（6）在机组负荷小于 500MW 时，不得进行炉膛吹灰。

（7）合理吹灰，避免炉膛严重结渣造成大规模掉渣引起熄火。

二、锅炉外爆

1. 锅炉外爆原因

（1）锅炉点火前炉膛没有完全吹扫。

（2）在锅炉闷炉期间有燃料进入炉膛。

（3）锅炉实际已熄火，灭火保护动作不正常，燃料未及时完全切断，有点火源。

2. 防止外爆的措施

（1）在 MFT 复归前，必须进行充分吹扫，在点火前不允许旁路炉膛吹扫和燃油泄漏试验联锁。

（2）在锅炉跳闸时，确保没有燃料进入炉膛。

（3）一次风机、密封风机跳闸。

（4）磨煤机、给煤机跳闸，磨煤机出口快关阀、进口冷、热风隔离挡板快速严密关闭。

（5）进油跳闸阀、回油快关阀、各油枪油角阀立即严密关闭。

（6）当炉膛已经灭火或已局部灭火并濒临全部灭火时，禁止投油枪或其他点火源强制点火。

（7）不得强制火焰检测器，定期对火焰检测器进行检查。

（8）启停磨煤机时一定要满足磨煤机点火能源要求，禁止采用强制点火能源启动磨煤机，启动第一台磨煤机（非等离子）时，在满足磨煤机点火能源的条件下，同时炉膛应有足够高的温度，二次风温应达到 180℃ 左右。

（9）锅炉燃烧不稳，炉膛负压波动，火焰监视工业电视都失去火焰，应立即手动 MFT。

三、水冷壁管损坏

1. 现象

（1）"锅炉四管泄漏"报警。

（2）分离器压力不同程度下降，给水流量不正常地大于蒸汽流量，机组补水量上升。

（3）炉膛内有泄漏声，水冷壁爆破时有显著响声，严重时从不严密处漏出蒸汽和炉烟。

（4）引风机进口静叶不正常地开大，电流增加。

（5）炉膛燃烧不稳，火焰亮度减弱。

（6）烟气温度下降。

（7）水冷壁管温度偏差可能增大。

（8）炉膛压力升高。

2. 原因

（1）给水品质不符合标准，长期运行造成管内腐蚀或结垢。

（2）水冷壁管内有异物，或水动力工况不正常，造成管内工质质量流速下降。

（3）管子制造、安装、检修、焊接质量不合格或材质不符合要求。

（4）开停机时温度控制不当，热应力过大，管子拉坏。

（5）吹灰器安装、运行不良，造成管壁吹损。

（6）水冷壁膨胀不畅。

（7）由于投用的燃烧器数目不合理而造成燃烧器区域热负荷过高而引起水冷壁局部过热。

（8）炉膛严重结焦，使管子受热不均。

（9）水冷壁严重超温。

3. 预防

（1）锅炉开停机过程中应严格控制锅炉的升温、升压率。

（2）锅炉上水时水温和上水速度应严格按规定执行。

（3）合理投用燃烧器，保证火焰中心适宜，不冲刷水冷壁，防止炉膛结渣，减少热偏差，避免水冷壁局部过热，同时要注意控制好风量，避免风量过大或缺氧燃烧。

（4）合理投运吹灰器，防止锅炉结渣。投用吹灰器前，吹灰汽母管应充分疏水，不得随意提高吹灰器压力，运行中应加强对吹灰器的监视，防止吹灰器卡涩或枪管漏汽漏水损坏受热面。

（5）锅炉结渣时，应及时进行吹灰、减负荷、更换煤种和燃烧调整等方式，防止形成大渣块掉落砸坏冷灰斗水冷壁管。

（6）控制水质，防止水冷壁结垢，定期对水冷壁管进行酸洗。

4. 处理

（1）锅炉尽快减负荷降压运行，通知有关人员确认漏点。

（2）如水冷壁管子损坏不大，能维持锅炉燃烧稳定及主、再热蒸汽温度在正常水平，可允许在减负荷降压情况下作短时间运行，此时应加强对汽温、过热器壁温、燃水比及炉内燃烧工况的监视，并汇报调度要求故障停炉。

（3）如水冷壁损坏严重时导致工质温度或壁温超限，无法维持正常运行，应紧急停炉。

（4）加强空气预热器吹灰。

（5）停炉后，可维持一组送、引风机运行，待蒸汽基本排除后停运。

（6）停炉后，电除尘应尽快停运，防止电极积灰。

四、省煤器管损坏

1. 现象

（1）"锅炉四管泄漏"报警。

（2）给水流量不正常地大于蒸汽流量，机组补充水量增加。

（3）燃水比不正常地变大。

（4）泄漏处附近有异声，泄漏点后烟温下降。

（5）炉膛压力升高，引风机静叶调节挡板不正常地开大，电流增加。

（6）严重时省煤器灰斗有水溢出。

（7）省煤器两侧烟温差增大，空气预热器两侧风烟温差增大。

2. 原因

（1）管子制造焊接质量不良。

（2）给水品质长期不合格，导致管内结垢。

（3）安装或检修时管子内部被异物堵塞。

（4）省煤器区域发生二次燃烧而导致管子过热。

（5）飞灰磨损，低温腐蚀。

（6）吹灰器运行不良，造成管壁吹损。

3. 预防

（1）锅炉上水时水温和上水速度应严格按规定执行。

（2）投用吹灰器前，吹灰汽母管应充分疏水，不得随意提高吹灰汽压力。加强对吹灰器的监视，防止吹灰器卡涩或枪管漏汽漏水损坏受热面。

（3）合理投运吹灰器，防止省煤器区域积灰。

（4）控制水质，防止省煤器管内结垢。

4. 处理

（1）锅炉尽快减负荷降压运行，通知有关人员确认漏点，加强对各受热面沿程温度和故障点监视，汇报调度及有关领导，要求尽早故障停炉。

（2）严密监视省煤器、水冷壁壁温等参数，避免超温。

（3）停炉后，可维持一组送、引风机运行，待蒸汽基本排除后方可停运。

（4）加强空气预热器吹灰。

（5）加强省煤器灰斗排放，避免水带入 SCR 催化剂。

（6）停炉后，电除尘应尽快停运，防止电极积灰。

（7）停炉后，应尽快将电除尘、省煤器下部灰斗中的灰清出，以防堵塞。

五、过、再热器管损坏

1. 现象

（1）"锅炉四管泄漏"报警。

（2）主蒸汽或再热蒸汽压力下降，给水流量不正常地大于蒸汽流量，机组补水量上升。

（3）泄漏处附近有异声。

（4）严重时炉膛压力升高，从不严密处向外喷烟气。

（5）引风机进口静叶不正常地开大，电流增加。

（6）过热器或再热器两侧蒸汽温度（减温水量）偏差异常，故障点后管壁温度升高。

（7）过热器或再热器泄漏侧烟气温度下降。

2. 原因

（1）过热器、再热器管长期超温或短时严重超温。

（2）吹灰器安装位置不正确，吹灰蒸汽压力过高或带水，管子被吹损。

（3）尾部烟道过热器、再热器飞灰磨损，防磨板脱落。

（4）低负荷时，减温水调节阀开关幅度过大，使过热器、再热器发生水塞引起过、再热器管损坏。

（5）锅炉启停阶段对过热器、再热器冷却不够。

（6）过热器处发生可燃物二次燃烧。

（7）制造，安装、检修质量不好或使用材质不合格。

（8）过热器管内有异物堵塞。

（9）锅炉启动阶段，锅炉储水箱水位控制不当，造成蒸汽带水。

3. 预防

（1）定期使用炉膛吹灰器，确保炉膛的吸热量，防止过热器和再热器管壁超温。

（2）吹灰器投用前应充分疏水，不得随意提高吹灰器压力，加强对吹灰器的监视，防止吹灰器卡涩或枪管漏汽、漏水而损坏受热面。

（3）合理使用吹灰器，防止过热器和再热器的积灰、结渣。

（4）操作过热器和再热器减温水时，幅度不应太大，保证减温器出口蒸汽温度应有15℃以上的过热度。

（5）进行合理的燃烧调整，避免锅炉两侧烟气温度和蒸汽温度出现大的偏差，防止局部区域管壁温度超限。

（6）控制汽水品质，防止管内结垢。

（7）在锅炉启动阶段，应确保过热器和再热器内有蒸汽流通，在再热器流量尚未完全建立之前，应控制炉膛出口温度小于540℃。

（8）利用停炉机会，加强对各受热面吹损和磨损情况的检查，重点对容易形成烟气走廊区域和吹灰器区域受热面的检查，及早发现问题、及早进行处理。

（9）加强对过热器、再热器壁温的监视，发现超温应及时进行调整，并分析原因。

（10）合理进行燃烧调整，尤其在锅炉启动投油阶段，防止未燃尽燃料在对流受热面上沉积。

（11）锅炉启动阶段，应严格控制锅炉储水箱水位，尤其是在锅炉汽水膨胀阶段，防止因水位过高而造成蒸汽带水。

4. 处理

（1）过热器或再热器管损坏不严重时，应降低蒸汽压力及负荷，可维持短时运行，并汇报调度及有关领导，要求尽早故障停炉。

（2）在维持运行期间，应加强对泄漏点的监视，防止故障扩大。

（3）若过热器或再热器管壁超温时，经各种手段调整后仍超限，应降低负荷。

（4）如过热器或再热器管严重爆破时，应紧急停炉。

（5）加强空气预热器吹灰。

（6）停炉后，保留一台引风机运行维持炉膛负压正常，待蒸汽消失后，停止引风机，保持自然通风。

六、尾部烟道二次燃烧

1. 现象

（1）在烟道门孔等不严密处冒烟或冒火星。

（2）空气预热器处二次燃烧时，空气预热器外壳发热或烧红，空气预热器火警报警，空气预热器电动机电流晃动，严重时发生转子卡涩。

（3）发生二次燃烧的区域烟气和工质温度异常升高，空气预热器进出口烟温不正常地升高，空气预热器出口风温升高。

（4）烟道及炉膛负压剧烈变化，一、二次热风温度和排烟温度急剧升高，省煤器出口氧量指示异常减小。

2. 原因

（1）燃烧调整不当或煤粉过粗，使着火不完全的煤粉沉积于烟道。

（2）油雾化或着火不良，使未燃尽的炭黑和油滴沉积在烟道内。

（3）锅炉低负荷运行时间过长，煤粉燃油在尾部积聚。

（4）点火前和停炉后锅炉吹扫不充分。

（5）冷炉投运等离子装置，部分煤粉颗粒未燃尽沉积于烟道等部位。

3. 处理

（1）运行人员如发现尾部烟道温度或空气预热器进出口烟温不正常地升高或空气预热器着火报警时，应立即检查原因，加强尾部烟道吹灰，确认是否发生了二次燃烧。

（2）检查确认锅炉尾部烟道内发生了二次燃烧时：

1）立即手动 MFT，确认一次风机停运并停止送、引风机运行，严密关闭各风门挡板，投入二次燃烧区域附近的吹灰器，用蒸汽进行灭火。

2）当确认着火已被熄灭后，可停止吹灰器运行，谨慎开启挡板、风门，启动引风机、送风机，进行必要的吹扫。

3）锅炉冷却后进行内部检查，确认设备正常后方可重新启动。

（3）当确认一台空气预热器着火时：

1）迅速降低机组负荷至 50%，关闭该空气预热器的风烟挡板、保持空气预热器转动，以水冲洗的方式进行灭火，投入该空气预热器冷、热端的二台喷淋装置，开启风烟道放水阀。

2）确认空气预热器内着火熄灭后，方可停止水冲洗装置运行，用吹灰器对空气预热器充分吹扫后检查空气预热器未损坏后，方可将其投运。

3）停止水冲洗装置运行，充分放尽该空气预热器风烟道存水。

4）经过上述灭火处理，仍不能灭火时使空气预热器出口烟温上升至 200℃应紧急停炉。

七、过热器、再热器管壁温度超限

1. 现象

CRT 上显示过热器、再热器管壁温度超限报警。

2. 原因

(1) 投运上几层燃烧器，使炉膛燃烧中心上移、出口烟温升高。

(2) 水冷壁受热面严重结渣。

(3) 锅炉内燃烧工况扰动，如：升、降负荷。启动、停止磨煤机。

(4) 锅炉内燃烧存在偏差，风、粉配比失调。

(5) 受热面管子泄漏、堵塞。

(6) 煤种影响，如燃用含碳量较高的煤种。

(7) 尾部烟道烟气挡板开度变化。

(8) 高压加热器未投，给水温度低。

(9) 主蒸汽温度、再热蒸汽温度超限，燃水比失调，减温水控制异常。

3. 处理

(1) 加强水冷壁受热面吹灰。

(2) 增大燃水比，调整减温水量。

(3) 尽量投用下层磨煤机或增大下层磨煤机出力。

(4) 若风量偏大时，应适当减少风量。

(5) 通过调节尾部烟道烟气挡板来调节汽温，必要时适当降低主、再热汽温度来控制壁温。

(6) 若系煤种变化引起，应汇报值长，改烧合适的煤种。

(7) 经处理无效，应减机组出力，直至管壁温度恢复为止，并汇报有关领导。

(8) 若系水冷壁严重结渣，经处理无效，应申请故障停炉。

(9) 管壁温度超限时，禁止投运对应位置受热面长伸缩式吹灰器。

八、锅炉结渣

1. 现象

(1) 主蒸汽、再热蒸汽温度异常升高，减温水量增加。

(2) 就地从锅炉观火孔观察炉膛，有结焦现象，火焰颜色呈刺眼白色。

(3) 过热器、再热器管壁温异常增大或管壁温偏差增大。

(4) 排烟温度异常升高。

(5) 有时发生明显的塌焦迹象。

2. 原因

(1) 燃用易结焦性的煤种。

(2) 二次风量太小，导致炉膛内形成还原性气氛而使灰熔点降低。

(3) 燃烧器内二次风、三次风配风不当，冲刷炉膛受热面。

(4) 锅炉连续高负荷运行。

(5) 煤粉太粗或燃烧器故障。

(6) 炉膛长时间未吹灰或吹灰器投用不合理。

(7) 炉底排渣不畅或捞渣机故障停运。

3. 预防

（1）尽量燃用设计范围内煤种，避免燃用易结焦性煤。

（2）若因故燃用有结焦倾向的煤种时，应进行合理掺烧。

（3）就地检查调整燃烧器内二次风、三次风挡板位置，进行合理配风调整。

（4）加强水冷壁及炉膛上部吹灰，根据炉膛结渣、结焦情况进行选择性吹灰或全面吹灰。

（5）加强就地巡检，发现结焦及时处理。

（6）根据煤种的变化情况，及时合理地进行燃烧调整。如改变炉膛与风箱差压、煤粉细度、配风等。

4. 处理

（1）过热器、再热器壁温接近或达到运行限值，或过热器减温水量达到相应负荷对应的设计流量 80% 时，应立即进行水冷壁吹灰。

（2）检查和更换燃用煤种。

（3）经加强水冷壁吹灰，过热器、再热器管壁温或减温水未见明显下降，应申请降负荷处理。

（4）升降机组负荷，使锅炉所结的渣产生一个热力振动。

（5）若机组负荷已降至 500MW，管壁温仍超限或减温水量超过相应负荷的设计流量，持续时间超过 1h，应继续降负荷，直至管壁温和减温水量正常。

（6）经上述处理无效时，应申请停炉处理。

参 考 文 献

[1] 冯俊凯，等. 锅炉原理及计算 [M]. 3 版. 北京：科学出版社，2003.

[2] 金维强，等. 电厂锅炉 [M]. 北京：水利电力出版社，1995.

[3] 杨润红. 大容量燃煤电站锅炉热力计算分析研究 [D]. 北京：北京交通大学，2007.

[4] 邓广发. 炉膛出口烟温计算方法的对比研究 [J]. 热力发电. 2004，4：16-19.

[5] 北京锅炉厂. 锅炉机组热力计算标准方法 [M]. 北京：机械工业出版社，1976.

[6] 樊泉桂，等. 300MW 锅炉掺烧铜川长焰煤的运行特性分析 [J]. 热力发电. 2004，11：54-56.

[7] 国际单位制的水和水蒸气性质表 [M]. 赵兆颐，译. 北京：水利电力出版社，1983.

[8] W. 瓦格纳. A. 克鲁泽. 水和蒸汽的性质 [M]. 北京：北京科学出版社，2003.

[9] 李伟. 锅炉热力计算通用软件的开发及大容量锅炉变工况特性的研究 [D]. 北京：华北电力大学，2000.

[10] 范从振. 锅炉原理 [M]. 北京：中国电力出版社，1986.

[11] 陈有福. 电站燃煤锅炉热力计算通用性的研究与实现 [D]. 南京：东南大学，2004.